Waltraud Kessler

Multivariate Datenanalyse

200 Jahre Wiley – Wissen für Generationen

John Wiley & Sons feiert 2007 ein außergewöhnliches Jubiläum: Der Verlag wird 200 Jahre alt. Zugleich blicken wir auf das erste Jahrzehnt des erfolgreichen Zusammenschlusses von John Wiley & Sons mit der VCH Verlagsgesellschaft in Deutschland zurück. Seit Generationen vermitteln beide Verlage die Ergebnisse wissenschaftlicher Forschung und technischer Errungenschaften in der jeweils zeitgemäßen medialen Form.

Jede Generation hat besondere Bedürfnisse und Ziele. Als Charles Wiley 1807 eine kleine Druckerei in Manhattan gründete, hatte seine Generation Aufbruchsmöglichkeiten wie keine zuvor. Wiley half, die neue amerikanische Literatur zu establieren. Etwa ein halbes Jahrhundert später, während der „zweiten industriellen Revolution" in den Vereinigten Staaten, konzentrierte sich die nächste Generation auf den Aufbau dieser industriellen Zukunft. Wiley bot die notwendigen Fachinformationen für Techniker, Ingenieure und Wissenschaftler. Das ganze 20. Jahrhundert wurde durch die Internationalisierung vieler Beziehungen geprägt – auch Wiley verstärkte seine verlegerischen Aktivitäten und schuf ein internationales Netzwerk, um den Austausch von Ideen, Informationen und Wissen rund um den Globus zu unterstützen.

Wiley begleitete während der vergangenen 200 Jahre jede Generation auf ihrer Reise und fördert heute den weltweit vernetzten Informationsfluss, damit auch die Ansprüche unserer global wirkenden Generation erfüllt werden und sie ihr Zeil erreicht. Immer rascher verändert sich unsere Welt, und es entstehen neue Technologien, die unser Leben und Lernen zum Teil tiefgreifend verändern. Beständig nimmt Wiley diese Herausforderungen an und stellt für Sie das notwendige Wissen bereit, das Sie neue Welten, neue Möglichkeiten und neue Gelegenheiten erschließen lässt.

Generationen kommen und gehen: Aber Sie können sich darauf verlassen, dass Wiley Sie als beständiger und zuverlässiger Partner mit dem notwendigen Wissen versorgt.

William J. Pesce
President and Chief Executive Officer

Peter Booth Wiley
Chairman of the Board

Waltraud Kessler

Multivariate Datenanalyse

für die Pharma-, Bio- und Prozessanalytik

Ein Lehrbuch

WILEY-VCH Verlag GmbH & Co. KGaA

Prof. Waltraud Kessler
Hochschule Reutlingen
STZ Prozesskontrolle und
Datenanalyse
STI Multivariate Datenanalyse
Herderstraße 47
72762 Reutlingen

■ Alle Bücher von Wiley-VCH werden sorgfältig erarbeitet. Dennoch übernehmen Autoren, Herausgeber und Verlag in keinem Fall, einschließlich des vorliegenden Werkes, für die Richtigkeit von Angaben, Hinweisen und Ratschlägen sowie für eventuelle Druckfehler irgendeine Haftung

**Bibliografische Information
der Deutschen Nationalbibliothek**
Die Deutsche Nationalbibliothek verzeichnet diese Publikation in der Deutschen Nationalbibliografie; detaillierte bibliografische Daten sind im Internet über http://dnb.d-nb.de abrufbar.

© 2007 WILEY-VCH Verlag GmbH & Co. KGaA, Weinheim

Alle Rechte, insbesondere die der Übersetzung in andere Sprachen, vorbehalten. Kein Teil dieses Buches darf ohne schriftliche Genehmigung des Verlages in irgendeiner Form – durch Photokopie, Mikroverfilmung oder irgendein anderes Verfahren – reproduziert oder in eine von Maschinen, insbesondere von Datenverarbeitungsmaschinen, verwendbare Sprache übertragen oder übersetzt werden. Die Wiedergabe von Warenbezeichnungen, Handelsnamen oder sonstigen Kennzeichen in diesem Buch berechtigt nicht zu der Annahme, dass diese von jedermann frei benutzt werden dürfen. Vielmehr kann es sich auch dann um eingetragene Warenzeichen oder sonstige gesetzlich geschützte Kennzeichen handeln, wenn sie nicht eigens als solche markiert sind.

Printed in the Federal Republic of Germany
Gedruckt auf säurefreiem Papier

Satz K+V Fotosatz GmbH, Beerfelden
Druck betz-druck GmbH, Darmstadt
Bindung Litges & Dopf Buchbinderei GmbH, Heppenheim

ISBN: 978-3-527-31262-7

Inhaltsverzeichnis

Vorwort *XI*

1   Einführung in die multivariate Datenanalyse *1*
1.1   Was ist multivariate Datenanalyse? *1*
1.2   Datensätze in der multivariaten Datenanalyse *4*
1.3   Ziele der multivariaten Datenanalyse *5*
1.3.1   Einordnen, Klassifizierung der Daten *5*
1.3.2   Multivariate Regressionsverfahren *6*
1.3.3   Möglichkeiten der multivariaten Verfahren *7*
1.4   Prüfen auf Normalverteilung *8*
1.4.1   Wahrscheinlichkeitsplots *10*
1.4.2   Box-Plots *12*
1.5   Finden von Zusammenhängen *16*
1.5.1   Korrelationsanalyse *16*
1.5.2   Bivariate Datendarstellung – Streudiagramme *18*
        Literatur 20

2   Hauptkomponentenanalyse *21*
2.1   Geschichte der Hauptkomponentenanalyse *21*
2.2   Bestimmen der Hauptkomponenten *22*
2.2.1   Prinzip der Hauptkomponentenanalyse *22*
2.2.2   Was macht die Hauptkomponentenanalyse? *24*
2.2.3   Grafische Erklärung der Hauptkomponenten *25*
2.2.4   Bedeutung der Faktorenwerte und Faktorenladungen (Scores und Loadings) *29*
2.2.5   Erklärte Varianz pro Hauptkomponente *35*
2.3   Mathematisches Modell der Hauptkomponentenanalyse *36*
2.3.1   Mittenzentrierung *37*
2.3.2   PCA-Gleichung *38*
2.3.3   Eigenwert- und Eigenvektorenberechnung *38*

2.3.4	Berechnung der Hauptkomponenten mit dem NIPALS-Algorithmus *40*
2.3.5	Rechnen mit Scores und Loadings *42*
2.4	PCA für drei Dimensionen *46*
2.4.1	Bedeutung von Bi-Plots *48*
2.4.2	Grafische Darstellung der Variablenkorrelationen zu den Hauptkomponenten (Korrelation-Loadings-Plots) *52*
2.5	PCA für viele Dimensionen: Gaschromatographische Daten *56*
2.6	Standardisierung der Messdaten *65*
2.7	PCA für viele Dimensionen: Spektren *72*
2.7.1	Auswertung des VIS-Bereichs (500–800 nm) *74*
2.7.2	Auswertung des NIR-Bereichs (1100–2100 nm) *81*
2.8	Wegweiser zur PCA bei der explorativen Datenanalyse *86*
	Literatur *88*

3 Multivariate Regressionsmethoden   *89*

3.1	Klassische und inverse Kalibration *90*
3.2	Univariate lineare Regression *92*
3.3	Maßzahlen zur Überprüfung des Kalibriermodells (Fehlergrößen bei der Kalibrierung) *93*
3.3.1	Standardfehler der Kalibration *93*
3.3.2	Mittlerer Fehler – RMSE *94*
3.3.3	Standardabweichung der Residuen – SE *95*
3.3.4	Korrelation und Bestimmtheitsmaß *96*
3.4	Signifikanz und Interpretation der Regressionskoeffizienten *97*
3.5	Grafische Überprüfung des Kalibriermodells *97*
3.6	Multiple lineare Regression (MLR) *99*
3.7	Beispiel für MLR – Auswertung eines Versuchsplans *100*
3.8	Hauptkomponentenregression (Principal Component Regression – PCR) *103*
3.8.1	Beispiel zur PCR – Kalibrierung mit NIR-Spektren *105*
3.8.2	Bestimmen des optimalen PCR-Modells *106*
3.8.3	Validierung mit unabhängigem Testset *110*
3.9	Partial Least Square Regression (PLS-Regression) *111*
3.9.1	Geschichte der PLS *112*
3.10	PLS-Regression für eine Y-Variable (PLS1) *113*
3.10.1	Berechnung der PLS1-Komponenten *114*
3.10.2	Interpretation der P-Loadings und W-Loadings bei der PLS-Regression *117*
3.10.3	Beispiel zur PLS1 – Kalibrierung von NIR-Spektren *117*
3.10.4	Finden des optimalen PLS-Modells *118*
3.10.5	Validierung des PLS-Modells mit unabhängigem Testset *121*
3.10.6	Variablenselektion – Finden der optimalen X-Variablen *122*
3.11	PLS-Regression für mehrere Y-Variablen (PLS2) *127*

3.11.1	Berechnung der PLS2-Komponenten *127*
3.11.2	Wahl des Modells: PLS1 oder PLS2? *129*
3.11.3	Beispiel PLS2: Bestimmung von Gaskonzentrationen in der Verfahrenstechnik *130*
3.11.4	Beispiel 2 zur PLS2: Berechnung der Konzentrationen von Einzelkomponenten aus Mischungsspektren *141*
	Literatur *151*

4 Kalibrieren, Validieren, Vorhersagen *153*

4.1	Zusammenfassung der Kalibrierschritte – Kalibrierfehler *154*
4.2	Möglichkeiten der Validierung *155*
4.2.1	Kreuzvalidierung (Cross Validation) *156*
4.2.2	Fehlerabschätzung aufgrund des Einflusses der Datenpunkte (Leverage Korrektur) *157*
4.2.3	Externe Validierung mit separatem Testset *159*
4.3	Bestimmen des Kalibrier- und Validierdatensets *162*
4.3.1	Kalibrierdatenset repräsentativ für *Y*-Datenraum *164*
4.3.2	Kalibrierdatenset repräsentativ für *X*-Datenraum *164*
4.3.3	Vergleich der Kalibriermodelle *165*
4.4	Ausreißer *168*
4.4.1	Finden von Ausreißern in den *X*-Kalibrierdaten *169*
4.4.2	Grafische Darstellung der Einflüsse auf die Kalibrierung *172*
4.4.2.1	Einfluss-Grafik: Influence Plot mit Leverage und Restvarianz *172*
4.4.2.2	Residuenplots *174*
4.5	Vorhersagebereich der vorhergesagten *Y*-Daten *175*
4.5.1	Grafische Darstellung des Vorhersageintervalls *177*
	Literatur *181*

5 Datenvorverarbeitung bei Spektren *183*

5.1	Spektroskopische Transformationen *183*
5.2	Spektrennormierung *185*
5.2.1	Normierung auf den Mittelwert *186*
5.2.2	Vektornormierung auf die Länge eins (Betrag-1-Norm) *186*
5.3	Glättung *187*
5.3.1	Glättung mit gleitendem Mittelwert *187*
5.3.2	Polynomglättung (Savitzky-Golay-Glättung) *187*
5.4	Basislinienkorrektur *190*
5.5	Ableitungen *193*
5.5.1	Ableitung nach der Differenzquotienten-Methode (Punkt-Punkt-Ableitung) *193*
5.5.2	Ableitung über Polynomfit (Savitzky-Golay-Ableitung) *195*
5.6	Korrektur von Streueffekten *198*
5.6.1	MSC (Multiplicative Signal Correction) *198*
5.6.2	EMSC (Extended Multiplicative Signal Correction) *199*

5.6.3	Standardisierung der Spektren (Standard Normal Variate (SNV) Transformation) *202*
5.7	Vergleich der Vorbehandlungsmethoden *203*
	Literatur *210*

6 Eine Anwendung in der Produktionsüberwachung – von den Vorversuchen zum Einsatz des Modells *211*

6.1	Vorversuche *211*
6.2	Erstes Kalibriermodell *217*
6.3	Einsatz des Kalibriermodells – Validierphase *220*
6.4	Offset in den Vorhersagewerten der zweiten Testphase *224*
6.5	Zusammenfassung der Schritte bei der Erstellung eines Online-Vorhersagemodells *227*

7 Tutorial zum Umgang mit dem Programm „The Unscrambler" der Demo-CD *229*

7.1	Durchführung einer Hauptkomponentenanalyse (PCA) *229*
7.1.1	Beschreibung der Daten *229*
7.1.2	Aufgabenstellung *230*
7.1.3	Datendatei einlesen *230*
7.1.4	Definieren von Variablen- und Objektbereichen *231*
7.1.5	Speichern der Datentabelle *232*
7.1.6	Plot der Rohdaten *233*
7.1.7	Verwendung von qualitativen Variablen (kategoriale Variable) *235*
7.1.8	Berechnen eines PCA-Modells *238*
7.1.9	Interpretation der PCA-Ergebnisse *241*
7.1.9.1	Erklärte Varianz (Explained Variance) *241*
7.1.9.2	Scoreplot *242*
7.1.9.3	Loadingsplot *247*
7.1.9.4	Einfluss-Plot (Influence Plot) *250*
7.2	Datenvorverarbeitung *253*
7.2.1	Berechnung der zweiten Ableitung *253*
7.2.2	Glättung der Spektren *256*
7.2.3	Berechnen der Streukorrektur mit EMSC *257*
7.3	Durchführung einer PLS-Regression mit einer Y-Variablen *261*
7.3.1	Aufgabenstellung *261*
7.3.2	Interpretation der PLS-Ergebnisse *266*
7.3.2.1	PLS-Scoreplot *266*
7.3.2.2	Darstellung der Validierungsrestvarianzen (Residual Validation Variance) *269*
7.3.2.3	Darstellung der Regressionskoeffizienten *270*
7.3.2.4	Darstellung der vorhergesagten und der gemessenen Theophyllinkonzentrationen (Predicted versus Measured Plot) *271*
7.3.2.5	Residuenplot *273*

7.4	Verwenden des Regressionsmodells – Vorhersage des Theophyllingehalts für Testdaten *276*	
7.5	Export der Unscrambler-Modelle zur Verwendung in beliebigen Anwendungen *278*	
7.5.1	Kalibriermodell für Feuchte erstellen *279*	
7.5.2	Export des PLS-Regressionsmodells für die Feuchte *283*	
7.5.2.1	Umwandeln der Grafikanzeige in numerische Daten *283*	
7.5.2.2	Export des Regressionsmodells als Text-Datei (ASCII Model) *285*	
7.5.2.3	Berechnung der Feuchte in Excel *286*	
7.6	Checkliste für spektroskopische Kalibrierungen mit dem Unscrambler *287*	
	Literatur 290	

Anhänge A–D *291*

Anhang A *292*
Anhang B *302*
Anhang C *304*
Anhang D *310*

Stichwortverzeichnis *313*

Vorwort

Multivariate Methoden sind seit vielen Jahren ein wichtiges Hilfsmittel bei der Analyse großer Datenmengen. Die Verfahren waren allerdings häufig nur „Chemometrie-Insidern" bekannt. In den letzten 10 Jahren, vor allem durch den Einsatz der Spektroskopie in der chemischen Analytik, ist der Bekanntheitsgrad der multivariaten Verfahren beträchtlich gestiegen. Die pharmazeutische und chemische Industrie bewies in vielen Anwendungen die Leistungsfähigkeit dieser Methoden und demonstrierte damit einem größeren Publikum in den Ingenieur- und Naturwissenschaften deren Alltagstauglichkeit. Heutzutage werden die Verfahren in fast allen Industriezweigen angewandt. Dazu gehören neben der chemischen und pharmazeutischen Industrie die Lebensmittelindustrie, die Geowissenschaften, die Biowissenschaften sowie die Medizinwissenschaften. Auch in den Sozialwissenschaften und im Marketingbereich gewinnen die multivariaten Analysemethoden immer mehr Anwender.

Das vorliegende Buch soll einen einfachen Einstieg in die multivariate Datenanalyse ermöglichen. Es wendet sich an Studierende in naturwissenschaftlichen und ingenieurwissenschaftlichen Fächern sowie an Praktiker aus allen Bereichen der Industrie und der Forschung. Dem Nutzer soll ein ausreichender mathematischer Hintergrund der multivariaten Verfahren vermittelt werden. Gleichzeitig wird viel Wert auf Anschaulichkeit und Interpretation gelegt. An Beispielen aus der industriellen Praxis wird die Theorie verdeutlicht und es gibt viele Hinweise und Tipps für die Anwendung der Verfahren beim Auswerten großer Datenmengen.

Dass dies eine „Gratwanderung" zwischen Wissenschaftlichkeit, Anschaulichkeit und Praxisnähe ist und damit auch Konflikte in sich birgt, liegt auf der Hand. Ich bin deshalb jedem Leser dankbar für Hinweise, Kritiken, Anregungen und Vorschläge zu Inhalt und Darstellungen dieses Buches.

Seit vielen Jahren lehre ich an der Hochschule Reutlingen die Fächer Statistik, Statistische Versuchsplanung (Design of Experiments) und Multivariate Datenanalyse im Bereich der chemischen Ingenieurwissenschaften und in zahlreichen Kursen für die Industrie. Der Mangel an deutschsprachiger Literatur auf diesem Gebiet und die wiederholte Bitte, das Skriptum der Vorlesung bzw. der Kurse ausführlicher zu gestalten, führte schließlich zur Erstellung dieses Buches. Es gliedert sich im Wesentlichen in fünf Teile:

Multivariate Datenanalyse: für die Pharma-, Bio- und Prozessanalytik. Waltraud Kessler
Copyright © 2007 WILEY-VCH Verlag GmbH & Co. KGaA, Weinheim
ISBN: 978-3-527-31262-7

- Explorative Datenanalyse mit Hilfe der Hauptkomponentenanalyse
- Multivariate Regressionsmethoden wie die MLR, PCR und PLS
- Methoden der Kalibrierung, Validierung und Vorhersage
- Datenvorverarbeitung bei Spektren
- Anwendung und Durchführung multivariater Methoden mit Hilfe spezieller Software

Der erste Teil des Buches widmet sich der Hauptkomponentenanalyse. Es wird anhand eines Beispiels der Lebensmittelanalyse und anhand von NIR-Spektren erklärt, wie eine explorative Datenanalyse durchzuführen ist, um Wissen aus unübersichtlich erscheinenden Daten herauszuarbeiten.

Der zweite Teil grenzt die unterschiedlichen multivariaten Regressionsmethoden wie MLR, PCR und PLS voneinander ab, zeigt die Vor- und Nachteile auf und demonstriert deren Anwendung an zahlreichen Beispielen aus der Industrie.

Nicht minder wichtig ist das richtige Vorgehen bei der Kalibrierung und Validierung von Regressionsmodellen. Dies wird im dritten Teil des Buches ausführlich diskutiert. Anhand einer Anwendung in der Produktionsüberwachung wird von den ersten Vorversuchen bis zum Einsatz des Modells gezeigt, wie ein robustes Regressionsmodell erstellt, validiert und gegebenenfalls korrigiert wird.

Die Spektroskopie erlebt in den letzten Jahren in der chemischen Analytik und in der Pharmazeutischen Prozesskontrolle einen regelrechten Boom, wobei zur Auswertung vorwiegend multivariate Regressionsmethoden zum Einsatz kommen. Aus diesem Grunde wurde der Spektrenvorverarbeitung ein eigenes Kapitel gewidmet.

Eine wichtige Motivation für dieses Buch war, dem Leser die Möglichkeit zu geben, sich im Selbststudium oder studienbegleitend in das komplizierte Gebiet der multivariaten Datenanalyse einzuarbeiten. Deshalb liegt dem Buch eine CD mit einer Trainingsversion des Programmpakets „The Unscrambler" bei, die von der Fa. CAMO Software AS freundlicherweise zur Verfügung gestellt wurde, wofür ich Frau Valerie Lengard ganz besonders danke. „The Unscrambler" ist eines der am häufigsten benutzten Programme für diese Methoden. Alle Beispiele des Buches können anhand der CD selbständig nachvollzogen werden. Der Umgang mit der professionellen Software „The Unscrambler" wird dem Leser in einem Tutorial am Ende des Buches vermittelt.

Ganz herzlich danken möchte ich Herrn Dr. Dirk Lachenmeier, Herrn Dr. Christian Lauer, Herrn Joachim Mannhardt, Frau Anke Roder und Frau Kerstin Mader für die Aufbereitung und Bereitstellung einiger Datensätze. Vielen Dank auch den Firmen, dass ich aktuelle Projektbeispiele und Daten in diesem Buch veröffentlichen darf, was nicht immer selbstverständlich ist. Weitere Daten wurden im Rahmen von Forschungsprojekten innerhalb der Abteilung Prozessanalytik des Instituts für Angewandte Forschung der Hochschule Reutlingen erhalten. Für die Bereitstellung dieser Daten und die vielen fruchtbaren Diskussionen bezüglich deren Auswertung und Interpretation möchte ich mich ganz besonders bei Herrn Prof. Dr. Rudolf Kessler bedanken. Bedanken möchte ich mich auch bei meiner Tochter Wiltrud für die Durchsicht der Manuskripte aus der Sichtweise des Studierenden, bei Herrn Dr. Dirk Lachenmeier, der die Anwenderseite vertrat und bei Herrn Prof. Dr. Claus Kahlert für die Überprüfung auf mathematische Korrektheit.

Ausdrücklich danke ich Frau Renate Dötzer und Frau Claudia Grössl vom Verlag Wiley-VCH für die bereitwillige Unterstützung und große Geduld, die sie stets für mich aufbrachten. Insbesondere gilt mein Dank aber meiner Familie und meinen Freunden, die mich in all den vergangenen Monaten in vielfältiger Hinsicht unterstützt haben, und vor allem viel Verständnis dafür aufbrachten, dass meine Prioritäten vorwiegend zugunsten des Buches ausgefallen sind.

Reutlingen, im September 2006 *Waltraud Kessler*

1
Einführung in die multivariate Datenanalyse

1.1
Was ist multivariate Datenanalyse?

Die Welt, in der wir leben, ist nicht eindimensional, sondern in großem Maße mehrdimensional. Die menschlichen Sinnesorgane haben sich dieser mehrdimensionalen Welt in erstaunlichem Maße angepasst und besitzen deshalb die Fähigkeit mehrdimensionale Daten auszuwerten. Jeder Mensch vollzieht täglich viele solcher mehrdimensionalen Auswertungen, ohne sich dessen bewusst zu sein. Wir haben z.B. kein Problem Gesichter zu unterscheiden und wieder zu erkennen. Wir können im Straßenverkehr komplexe Situationen erkennen und richtig darauf reagieren. Die Information, die wir dabei verarbeiten, liegt uns in mehreren Dimensionen vor: wir sehen die Dinge in einem dreidimensionalen Raum, wir hören, wir riechen und können auch schmecken und tasten. All diese Information können wir dazu benutzen, um Dinge oder Situationen zu unterscheiden, einzuordnen und damit zu klassifizieren. Das bedeutet nichts anderes, als dass wir eine Mustererkennung durchführen. Das folgende Beispiel soll dies noch etwas verdeutlichen. Vor nicht all zu langer Zeit wurde folgende Meldung in den Zeitungen gebracht: *Ncah eneir Sutide der Cmabridge Uinervtistät, ist es eagl in wlehcer Riehenfloge die Bcuhstbaen in eneim Wrot sethen, Haputschae der esrte und ltzete Bcuhstbae snid an der rhcitgien Setlle.*

Beim Lesen denken wir zuerst, hier hätte sich der Druckfehlerteufel eingeschlichen, aber nach einigen Worten ist es uns möglich, die Mitteilung zu erkennen, dass es nach einer Studie der Cambridge Universität egal ist, in welcher Reihenfolge die Buchstaben in einem Wort stehen. Hauptsache der erste und letzte Buchstabe sind an der richtigen Stelle.

Nun können wir ohne große Probleme die Meldung bis zu Ende lesen: *Der Rset knan ttoaels Druchenianedr sien und man knan es torztedm onhe Porbelme lseen, wiel das mneschilhce Gherin nhcit jdeen Bcuhstbaen enizlen leist, snodren das Wrot als Gnazes.*

Ihc kntöne nun afannegn, den Rset des Bcuhes onhe Rcsikühct auf ingredwleche Orthografie zu schreiben, und wir könnten es alle (mehr oder weniger gut) lesen.

Was macht unser Gehirn mit der Information der verdrehten Buchstaben? Es versucht das unbekannte Wort in die in unserem Gehirn vorhandene Liste der bekannten Wörter einzuordnen, also wird eine Mustererkennung und Klassifizierung durchgeführt. Man kann das ganze nun auch in Spanisch hinschreiben: *Sgeún un etsiudo de la uiniserdvad Cmarbigde no ipmrota el oedrn de las lretas en una parbala. Lo eceisnal es que la pmerira y la umitla lreta eétsn en el lgaur crerocto.* Aber nun können nur wenige der Leser etwas mit den Buchstaben und Worten anfangen, nämlich nur diejenigen Leser, die des Spanischen kundig sind. (Richtig heißt der Satz: *Según un estudio de la universidad Cambridge no importa el orden de las letras en una palabra. Lo esencial es que la primera y la ultima letra estén en el lugar correcto.*) Das bedeutet, wir können nur Informationen verarbeiten, die wir einem uns bekannten Muster zuordnen können.

Wir werden sehen, dass die Werkzeuge der multivariaten Datenanalyse ähnlich funktionieren. Die multivariate Datenanalyse wird uns Informationen aus der Menge (häufig der Unmenge) an Daten herausarbeiten, aber schließlich werden wir es sein, mit unserem Fachwissen, die diese Informationen einsortieren und beurteilen werden. Dazu ist Vorwissen über den Sachverhalt unverzichtbar und derjenige, der mit den Daten vertraut ist und über das entsprechende Hintergrundwissen auf dem Gebiet der Physik, Chemie, Biologie, Sensorik oder anderer Fachgebiete verfügt, wird bei der Interpretation der Ergebnisse aus der multivariaten Datenanalyse dem Statistiker oder Mathematiker überlegen sein.

Ein wichtiges Lernziel in diesem Buch wird sein, die mit Hilfe mathematischer Algorithmen herausgehobenen Informationen zu interpretieren und in ein für uns erklärbares wissenschaftliches Modell oder Gerüst einzuordnen. Nur wenn wir verstehen, welche Aussagen in den Daten stecken, können wir mit dem Ergebnis der multivariaten Datenanalyse etwas Sinnvolles anfangen.

Unser menschliches Gehirn ist perfekt in der Lage, komplizierte grafische Daten (z. B. Gesichter) zu verarbeiten. Probleme haben wir aber, wenn wir eine Mustererkennung aus umfangreichen Zahlenkolonnen machen müssen. Hier bringt uns die Fähigkeit der bildhaften Mustererkennung nicht weit. Nehmen wir zur Veranschaulichung ein ganz einfaches Beispiel aus sechs Zahlenpaaren (Tabelle 1.1). Hier sind für sechs Objekte jeweils zwei Koordinaten angegeben. Wenn wir nur die Zahlenwerte betrachten, ist es für uns nicht ohne weiteres möglich zu erkennen, dass es sich um zwei Gruppen von je drei Objekten handelt.

Tabelle 1.1 Zahlenwerte für sechs Zahlenpaare

	x1	x2
Objekt 1	3	1
Objekt 2	2	5
Objekt 3	3,5	2
Objekt 4	4	1
Objekt 5	3	5
Objekt 6	2,5	4

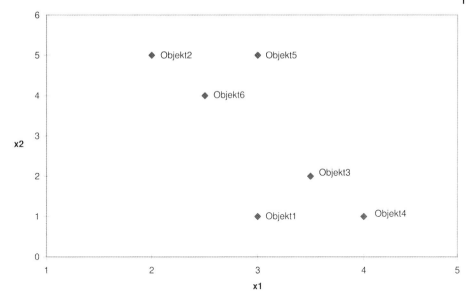

Abb. 1.1 Grafische Darstellung der Zahlenpaare aus Tabelle 1.1.

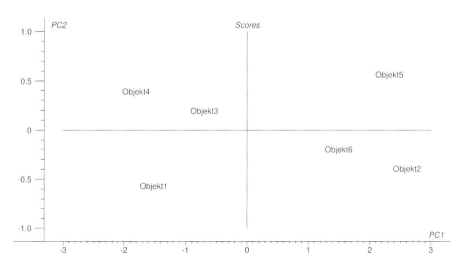

Abb. 1.2 Daten aus Tabelle 1.1 in der Darstellung nach einer Hauptkomponentenanalyse.

Betrachten wir aber die grafische Darstellung der Daten in Abb. 1.1, so erkennen wir sofort, dass es sich um zwei Gruppen handelt, die zudem noch symmetrisch angeordnet sind.

Die multivariate Datenanalyse soll genau diesen Zusammenhang der Daten herausarbeiten. Sie soll gleichzeitig beliebig viele Merkmale, die von mehreren Objekten gemessen wurden, im Zusammenhang untersuchen und das Ergebnis dann so präsentieren, dass es leicht verständlich und klar zu erkennen ist. Dies geschieht in der Regel in grafischer Form und zwar meistens in einer zweidimensionalen grafischen Darstellung.

Nach einer Auswertung mit der Hauptkomponentenanalyse werden die Daten aus Tabelle 1.1 wie in Abb. 1.2 dargestellt. Man erkennt deutlich den (zugegebenermaßen sehr einfachen) Zusammenhang der Daten. Auffällig ist, dass die Koordinatenachsen anders angeordnet sind und nun auch andere Namen haben (PC1 und PC2). Warum das so ist, wird im nächsten Kapitel ausführlich besprochen.

1.2
Datensätze in der multivariaten Datenanalyse

Der Grund für den Einstieg in die multivariate Datenanalyse ist das Vorhandensein sehr vieler, manchmal zu vieler Daten. Meistens wurden von vielen Objekten viele verschiedene Eigenschaften gemessen. Die Beispiele in diesem Buch konzentrieren sich auf Anwendungen in der Bio- und Prozessanalytik. Die Daten werden sehr häufig spektroskopischer Art sein, denn die Spektroskopie gewinnt in der Prozessanalytik immer mehr an Bedeutung. Von verschiedenen Produkten werden Spektren aufgenommen, aus denen dann ein bestimmtes Qualitätsmerkmal für dieses Produkt berechnet werden soll. Man erhält hier sehr schnell eine sehr große Zahl an Daten. Nehmen wir z. B. ein NIR-Spektrum im Wellenlängenbereich von 1000 bis 1700 nm: Mit der Messung eines Spektrums liegen sofort 700 Werte vor, wenn die Absorption pro Nanometer gemessen wird. Macht man das für 20 verschiedene Produkte oder Produktvarianten und wird jede Messung nur zweimal wiederholt, so erhält man $20 \times 700 \times 2$ Messwerte, das sind bereits 28 000 Einzelwerte. Solch ein Datensatz ist typisch für die multivariate Datenanalyse und bezüglich der Größe durchaus noch als klein zu betrachten.

Man misst von N Objekten M Eigenschaften und erhält eine $N \times M$-Matrix, also eine Matrix mit N Zeilen und M Spalten. Üblicherweise wird in der multivariaten Datenanalyse pro Objekt eine Zeile verwendet und alle Messwerte, die zu diesem Objekt gehören, in diese Zeile geschrieben. Daten, die mit Hilfe des Tabellenkalkulationsprogramms *Excel*® erfasst werden, sind häufig genau anders herum angeordnet, so dass pro Objekt eine Spalte verwendet wurde. Das Programm *The Unscrambler*®, das in diesem Buch für die multivariate Datenanalyse verwendet wird, bietet die Möglichkeit, die Spalten in Zeilen umzuwandeln, also die Datenmatrix zu transponieren. Damit besteht keine Einschränkung bezüglich der vorhandenen Anordnung der Daten.

In diesem Buch werden als Datensätze ausschließlich zweidimensionale Datenmatrizen verwendet. Allerdings ist es prinzipiell möglich, diese Datenmatrizen um eine Dimension auf dreidimensionale Matrizen zu erweitern. Solche dreidimensionalen Matrizen erhält man z. B. in der Fluoreszenzspektroskopie, wenn für unterschiedliche Anregungswellenlängen die Emissionsspektren gemessen werden. Pro Messung ergibt sich eine $K \times L$-Matrix, wobei K die Anzahl der verschiedenen Anregungswellenlängen darstellt und L die Anzahl der gemessenen Emissionswellenlängen. Macht man dies für N Objekte, so ergibt sich ein Datensatz aus $K \times L \times N$ Werten. Auch HPLC (*High Performance Liquid Chromatography*) in Verbindung mit Spektroskopie ergibt solche dreidimensionalen Matrizen, ebenso die GC-Analyse (Gaschromatographie) kombiniert mit MS (Massenspektrometrie). Diese Datensätze können mit Hilfe spezieller dreidimensionaler multivariater Methoden ausgewertet werden.

Im Prinzip können mit diesen multivariaten Verfahren auch noch höher dimensionierte Datenmatrizen verarbeitet werden. In diesem Buch wird hierauf allerdings nicht eingegangen, da solche Datensätze doch recht selten sind. Eine ausführliche Abhandlung über die mehrdimensionalen Verfahren in der multivariaten Datenanalyse ist in [1] gegeben, hier wird z. B. auf eine Dreiwege-Regressionsmethode, die N-PLS, näher eingegangen.

1.3
Ziele der multivariaten Datenanalyse

Man kann die Ziele der multivariaten Datenanalyse im Wesentlichen in zwei Anwendungsbereiche einteilen.

1.3.1
Einordnen, Klassifizierung der Daten

Mit Hilfe der multivariaten Datenanalyse will man eine Informationsverdichtung oder auch Datenreduktion der Originaldaten erreichen. Aus einer großen Zahl von Messwerten sollen die relevanten Informationen herausgefunden werden. Messwerte, die den gleichen Informationsgehalt haben, werden zusammengefasst. Man kann damit die Objekte bezüglich mehrerer Messgrößen in Gruppen einteilen und erhält dabei Information über die Hintergründe, warum sich bestimmte Objekte in einer Gruppe befinden.

Mit Hilfe der Ermittlung von Zusammenhängen und Strukturen in den Daten bezüglich der Objekte und Variablen erhält man häufig Informationen über nicht direkt messbare Größen. Diese Information kann ausgenutzt werden, um z. B. Schwachstellen im Herstellungsprozess eines Produkts festzustellen und daraufhin eine gezieltere multivariate Qualitätskontrolle oder auch Prozesssteuerung aufzubauen. Auf die Methoden und Vorgehensweisen hierbei wird in diesem Buch ausführlich eingegangen. Das verwendete Verfahren für diese Datenevaluation ist die Hauptkomponentenanalyse (*Principal Component Analysis*, PCA), sie wird in Kapitel 2 ausführlich besprochen. Eine Weiterführung der Hauptkomponentenanalyse zur Klassifizierung unbekannter Objekte in bekannte Gruppen stellt das SIMCA-Verfahren dar (*Soft Independent Modelling of Class Analogy*), das in [2] besprochen wird. Außerdem gehört die Diskriminanzanalyse dazu, die aufbauend auf Ergebnissen der PLS-Regression (*Partial Least Square Regression*) die unbekannten Objekte einordnet und ebenfalls in [2] besprochen wird.

1.3.2
Multivariate Regressionsverfahren

Die Hauptanwendung der multivariaten Verfahren besteht heutzutage in den Regressionsmethoden. Hierbei versucht man, leicht messbare Eigenschaften und schwer zu bestimmende Messgrößen, die häufig Zielgrößen genannt werden, über einen funktionalen Zusammenhang zu verbinden. Bei den Zielgrößen kann es sich z.B. um Qualitätsgrößen bei der Herstellung handeln. Immer häufiger wird bei der Produktionskontrolle oder der Überwachung einer Produkteigenschaft eine spektroskopische Kontrolle eingesetzt. Das heißt, es wird über einen bestimmten Wellenlängenbereich ein Spektrum des Produkts gemessen. Aus diesem Spektrum wird eine Zielgröße, z.B. die Konzentration eines Wirkstoffs, berechnet. Dazu benutzt man eine Kalibrierfunktion, die in einem vorausgegangenen Kalibrierprozess aufgestellt wurde und die den Zusammenhang zwischen Spektrum und Zielgröße enthält. Diese Vorgehensweise hat den Vorteil, die oft langwierig und aufwändig zu bestimmenden Zielgrößen durch einfachere, schnellere, damit meistens auch billigere spektroskopische Verfahren zu ersetzen.

Solche Regressionsverfahren können aber genauso gut in der Sensorik eingesetzt werden. Auch hier wird versucht, aufwändige Panel-Studien durch einfache und schnelle Messverfahren zumindest zum Teil zu ersetzen.

Das bekannteste Verfahren der multivariaten Regression ist die PLS-Regression (Partial Least Square Regression). Sie bietet die meisten Möglichkeiten aber auch die meisten Risiken. Denn bei unsachgemäßem Einsatz der PLS-Regression ist es möglich aus zufälligen oder unvollständigen Korrelationen Modelle zu erstellen, die in der Kalibrierung perfekt aussehen, aber über längere Zeit in der Praxis versagen. Ist man sich dieser Risiken bewusst, gibt es Wege sie zu umgehen und deshalb hat sich die PLS-Regression zusammen mit der NIR-Spektroskopie einen ersten Platz unter den multivariaten Verfahren erobert. Dieses Verfahren wird ausführlich in Kapitel 3, Abschnitte 3.9 bis 3.11 besprochen. Außer der PLS gibt es die multilineare Regression (Kapitel 3, Abschnitt 3.6) und die Hauptkomponentenregression (*Principal Component Regression*, PCR, Kapitel 3, Abschnitt 3.8). Diese Verfahren sind älter als die PLS-Regression, werden aber nicht so häufig eingesetzt, man hat sogar manchmal den Eindruck, dass sie (ungerechtfertigterweise) ganz in Vergessenheit geraten sind, da sie nicht ganz so flexibel einsetzbar sind.

1.3.3
Möglichkeiten der multivariaten Verfahren

Man kann die Möglichkeiten und Ziele der multivariaten Datenanalyse sowohl der Klassifizierungsmethoden als auch der Regressionsmethoden folgendermaßen zusammenfassen:

> ■ *Ausgangspunkt der multivariaten Datenanalyse:*
>
> *Datenmatrix mit vielen Objekten (N) und vielen zugehörigen Eigenschaften (M) pro Objekt.*
>
> *Ziele der multivariaten Datenanalyse:*
>
> - *Datenreduktion,*
> - *Vereinfachung,*
> - *Trennen von Information und Nicht-Information (Entfernen des Rauschens),*
> - *Datenmodellierung: Klassifizierung oder Regression,*
> - *Erkennen von Ausreißern,*
> - *Auswahl von Variablen (variable selection),*
> - *Vorhersage,*
> - *„Entmischen" von Informationen (curve resolution).*

An vielen Proben werden viele Eigenschaften gemessen (man nennt die Eigenschaften auch Attribute oder Merkmale oder man spricht einfach allgemein von Variablen). Daraus ergibt sich eine große Datenmatrix.

Wertet man diese Datenmatrix nur univariat aus, das bedeutet man schaut sich immer nur eine einzige Variable an, erhält man sehr viele Einzelergebnisse, die sich zum Teil gleichen, zum Teil widersprechen und man verliert sehr schnell den Überblick. Deshalb ist das erste Ziel der multivariaten Datenanalyse die *Datenreduktion*. Alle Variablen, die gleiche Information enthalten, werden in sog. Hauptkomponenten zusammengefasst. Damit erhält man eine Datenreduktion, da jedes Objekt dann nur noch mit den wenigen Hauptkomponenten beschrieben wird, anstatt durch die vielen einzelnen Variablen.

Mit dieser Datenreduktion erhält man eine *Vereinfachung*. Wurden z. B. in den Originaldaten 100 verschiedene Variablen verwendet, so können diese eventuell auf 10 Hauptkomponenten reduziert werden. Die Proben werden dann nur noch mit diesen 10 Hauptkomponenten beschrieben, was bedeutet, dass pro Probe nur noch 10 Hauptkomponentenwerte analysiert werden müssen, anstatt 100 Einzelmessungen.

Ein weiterer Effekt bei der multivariaten Analyse ist, dass beim Finden der Hauptkomponenten die Variablen, die Information enthalten, von den Variablen getrennt werden, die keine Information enthalten. Variable ohne Informationsgehalt erhöhen nur das Rauschen in den Daten. Die multivariate Datenanalyse trennt *Information* von *Nicht-Information* (Rauschen).

Wenn die Information aus der Vielzahl der Daten herausgefunden wurde, kann daraus ein *Modell* erstellt werden. Dieses Modell kann – abhängig von der Aufgabenstellung – ein *Klassifizierungsmodell* oder ein *Regressionsmodell* sein.

Wenn es möglich ist, für die Daten ein Modell zu berechnen, dann können die einzelnen Proben mit diesem Modell verglichen werden. Das bedeutet, dass *Ausreißer* bestimmt werden können und zwar sowohl für bereits vorliegende Proben als auch für neu hinzukommende Proben. Das ist vor allem in der Regressionsrechnung sehr wichtig. Hier kann es passieren, dass ganz salopp ausgedrückt ein Modell für Äpfel gemacht wird und hinterher Birnen untersucht werden. Dies erkennt die multivariate Datenanalyse und erklärt die Birnen zu Ausreißern.

Eine weitere optionale Möglichkeit der multivariaten Analyse ist die Auswahl von wichtigen Variablen. Da der Informationsgehalt jeder einzelnen Variablen in dem multivariaten Modell bekannt ist, können Variable, die wenig oder gar nicht zum Modell beitragen, von vornherein weggelassen werden. Damit spart man eventuell Messaufwand und die Modelle werden kleiner und robuster. Dieses Verfahren der *Variablenselektion* ist vor allem in der NIR-Spektroskopie sehr beliebt, um Bereiche mit wenig Information, die aber Einfluss auf das Signal-Rausch-Verhältnis haben, auszuschließen.

Die Modelle der multivariaten Datenanalyse können dann zur *Vorhersage* unbekannter Proben verwendet werden. Dabei spielt es keine Rolle, ob es sich um ein Klassifizierungsmodell oder ein Regressionsmodell handelt. Es werden die neuen „Rohdaten" in das Modell gegeben und je nach Modell erhält man die Klassenzugehörigkeit oder einen oder mehrere Werte für die Zielgrößen, für die das Modell aufgestellt wurde.

Die klassische multivariate Datenanalyse wurde in letzter Zeit durch viel versprechende Rotationsverfahren, sog. selbstmodellierende Kurvenauflösungsverfahren, erweitert (*Self-Modelling Curve Resolution*). Man will damit die klassischen Hauptkomponenten für den Benutzer anschaulicher darstellen. Vor allem in der Spektroskopie bietet das dem Anwender große Vorteile. Anstatt mathematisch orthogonaler Hauptkomponenten erhält man chemisch interpretierbare Spektren, die den beteiligten chemischen Komponenten entsprechen. Diese Verfahren eignen sich sehr gut zur Überwachung von Reaktionsprozessen und werden in [3] näher besprochen.

1.4
Prüfen auf Normalverteilung

Bevor man eine multivariate Datenanalyse beginnt, sollte man die Daten auf ihre statistische Zuverlässigkeit und Plausibilität überprüfen. Dazu gehört eine Überprüfung der Verteilung der Messgrößen. Handelt es sich allerdings um Spektren, muss die Verteilung nicht für jeden einzelnen Spektrumswert vorgenommen werden. Hier reicht es, sich die Spektren als ganzes grafisch anzeigen zu lassen. In der Regel erkennt man Unregelmäßigkeiten und Fehlmessungen oder Extremwerte sofort spätestens nach Ausführung der Hauptkomponentenanalyse.

Nehmen wir zum Prüfen der Verteilung von Messgrößen ein Beispiel aus der Gaschromatographie (GC). Die Gaschromatographie wird häufig für die Trennung von Gasen oder verdampfbaren Flüssigkeiten und Feststoffen verwendet. Ein gasförmiges Stoffgemisch, das auch nur geringste Mengen der zu analysierenden Moleküle enthalten kann, wird mit Hilfe eines Trägergases (wie Wasserstoff, Helium, Stickstoff, Argon) durch eine Trennsäule geführt, die mit einem bestimmten Material (stationäre Phase) ausgekleidet ist. Durch unterschiedliche Verweildauern der einzelnen Komponenten in der Trennsäule aufgrund ihrer stoffspezifischen Adsorption erfolgt die analytische Trennung. Die getrennten Komponenten verlassen die Säule in bestimmten Zeitabständen und passieren einen Detektor, der die Signalstärke über der Zeit aufzeichnet. Man erhält damit ein Chromatogramm mit unterschiedlich hohen Banden (Peaks) zu bestimmten Zeiten, den sog. Retentionszeiten. Alle Banden eines Chromatogramms stehen für bestimmte Substanzen, die sich anhand ihrer Retentionszeiten bekannten Stoffen zuordnen lassen. Die Flächen der Banden (Peakflächen) sind proportional zu der Stoffmenge der jeweiligen Komponente. Man kann mit dem GC-Verfahren also Stoffe in einem Gemisch identifizieren und über die Peakfläche auch quantitative Aussagen über diese Komponenten treffen. Der Gaschromatographie kommt in der analytischen Chemie und besonders auch in der Umweltanalytik eine breite Bedeutung zu.

Beispiel zum Prüfen von Verteilungen

In diesem Beispiel wurden 146 Obstbrände aus vier verschiedenen Obstsorten gaschromatographisch untersucht. Die Proben stammen aus vielen unterschiedlichen baden-württembergischen Brennereien aus den Jahren 1998 bis 2003. Sie wurden vom Chemischen und Veterinäruntersuchungsamt Karlsruhe mit einem Kapillar-Gaschromatographen mit Flammenionisationsdetektion auf folgende 15 Substanzen entsprechend der in [4, 5] beschriebenen Referenzanalysemethoden für Spirituosen untersucht [1]:

- Ethanol,
- Methanol,
- Propanol,
- Butanol,
- iso-Butanol,
- 2-Methyl-1-Propanol,
- 2-Methyl-1-Butanol,
- Hexanol,
- Benzylalkohol,
- Phenylethanol,

---

[1] Mein besonderer Dank gilt hier Herrn Dr. Dirk Lachenmeier für die freundliche Überlassung der Daten.

- Essigsäuremethylester,
- Essigsäureethylester,
- Milchsäureethylester,
- Benzoesäureethylester,
- Benzaldehyd.

Für diese Substanzen wurden aus den gemessenen Peakflächen des Chromatogramms die Konzentrationen in g/hl r.A. (reiner Alkohol) bestimmt. Insgesamt wurden 54 Zwetschgenbrände, 43 Kirschbrände, 29 Mirabellenbrände und 20 Obstbrände aus Apfel&Birne untersucht. Die Daten sind auf der beiliegenden CD in der Datei „Obstbraende_GC.xls" zu finden und im Anhang A aufgeführt.

Für die multivariate Datenanalyse gilt wie für fast alle statistischen Auswerteverfahren die Annahme normalverteilter Proben. Allerdings sind normalverteilte Daten keine zwingende Voraussetzung für die multivariaten Verfahren. Liegen keine normalverteilten Werte vor, so kann die multivariate Datenanalyse durchaus Ergebnisse liefern, häufig sind diese aber schwerer zu interpretieren und benötigen mehr Komponenten für das Modell, als dies mit normalverteilten Daten der Fall wäre. Deshalb ist es ratsam, die Verteilung vorher zu prüfen und gegebenenfalls auf eine Normalverteilung anzunähern. Dies kann durch Transformation der Messwerte erreicht werden. Sehr oft ist dabei eine Log-Transformation hilfreich (auf alle Werte wird der log, also der Logarithmus zur Basis 10 oder der ln, also der Logarithmus zur Basis e angewandt). Schiefe Verteilungen, die zu kleinen Werten verschoben sind, werden damit normalverteilt. Die transformierten Werte sind die Ausgangsdaten für die multivariate Datenanalyse.

Wichtiger als die Normalverteilung der Originaldaten ist aber eine Normalverteilung im späteren Hauptkomponentenraum. Wir werden dies bei der Analyse der Hauptkomponentenmodelle berücksichtigen und auf diese Weise eine Ausreißererkennung durchführen.

1.4.1
Wahrscheinlichkeitsplots

Ein einfaches grafisches Verfahren für die Prüfung auf Normalverteilung sind die Wahrscheinlichkeitsplots. Man trägt die gemessenen Werte auf der y-Achse auf und vergleicht sie mit der theoretischen Verteilung dargestellt als Quantile der Normalverteilung auf der x-Achse. Entspricht die untersuchte Verteilung einer Normalverteilung, liegen die Punkte auf einer Geraden.

Die Abb. 1.3 und 1.4 zeigen solche Wahrscheinlichkeitsplots für die Variablen Methanol und Hexanol.

Bei der Variablen Methanol könnte man noch eine Normalverteilung annehmen, aber bei Hexanol sind erhebliche Abweichungen von der Normalverteilung festzustellen. Doch hier ist bei der Ablehnung der Normalverteilung Vorsicht geboten. Die Daten stammen von vier verschiedenen Obstbränden, die sich ja durchaus unterscheiden können, also von verschiedenen Grundgesamt-

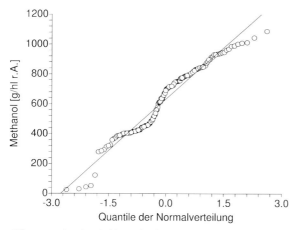

Abb. 1.3 Wahrscheinlichkeitsplot für alle Messwerte der Variable Methanol, annähernd normalverteilt.

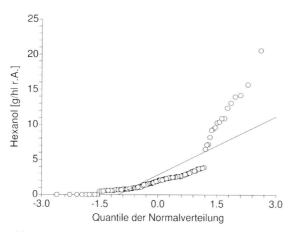

Abb. 1.4 Wahrscheinlichkeitsplot für alle Messwerte der Variable Hexanol, nicht normalverteilt.

heiten abstammen können. Deshalb ist die einfache Prüfung auf Normalverteilung mit allen Proben irreführend. Man muss die Gruppen einzeln betrachten. Dies ist in den Abb. 1.5 und 1.6 für die beiden Variablen gemacht. Man erkennt deutlich, dass die Verteilung innerhalb einer Gruppe sehr wohl normal ist. Lediglich bei Methanol weichen einige Werte für den Apfel&Birnen-Brand von der geraden Kurve ab, aber die Abweichung ist nicht so groß, als dass Anpassungsbedarf besteht.

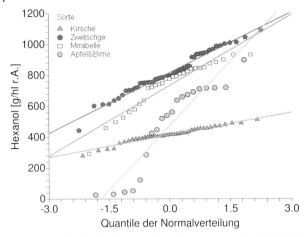

Abb. 1.5 Wahrscheinlichkeitsplot für alle Messwerte für die Variable Methanol nach Obstbrandsorten getrennt, normalverteilt.

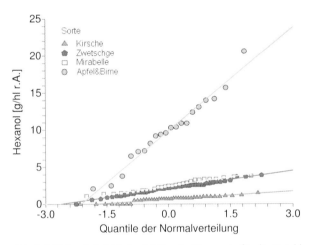

Abb. 1.6 Wahrscheinlichkeitsplot für alle Messwerte für die Variable Hexanol nach Obstbrandsorten getrennt, normalverteilt.

1.4.2
Box-Plots

Auch die Box-Plots dienen dazu, die Verteilungen der verschiedenen Variablen miteinander zu vergleichen. Man erkennt, ob die Verteilung symmetrisch ist, ob es Ausreißer bzw. extreme Werte gibt und wie groß die Streuung innerhalb der Messreihe ist. Der Box-Plot stellt eine Häufigkeitsverteilung dar und reduziert diese Häufigkeitsverteilung auf die Angabe von fünf wichtigen Werten, die die Verteilung beschreiben: Median, 1. und 3. Quartil, unterer und oberer Whisker.

Zwischen dem 1. und 3. Quartil wird ein Kasten aufgebaut (das ist der Quartilsabstand, engl. *Interquartile Range*, IRQ). In diesen Bereich fallen 50% der Messwerte. Die seitlich angrenzenden Whisker vermitteln einen Eindruck, wie weit die restlichen 50% der Werte streuen. Bevor also ein Box-Plot gezeichnet werden kann, müssen die Werte der Größe nach sortiert werden und dann die fünf die Verteilung charakterisierenden Werte bestimmt werden. Zur Übersicht sind diese Werte im Folgenden noch einmal aufgeführt. Außerdem sind die Endmarken des oberen und unteren Whiskers für den einfachen und den modifizierten Box-Plot angegeben. Beide Varianten werden verwendet. Beim modifizierten Box-Plot werden die Extremwerte klarer erkennbar.

■ *Werte für Box-Plot, die charakteristisch für die Verteilung sind:*
- *Median: unterhalb und oberhalb des Medians liegen je 50% der Messwerte.*
- *1. Quartil: unterhalb des 1. Quartils liegen 25% der Messwerte, damit liegen 75% darüber.*
- *3. Quartil: unterhalb des 3. Quartils liegen 75% der Messwerte und 25% darüber.*
- *Quartilsabstand (IQR): innerhalb des Quartilsabstands liegen 50% der Messwerte.*
- *Whisker: die senkrechten Linien werden Whisker genannt.*

Standard-Box-Plot
- *Endmarke für oberen Whisker: größter Wert der Datenreihe.*
- *Endmarke für unteren Whisker: niedrigster Wert der Datenreihe.*
- *Ausreißer: Ausreißer werden nicht gekennzeichnet.*

Modifizierter Box-Plot
- *Endmarke des oberen Whisker: größter Messwert, der kleiner oder gleich dem 3. Quartil ist plus $1{,}5 \cdot IRQ$.*
- *Endmarke des unteren Whiskers: kleinster Messwert, der größer oder gleich dem 1. Quartil ist minus $1{,}5 \cdot IQR$.*
- *Innerhalb der Whisker des modifizierten Box-Plots befinden sich ca. 95% der Daten, wenn die Whiskerlänge $1{,}5 \cdot IQR$ beträgt.*
- *Ausreißer: alle Werte größer bzw. kleiner als die Endmarke der Whisker werden als Ausreißer mit einem Kreis gekennzeichnet.*

Die Abb. 1.7 und 1.8 zeigen die Box-Plots für die Variablen Methanol und Hexanol.

Die Verteilung aller Methanolwerte ist nicht perfekt normalverteilt, denn der Median ist nicht genau in der Mitte der Box. Wir erhalten also das gleiche Ergebnis wie mit dem Wahrscheinlichkeitsplot. Die Unterschiede zwischen den unteren 50% und den oberen 50% der Daten sind aber auch für diesen Box-Plot nicht zu groß. Die Daten sind also nicht zu weit von einer Normalverteilung entfernt. Ganz anders sieht es bei den Hexanolwerten aus. Der Median liegt

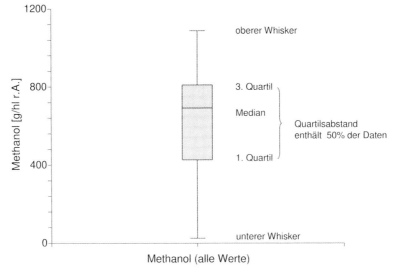

Abb. 1.7 Box-Plot für Methanol für alle Werte.

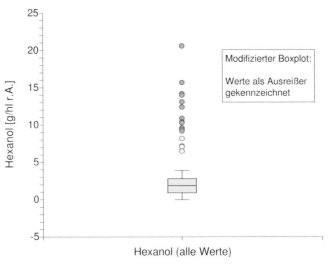

Abb. 1.8 Box-Plot für Hexanol für alle Werte.

zwar ziemlich genau in der Mitte der Box, aber es gibt oberhalb sehr viele Messwerte, die als Ausreißer gekennzeichnet sind. Damit ist der Median auch nicht annäherungsweise in der Mitte aller Daten, sondern sehr stark zu kleinen Werten verschoben. Diese Verteilung ist eindeutig nicht normalverteilt. Wie aus dem Wahrscheinlichkeitsplot zu sehen war, handelt sich in Wirklichkeit um mehrere Verteilungen.

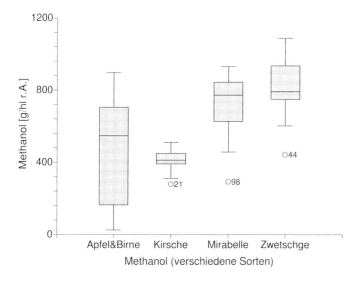

Abb. 1.9 Box-Plots für Methanol nach Obstbrandsorten getrennt.

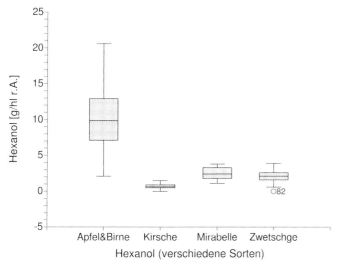

Abb. 1.10 Box-Plots für Hexanol nach Obstbrandsorten getrennt.

Die Abb. 1.9 und 1.10 stellen die Box-Plots nach Obstbrandsorten getrennt dar. Wir erkennen, dass „Apfel&Birne" für das Methanol einen sehr großen Bereich abdeckt, während „Kirsche" nur geringe Unterschiede in den Werten aufweist. Die Werte von „Mirabelle" und „Zwetschge" sind deutlich höher als die von „Kirsche". Bei allen drei letztgenannten Sorten gibt es einen Ausreißer. Die Zahl neben dem Punkt gibt die Proben-Nummer an, die in der Tabelle 1.2 verwendet wird. Die Sorte „Apfel&Birne" zeigt bei Hexanol (Abb. 1.10) genauso wie bei Methanol die größte Varianz in den Messwerten. Es fällt auf, dass die Unterschiede in den Hexanolwerten bei den übrigen drei Sorten nur einen Bruchteil der Sorte „Apfel&Birne" betragen. Auch hier gibt es bei „Zwetschge" einen Wert (Probe 82), der außerhalb des 95%-Datenbereichs liegt.

1.5
Finden von Zusammenhängen

1.5.1
Korrelationsanalyse

Mit den Wahrscheinlichkeitsplots erhält man Information über die Verteilung der Messwerte. Über die Zusammenhänge der Messwerte untereinander wird aber noch nichts ausgesagt. Man kann nun mit einfachen grafischen Mitteln versuchen, erste Zusammenhänge in den Daten zu erkennen. Besonders gut geeignet dazu sind die Streudiagramme, auch Scatterplots genannt. Man trägt die Werte einer unabhängigen Variablen x über den Werten einer anderen unabhängigen Variablen y auf. Dabei können die Korrelationen der Daten untereinander sichtbar werden. Man kann vor allem auch nicht lineare Zusammenhänge erkennen, die bei einer reinen linearen Korrelationsrechnung nicht berücksichtigt werden. Allerdings werden die Streudiagramme ab einer Variablenzahl von etwa 20 relativ unübersichtlich, denn man muss sich dann bereits durch 400 Streudiagramme „durcharbeiten". Deshalb macht es Sinn, auch eine Korrelationsmatrix für die Daten zu erstellen.

Tabelle 1.3 zeigt die Korrelationstabelle für die Obstbrände. Es wurde für jedes Variablenpaar (x_i, y_i) der Pearsonsche Korrelationskoeffizient r nach Gl. (1.1) für I Variablenpaare berechnet. Die Summe im Zähler wird Kovarianz genannt, sie bestimmt das Vorzeichen des Korrelationskoeffizienten. Da durch die Standardabweichung aller x_i und y_i Werte geteilt wird, ist der Wertebereich auf −1 bis +1 beschränkt. Ein positives Vorzeichen bedeutet, die beiden Variablen korrelieren in der gleichen Richtung, d.h. wenn x_i größer wird, wächst auch y_i, während ein negatives Vorzeichen auf einen gegenläufigen Zusammenhang hinweist, wenn x_i wächst, nimmt y_i ab.

$$r_{xy} = \frac{\sum_{i=1}^{I}(x_i - \bar{x})(y_i - \bar{y})}{\sqrt{\sum_{i=1}^{I}(x_i - \bar{x})^2 \sum_{i=1}^{I}(y_i - \bar{y})^2}} \quad (1.1)$$

1.5 Finden von Zusammenhängen

Tabelle 1.2 Korrelationstabelle für gaschromatographisch bestimmte Peakflächen der 15 Messvariablen der Obstbrände.

	Metha-nol	Propa-nol	Buta-nol	iso-Butanol	2-Methyl-1-Propanol	2-Methyl-1-Butanol	Hexa-nol	Benzyl-alkohol	Phenyl-ethanol	Essig-säure-methyl-ester	Essig-säure-ethyl-ester	Milch-säure-ethyl-ester	Benzoe-säure-ethyl-ester	Benz-aldehyd
Methanol	1.00	−0.34	0.40	−0.15	0.32	−0.07	0.08	−0.23	−0.19	**0.53**	0.01	−0.32	−0.12	0.43
Propanol		1.00	−0.42	0.37	−0.25	−0.24	−0.30	0.33	−0.22	−0.03	**0.51**	0.49	0.35	−0.16
Butanol			1.00	0.07	0.13	0.28	0.56	−0.34	0.27	0.19	−0.23	−0.28	−0.31	0.12
iso-Butanol				1.00	−0.04	0.28	0.34	−0.06	0.25	0.02	0.24	0.13	−0.20	−0.23
2-Methyl-1-Propanol					1.00	**0.60**	0.32	−0.31	0.16	0.19	−0.09	−0.24	−0.38	0.13
2-Methyl-1-Butanol						1.00	**0.75**	−0.28	**0.68**	−0.04	−0.21	−0.14	−0.52	−0.17
Hexanol							1.00	−0.32	**0.63**	0.06	−0.19	−0.17	−0.55	−0.20
Benzylalkohol								1.00	−0.05	−0.08	0.18	**0.79**	0.48	0.05
Phenylethanol									1.00	−0.07	−0.14	0.04	−0.47	−0.24
Essigsäuremethylester										1.00	**0.71**	0.01	−0.05	0.10
Essigsäureethylester											1.00	0.33	0.21	−0.11
Milchsäureethylester												1.00	0.36	−0.12
Benzoesäureethylester													1.00	0.23
Benzaldehyd														1.00

Die Korrelation kann in folgende Grenzen eingeteilt werden:

0	<	$|r|$	<	0,2 sehr geringe Korrelation
0,2	<	$|r|$	<	0,5 geringe Korrelation
0,5	<	$|r|$	<	0,7 mittlere Korrelation
0,7	<	$|r|$	<	0,9 hohe Korrelation
0,9	<	$|r|$	<	1 sehr hohe Korrelation

Aus Gründen der Übersichtlichkeit sind die Korrelationskoeffizienten nur in die obere Hälfte der Tabelle 1.2 eingetragen, die dazu symmetrischen Werte unterhalb der Diagonalen sind weggelassen.

Man erkennt nur wenige Variable (x_i, y_i), die untereinander mit einem $r > 0,5$ korreliert sind. Den größten Korrelationskoeffizienten hat Milchsäureethylester und Benzylalkohol mit $r = 0,79$, während z. B. Methanol mit Hexanol so gut wie gar nicht korreliert ist ($r = 0,08$).

1.5.2
Bivariate Datendarstellung – Streudiagramme

Die Korrelationen dieser beiden Variablenpaare sind in den Abb. 1.11 und 1.12 gezeigt. In Abb. 1.11 erkennt man deutlich die hohe positive Korrelation von Milchsäureethylester und Benzylalkohol. Diese Korrelation ist unabhängig von der Obstbrandsorte; hoher Benzylalkoholgehalt bedeutet auch einen hohen Milchsäureethylestergehalt (Ausnahme „Apfel&Birne").

Wirft man nur einen flüchtigen Blick auf Abb. 1.12, so stimmt man mit der Aussage $r = 0,08$, also keine Korrelation und damit kein Zusammenhang zwischen

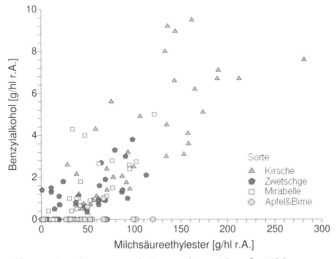

Abb. 1.11 Streudiagramm nach Sorten gekennzeichnet für Milchsäureethylester und Benzylalkohol ($r = 0.79$).

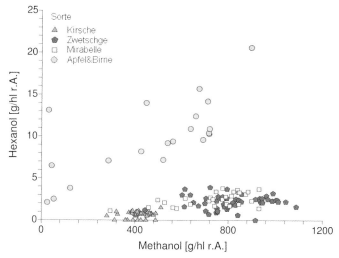

Abb. 1.12 Streudiagramm nach Sorten gekennzeichnet für Methanol und Hexanol ($r=0.08$).

den beiden Variablen Hexanol und Methanol, überein. Schaut man aber genauer hin, so erkennt man, dass die Obstbrandsorten anhand dieser zwei Variablen bereits in Gruppen eingeteilt werden. Die Proben der „Apfel&Birne"-Sorte haben fast alle höhere Hexanolkonzentrationen, während die „Zwetschgen" und „Mirabellen" höhere Methanolkonzentrationen haben als die „Kirschen". Auch mehrere „Apfel&Birne"-Proben haben hohe Methanolwerte, aber gleichzeitig sind auch deren Hexanolwerte höher als bei „Zwetschge" und „Mirabelle", damit ist bei gleichzeitiger Betrachtung beider Messwerte eine eindeutige Unterscheidung möglich. Schaut man dagegen nur auf eine Variable allein oder auf die Korrelationen der beiden Variablen, ist keine Unterscheidung der Sorten möglich.

Eine ausführliche verständliche Besprechung dieser grundlegenden statistischen Betrachtungen und Darstellungen von Daten findet sich in dem Buch von Clarke und Cooke [6] und speziell für den Bereich der Biologie in dem Buch von Sokal und Rohlf [7].

Was hat uns die bisherige Datenbetrachtung an Information über die GC-Werte Methanol und Hexanol der vier verschiedenen Obstbrandsorten gebracht? Wir wissen nun, dass sich die vier Sorten in den Mittelwerten und den Varianzen unterscheiden, die Verteilungen sind innerhalb der Sorten normalverteilt, Benzylalkohol und Milchsäureethylester sind am stärksten korreliert und Hexanol und Methanol gemeinsam betrachtet teilen die Sorten in recht eindeutige Gruppen ein, allerdings lassen sich „Mirabelle" und „Zwetschge" nicht unterscheiden.

Diese ganzen Aussagen beruhen aber immer nur auf dem Vergleich von maximal zwei Variablen. Dies soll im Folgenden geändert werden. Wir wollen alle Variablen gleichzeitig betrachten. Dazu werden wir die Hauptkomponentenanalyse verwenden.

Literatur

1 A. Smilde, R. Bro and P. Geladi, Multi-way analysis with applications in the chemical sciences. John Wiley & Sons Inc., Chichester, 2004.
2 J.-H. Jiang, R. Tsenkova and Y. Ozaki, Principal Discriminant Variate Method for Classification of Multicollinear Data: Principle and Applications, Analytical Sciences (2001) 17, 471–474.
3 R. Tauler, A. Smilde and B.R. Kowalski, Selectivity, local rank, three-way data analysis and ambiguity in multivariate curve resolution. J Chemom (1995) 9, 31–58.
4 Referenzanalysemethoden für Spirituosen. EG-Verordnung Nr. 2870/2000 vom 19.12.2000.
5 D.W. Lachenmeier und F. Musshoff, Begleitstoffgehalte alkoholischer Getränke, Verlaufskontrollen, Chargenvergleich und aktuelle Konzentrationsbereiche. Rechtsmedizin (2004) 14, 454–462.
6 G.M. Clarke and D. Cooke, A Basic Course in Statistics. Arnold Publishers, London, 2005.
7 R.R. Sokal and F.J. Rohlf, Biometry – The Principles and Practice of Statistics in Biological Research. Freeman and Co., New York, 2000.

2
Hauptkomponentenanalyse

2.1
Geschichte der Hauptkomponentenanalyse

Die Hauptkomponentenanalyse, im Englischen *Principal Component Analysis* (PCA) genannt, wurde zum ersten Mal von dem Mathematiker Karl Pearson im Jahr 1901 formuliert und im „*Philosophical Magazine*" veröffentlicht [1]. In den Jahren um 1933 beschäftigte sich auch der Statistiker und Ökonom Harold Hotelling mit diesem Thema. Vor allem in den Statistikerkreisen wird er als der eigentliche Begründer der multivariaten Datenanalyse angesehen [2]. Sein Name ist heute noch mit dem Hotelling-T^2-Test verbunden. Er führte die multivariate Datenanalyse bereits in den 40er Jahren in die Wirtschaftswissenschaften ein.

Etwa zur gleichen Zeit befasste sich Louis Leon Thurstone, der spätere Direktor des Psychometric Labors der Universität von North Carolina USA, mit der Hauptkomponentenanalyse. Er nannte sie Faktorenanalyse und etablierte sie als ein noch heute viel benutztes Standardverfahren zur Datenauswertung in der Psychologie. Vor allem durch seine Bücher „*Factorial Studies of Intelligence*" [3] und „*Multiple Factor Analysis*" [4] ist die Faktorenanalyse aus der Psychologie nicht mehr wegzudenken.

In die Chemie kam die Hauptkomponentenanalyse erst um 1960 durch Edmund Malinowski [5] und Bruce Kowalski [6]. Sie nannten das Verfahren ebenfalls Faktorenanalyse. Ab 1970 wurde die PCA in der Chemie etabliert und es häuften sich die Veröffentlichungen mit chemischen Anwendungen der PCA. Ein wesentlicher Grund dafür, dass die Hauptkomponentenanalyse mehr und mehr Anwender fand, lag natürlich darin begründet, dass immer mehr Wissenschaftler Zugang zu leistungsfähigen Computern bekamen und im Laufe der Zeit auch immer mehr Programme für die Auswertung zur Verfügung standen.

Auch in den anderen Naturwissenschaften wie den Biowissenschaften, der Medizin und den Geowissenschaften hat sich die PCA zwischenzeitlich als Auswertealgorithmus etabliert. In die Sozialwissenschaften und hier vor allem in die empirischen Sozialwissenschaften und in den Marketingbereich hat die Hauptkomponentenanalyse ebenso Einzug gehalten. Allerdings werden zum Teil andere Namen benutzt. Die Statistiker bevorzugen den Namen Hauptkomponentenanalyse, die Chemie spricht gerne von der Faktorenanalyse. Die Mathematik ordnet das Verfahren unter der Rubrik Eigenwertprobleme ein, also

Multivariate Datenanalyse: für die Pharma-, Bio- und Prozessanalytik. Waltraud Kessler
Copyright © 2007 WILEY-VCH Verlag GmbH & Co. KGaA, Weinheim
ISBN: 978-3-527-31262-7

die Berechnung der Eigenwerte und Eigenvektoren einer Matrix. Manche nennen es auch *Singular Value Decomposition* (SVD, Singulärwertzerlegung) oder Hauptachsentransformation. Die Signalverarbeitung hat noch einen weiteren Namen hinzugefügt und nennt es Karhunen-Loeve-Transformation (KLT). Es wird keine Garantie auf Vollständigkeit übernommen, aber die gebräuchlichsten Namen sind in dieser Liste aufgeführt.

Der Begriff Faktorenanalyse wird auch sehr häufig als ein Sammelbegriff für viele zum Teil unterschiedliche Berechnungsmethoden verwendet, die aber alle das gleiche Ziel haben, nämlich viele beobachtbare Variable auf wenige sog. latente Variablen, die man auch Faktoren oder Hauptkomponenten nennt, zu reduzieren. Die Hauptkomponentenanalyse ist einer der möglichen Berechnungswege der Faktorenanalyse. Die große Überschrift müsste eigentlich „Faktorenanalyse" heißen und darunter untergeordnet wäre die Hauptkomponentenanalyse. Im allgemeinen Sprachgebrauch der „Nichtmathematiker" und „Nichtstatistiker" werden beide Begriffe aber beliebig verwendet. Auch in diesem Buch wird der Begriff Faktor gleichwertig zu dem Begriff Hauptkomponente benutzt werden. Als Abkürzung für die Faktorenanalyse bzw. die Hauptkomponentenanalyse wird der Begriff PCA verwendet, da er sich auch im deutschen Sprachgebrauch in der multivariaten Datenanalyse eingebürgert hat und ein gängiges Synonym für die Hauptkomponentenanalyse geworden ist. Die Hauptkomponente wird folglich mit PC (Principal Component) abgekürzt.

2.2
Bestimmen der Hauptkomponenten

2.2.1
Prinzip der Hauptkomponentenanalyse

Die Hauptkomponentenanalyse berechnet aus den gemessenen Ausgangsdaten, die man Merkmale oder Variablen nennt, neue sog. latente Variable, die man dann Hauptkomponenten oder Faktoren nennt. Diese Faktoren sind mathematisch betrachtet eine Linearkombination der ursprünglichen Variablen, das bedeutet, sie setzen sich aus einer linearen Summe der unterschiedlich gewichteten Originalvariablen zusammen.

Um die Faktoren zu berechnen gibt es mehrere mathematische Möglichkeiten. Handelt es sich um eine quadratische Ausgangsmatrix **X**, können die Faktoren als Eigenvektoren und zugehörige Eigenwerte der Datenmatrix **X** angesehen werden und über einen Algorithmus zur Eigenwertberechnung bestimmt werden. Dazu wird die Datenmatrix **X** häufig zuerst in die Korrelationsmatrix oder in die Kovarianzmatrix übergeführt, damit sie quadratisch wird. Mit dieser Matrix wird dann die Eigenwertberechnung durchgeführt. Im Englischen wird sie Singular Value Decomposition (SVD) genannt. Es gibt verschiedene Verfahren, dieses Eigenwertproblem zu lösen.

Jeder Eigenwert und sein zugehöriger Eigenvektor bilden einen Faktor (Hauptkomponente). Diese Faktoren bilden die Faktorenmatrix, die wir **P** nennen werden. Jeder Faktor bildet eine Spalte der Matrix **P**. Die Zahl der Zeilen der Matrix **P**, also die Anzahl der Elemente pro Faktor, wird bestimmt durch die Anzahl der Spalten (Variable) in der Ausgangsmatrix. Bei der Eigenwertberechnung gibt es noch keine Datenreduktion. Die Elemente der Spalten in der Faktorenmatrix **P** nennt man Faktorenladungen oder bezeichnet sie mit dem englischen Begriff *Loadings*. Der Eigenwert bestimmt dabei, wie viel Anteil dieser Faktor an der Gesamtvarianz der Ursprungsdaten hat, und das bedeutet nichts anderes als den Beitrag, den dieser Faktor für die Originaldaten leistet. Je höher der Eigenwert, desto mehr Gesamtvarianz wird erklärt, desto wichtiger ist der Faktor um die Originaldaten zu beschreiben.

Eine andere Herangehensweise, um die Faktoren zu bestimmen, besteht darin, die Richtung der maximalen Varianz in den Ausgangsdaten zu suchen. Ein Algorithmus hierfür wird in Abschnitt 2.3.4 vorgestellt. Die auf diese Weise gefundenen Faktoren stellen ein neues Koordinatensystem dar, das die Ausgangsdaten besser beschreibt. Nun ist eine Datenreduktion möglich, da man einfach auf höhere Koordinatenachsen verzichtet, die nur einen untergeordneten Beitrag zur Gesamtvarianz in den Daten beitragen. Man betrachtet also nur einen Unterraum der Ausgangsdaten.

Nachdem die Faktoren (Hauptkomponenten) berechnet sind, müssen die Ursprungsdaten in den neuen Faktorenraum transformiert werden, denn die Daten sollen durch das neue Faktorenkoordinatensystem beschrieben werden. Für jedes Objekt müssen seine Koordinaten im neuen Faktorenraum berechnet werden. Dazu wird jedes Objekt auf jeden dieser Faktoren abgebildet, damit erhält man die Koordinaten der Objekte im Faktorenraum. Man nennt die Koordinaten im Faktorenraum Faktorenwerte. Im Englischen heißen sie *Scores*. Wir werden in diesem Buch den englischen Begriff Scores für die Faktorenwerte benützen.

Für jedes Objekt und jeden Faktor wird ein Scorewert (Faktorenwert) berechnet. Diese Scores (Faktorenwerte) bilden die Matrix **T**. Die Matrix **T** hat genauso viele Zeilen wie die Originalmatrix **X** Objekte hat, und die Anzahl der Spalten entspricht der Dimension des neuen Faktorenkoordinatensystems, also der Zahl der verwendeten Hauptkomponenten.

Wird nur ein Unterraum der Originaldaten betrachtet, d.h. es werden weniger Hauptkomponenten benützt als aufgrund der Originalvariablenzahl möglich wären, dann gibt es eine Matrix **E**, die die gleiche Dimension wie die Originalmatrix **X** hat, und die die sog. Residuen enthält, also den Teil der Originaldaten, der durch die Hauptkomponenten nicht erklärt wurde. Die Werte in dieser Matrix **E** werden kleiner, je mehr Faktoren berechnet werden. Werden alle Hauptkomponenten für den neuen Faktorenraum benützt (Anzahl der Hauptkomponenten gleich Anzahl der Originalvariablen), werden alle Elemente der Matrix **E** null. Damit ist die Hauptkomponentenanalyse zu Ende gerechnet und mathematisch abgeschlossen. Um die mathematische Vorgehensweise der Faktorenanalyse nachvollziehen zu können, muss ein gutes Grundwissen der Matrizenrechnung vorhanden sein. Die Bücher von Precht [7] und Beutelsbacher [8] vermitteln auf verständliche Art die nötigen Grundlagen.

Für den Nutzer beginnt nun die eigentliche Arbeit, nämlich die Interpretation der Hauptkomponenten, das Auffinden von Gruppen in den Ausgangsdaten und das Ergründen der Ursachen für eine solche Gruppenbildung. Mit Hilfe der Faktoren und der Scores will man Neues über die Ausgangsdaten erfahren. Das wird die Hauptaufgabe in den folgenden Kapiteln sein.

2.2.2
Was macht die Hauptkomponentenanalyse?

Eines der wichtigsten Ziele der Hauptkomponentenanalyse liegt in der Datenreduktion. Viele beobachtete Merkmale (Variablen) werden zu wenigen Hauptkomponenten zusammengefasst und die Objekte werden mit diesen Hauptkomponenten beschrieben. Man kann dies wie in Abb. 2.1 dargestellt zusammenfassen.

Anstatt der 10 Ausgangsvariablen V1 bis V10 beschreiben dann die Faktoren 1 bis 3 die Objekte. Wobei Faktor 1 in diesem Beispiel (Abb. 2.1) die Information der Variablen V1, V7, V8 und V10 einschließt, während Faktor 2 die Information der Variablen V2 und V4 enthält und Faktor 3 die Information von V3, V5, V6 und V9. Um Zusammenhänge in den Objekten zu erkennen, müssen nun nur noch drei Hauptkomponenten untersucht werden. Aus einem 10-dimensionalen Raum der Originalvariablen wurde ein dreidimensionaler Fak-

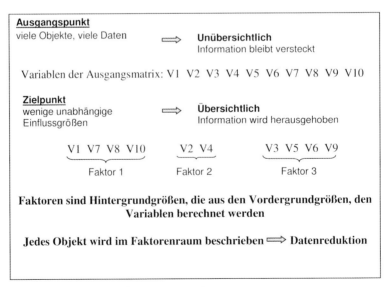

Abb. 2.1 Prinzip der Hauptkomponentenanalyse.

2.2.3
Grafische Erklärung der Hauptkomponenten

Der mathematische Weg, wie man zu den Hauptkomponenten gelangt, ist im vorigen Abschnitt grob skizziert worden und wird in Abschnitt 2.3 noch ausführlicher behandelt. Die Frage, was man sich anschaulich unter einer Hauptkomponente bzw. einem Faktor vorzustellen hat, was Faktorladungen und Faktorenwerte für uns als Praktiker bedeuten, soll zuerst an einem sehr einfachen Beispiel auf grafische Art verständlich beantwortet werden. Dazu stellen wir uns folgende zehn Objekte im zweidimensionalen Raum ($x1$, $x2$) vor, die jeweils durch einen $x1$- und einen $x2$-Koordinatenwert beschrieben werden (Tabelle 2.1).

Man erkennt hier direkt schon an den Daten, dass Objekt 1 bis 5 und Objekt 6 bis 10 je eine Gruppe bilden. Stellt man diese Daten in einem $x1$-$x2$-Streudiagramm dar, kann man sich überlegen, wie man eine Gerade durch diese Punkte legt, so dass die Projektionen der Punkte auf die Gerade den Unterschied zwischen Objekt 1–5 und 6–10 noch deutlicher werden lässt. In Abb. 2.2 sind die Objekte zusammen mit einer Geraden eingezeichnet, auf der die Projektionen der Punkte nur einen geringen Abstand voneinander haben, so dass die beiden Gruppen verwischen. Diese Gerade erfüllt unsere Forderung also nicht.

Es ist einsichtig, dass die gesuchte Gerade die gleiche Richtung haben muss, wie die maximale Variation in den Daten. In Abb. 2.3 ist eine solche Gerade eingezeichnet, die in Richtung der größten Veränderung der Daten zeigt. Man nennt das die Richtung der maximalen Varianz. Betrachtet man die Projektionen der Punkte auf diese Gerade, so sind die beiden Gruppen deutlich zu erkennen.

Tabelle 2.1 10 Objekte beschrieben durch die Variablen $x1$ und $x2$ im zweidimensionalen Datenraum.

	$x1$	$x2$
Objekt 1	1	2
Objekt 2	2	2
Objekt 3	5	8
Objekt 4	7	7
Objekt 5	5	3
Objekt 6	13	16
Objekt 7	11	14
Objekt 8	14	15
Objekt 9	16	12
Objekt 10	18	19

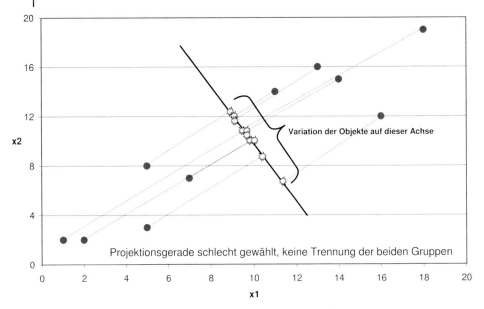

Abb. 2.2 Objekte 1–10 mit Gerade in Richtung minimaler Varianz der Daten. Die Sterne sind die Projektionen der Objekte auf die Gerade.

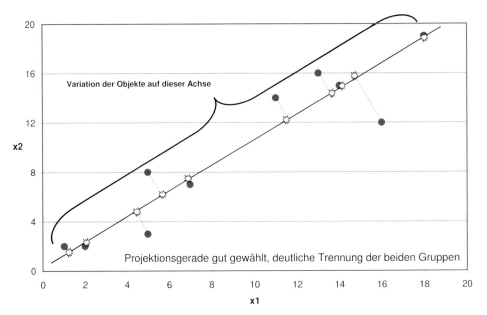

Abb. 2.3 Objekte 1–10 mit Gerade in Richtung maximaler Varianz der Daten. Die Sterne sind die Projektionen der Objekte auf die Gerade.

Die Gerade in Richtung der maximalen Varianz erfüllt alle unserer Forderungen:
- wir wollen die Information (es handelt sich um zwei Gruppen) hervorheben und
- wir wollen diese Information, wenn möglich, in einem Datenraum erhalten, der eine kleinere Dimension hat, also eine Datenreduktion.

All das erreichen wir mit der Geraden in Abb. 2.3. Wir nennen diese Gerade nun die erste Hauptkomponente, und wir haben die wichtigste Information, die in unseren Daten steckt (zwei Gruppen), auf diese Hauptkomponente konzentriert. Eigentlich könnten wir auf die zweite Hauptkomponente verzichten. Wahrscheinlich steckt in ihr nur noch der Messfehler, den wir bei der Bestimmung der Komponenten $x1$ und $x2$ gemacht haben.

Die erste Hauptkomponente, wir werden sie mit PC1 abkürzen, erklärt die größtmögliche Variation in den Daten. Wir werden später berechnen, dass 96,6% der Gesamtvarianz der Daten in dieser ersten PC enthalten ist. Die restlichen 3,4% fallen auf die zweite Hauptkomponente. Wie sieht diese zweite Hauptkomponente nun aus?

Die neuen Hauptachsen sollen ein neues Koordinatensystem bilden, bei dem die Hauptachsen senkrecht aufeinander stehen, also orthogonal sind. Nun stellt sich die Frage, wo der Koordinatenursprung des neuen Koordinatensystems gewählt werden soll. Wir könnten ihn unverändert zu unserem Originalkoordinatensystem $x1$, $x2$ lassen. Das wird aber in der Regel nicht so gemacht, sondern der Schwerpunkt aller Daten bestimmt den Nullpunkt des neuen Hauptachsenkoordinatensystems. Der Schwerpunkt wird über den Mittelwert jeder Variablen berechnet. Das hat den Vorteil, dass die Mitte aller Daten auch der Koordinatenursprung ist und damit Interpretationen wie „überdurchschnittlich" und „unterdurchschnittlich" anhand der Richtungen auf den Koordinatenachsen möglich werden.

Die Richtung der zweiten Hauptkomponente wird wieder durch die Richtung der maximalen Varianz bestimmt und außerdem durch die Bedingung, dass Hauptkomponenten senkrecht aufeinander stehen müssen. In diesem zweidimensionalen Beispiel ergeben beide Bedingungen genau die gleiche Richtung für die Hauptkomponente. Die Projektionen der Datenpunkte auf die neuen Koordinatenachsen beschreiben die Objekte im neuen Koordinatensystem. Man nennt sie Faktorenwerte oder Scorewerte oder einfach nur Scores.

Abbildung 2.4 zeigt die neuen Hauptachsen im alten Koordinatensystem. Der Ursprung des alten Koordinatensystems wurde aber in den Datenmittelpunkt (Schwerpunkt) verschoben. Wir erkennen an den Faktorenwerten, dass die erste Hauptkomponente die Information der beiden Gruppen enthält und die zweite Hauptkomponente die Streuung innerhalb der Gruppe. Wäre man also nur an der Information „Gruppenbildung" interessiert, könnte man auf die zweite Hauptkomponente verzichten und die Objekte anstatt im zweidimensionalen Originaldatenraum in dem eindimensionalen Faktorenraum beschreiben.

Um ein vollständiges neues Koordinatensystem zu erhalten, müssen noch die Einheiten auf den neuen Achsen festgelegt werden und es muss eine „Weg-

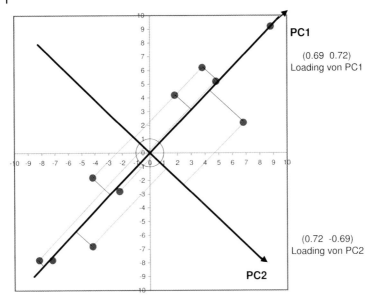

Abb. 2.4 Neues Hauptachsenkoordinatensystem für die 10 Objekte.
Die Projektionen auf die Hauptachsen sind die Faktorenwerte (Scores).
Das ursprüngliche Koordinatensystem ist ebenfalls dargestellt.

beschreibung" gegeben werden, wie man vom alten Koordinatensystem in das neue gelangt.

Um dies zu verdeutlichen, wurde in Abb. 2.4 der Einheitskreis für die $x1$- und $x2$-Achse eingezeichnet. Der Schnittpunkt mit den neuen Achsen bestimmt auf den Hauptkomponentenachsen den Betrag 1.

Der Schnittpunkt mit dem Einheitskreis hat nun zweierlei Bedeutungen:
- Diese Strecke auf der neuen Koordinatenachse bestimmt den Betrag 1.
- Es sind die Koordinaten für die „Wegbeschreibung", um vom alten Koordinatensystem zu dem neuen zu gelangen.

Um die Richtung von der Hauptkomponente 1 (PC1) zu finden, müssen wir also auf der alten $x1$-Achse 0,691 $x1$-Einheiten nach rechts gehen, dann auf der alten $x2$-Achse 0,723 Einheiten nach oben. Diesen Punkt verbinden wir mit dem Koordinatenursprung und haben damit die neue Hauptachse konstruiert. Für PC2 läuft es genauso, mit dem Unterschied, dass man auf der $x1$-Achse 0,723 Einheiten nach rechts und auf der $x2$-Achse um −0,69 Einheiten nach unten gehen muss.

Die Koordinaten der „Wegbeschreibung" nennt man Faktorenladungen oder auch nur Loadings. Die Loadings für PC1 und PC2 lauten also:
PC1-Loading = (0,691 0,723) und PC2-Loading = (0,723 −0,691).

Zur Sicherheit können wir überprüfen, ob der Betrag auf der PC1-Achse wirklich 1 ist. Dazu berechnen wir:

$$|e_{PC1}| = \sqrt{x1^2 + x2^2} = \sqrt{0{,}691^2 + 0{,}723^2} = 1 \qquad (2.1)$$

Außerdem können wir nachrechnen, ob die beiden Achsen orthogonal aufeinander stehen. Dazu müssen wir die Loadingsmatrix **P** mit der transponierten Loadingsmatrix **P**^{T} multiplizieren. Um eine Matrix zu transponieren, werden einfach aus Zeilen Spalten gemacht. In diesem zweidimensionalen Fall ist **P**^{T} identisch zu **P**. (Dass **P**^{T} = **P** gilt, ist eine Ausnahme und gilt nur für den zweidimensionalen Fall.) Multipliziert man diese beiden Matrizen **P**^{T} und **P**, erhält man tatsächlich die Einheitsmatrix **I**.

$$\mathbf{P} = \begin{pmatrix} 0{,}691 & 0{,}723 \\ 0{,}723 & -0{,}691 \end{pmatrix} \qquad \mathbf{P}^T \begin{pmatrix} 0{,}691 & 0{,}723 \\ 0{,}723 & -0{,}691 \end{pmatrix} \qquad (2.2)$$

damit:

$$\mathbf{PP}^T = \begin{pmatrix} 1 & 0 \\ 0 & 1 \end{pmatrix} = \mathbf{I} \qquad (2.3)$$

Wir haben also das neue Hauptachsenkoordinatensystem gefunden, indem wir nach der Richtung der maximalen Varianz in den Daten gesucht haben. Den Weg vom alten Koordinatensystem ins neue Hauptachsensystem beschreiben wir über die Loadings. Nun bleibt die Frage, was denn eigentlich die Scorewerte und die Loadingswerte in Bezug auf unsere Objekte bzw. Originalvariablen bedeuten.

2.2.4
Bedeutung der Faktorenwerte und Faktorenladungen (Scores und Loadings)

Wir wissen bereits, dass die Loadingswerte den Weg aus dem alten in das neue Koordinatensystem beschreiben. Was sagt uns nun aber ein hoher Loadingswert im Vergleich zu einem niederen Wert? Und was ist ein hoher Wert? Ist 0,723 ein hoher Wert?

Diese Fragen sollen mit Hilfe der Abb. 2.5 bis 2.7 beantwortet werden. Sie zeigen drei verschiedene Datensätze XA, XB und XC, die alle zweidimensional sind. Für jeden Datensatz wurden die Hauptkomponenten berechnet und die erste Hauptkomponente PC1 ist eingezeichnet. Die Werte sind in Tabelle 2.2 aufgeführt. Alle Datensets haben den Mittelwert 0.

Wir erkennen, dass die Punkte bei Datensatz XA nahe an der ursprünglichen $x2$-Achse liegen und dass auch die erste Hauptkomponente PC1 sehr stark in diese Richtung zeigt. Die „Wegbeschreibung" zu dieser PC1-Achse ist durch die Loadings mit den Loadingswerten (0,299 0,954) gegeben. Ein höherer Loadingswert bedeutet, dass die Hauptachse stärker in die Richtung dieser Originalvariablen zeigt. Damit ist die Originalvariable mit dem höchsten Loadingswert am wichtigsten für die Richtung der Hauptkomponente.

2 Hauptkomponentenanalyse

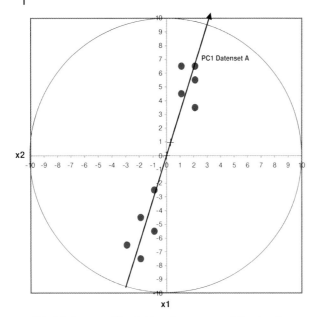

Abb. 2.5 Datenset XA mit Hauptkomponente PC1 – Loadingswerte = (0,299 0,954).

Tabelle 2.2 Daten der Datensets XA bis XC.

Objekt	Datenset XA		Datenset XB		Datenset XC	
	x1	x2	x1	x2	x1	x2
1	1,1	6,5	−8,2	−7,8	−6,7	1,2
2	2,1	6,5	−7,2	−7,8	−6,7	2,2
3	2,1	5,5	−4,2	−1,8	−5,7	1,2
4	1,1	4,5	−2,2	−2,8	−5,7	0,2
5	2,1	3,5	−4,2	−6,8	−3,7	0,2
6	−0,9	−2,5	3,8	6,2	4,3	−0,8
7	−1,9	−4,5	1,8	4,2	5,3	−1,8
8	−0,9	−5,5	4,8	5,2	5,3	0,2
9	−2,9	−6,5	6,8	2,2	6,3	−0,8
10	−1,9	−7,5	8,8	9,2	7,3	−1,8

Bei Datensatz XB erhalten wir für die Loadingswerte (0,691 0,723). Beide Werte sind etwa gleich groß. Also sind beide Originalvariablen $x1$ und $x2$ gleich wichtig für die erste Hauptkomponente. Wir sehen an der Grafik, dass die Hauptachse fast genau in der Mitte der beiden Originalkoordinatenachsen $x1$ und $x2$ liegt.

Bei Datensatz XC wird die erste Hauptachse PC1 beschrieben durch die Loadingswerte (0,983 −0,182), diese PC1 zeigt also sehr in Richtung der Original-

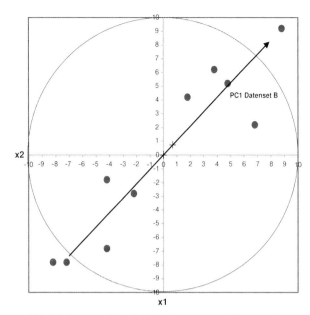

Abb. 2.6 Datenset XB mit Hauptkomponente PC1 – Loadingswerte = (0,691 0,723).

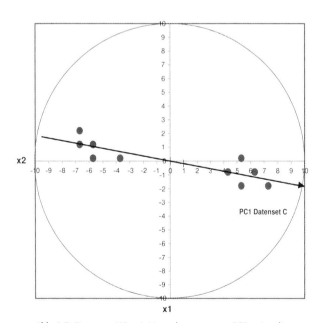

Abb. 2.7 Datenset XC mit Hauptkomponente PC1 – Loadingswerte = (0,983 –0,182).

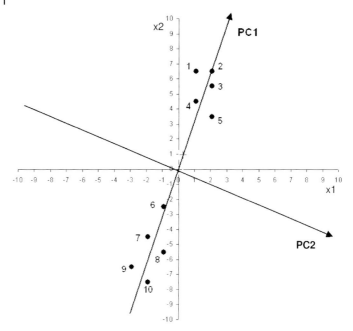

Abb. 2.8 Datenset XA dargestellt im Originaldatenraum ($x1$, $x2$) mit PC1- und PC2-Achse.

variablen x1, wie aus der Grafik deutlich zu erkennen ist. Der negative Loadingswert für die zweite Variable deutet an, dass die Richtung entgegengesetzt zur Originalrichtung $x2$ ist. Da er aber betragsmäßig klein ist, spielt diese Variable für die Richtung der PC1 keine große Rolle.

Damit können wir die Bedeutung der Faktorenladungen erklären. Nun müssen wir die Objekte im neuen Koordinatenraum beschreiben. Dazu berechnen wir die Projektion von jedem einzelnen Datenpunkt auf die jeweilige Hauptkomponentenachse. Diese Projektionen sind in Abb. 2.4 als senkrechte Linien von den Datenpunkten auf die Hauptachsen eingezeichnet. Jedes Objekt wird auf jede Achse projiziert. Man erhält pro Hauptachse für jedes Objekt einen Faktorenwert, den wir, wie bereits erwähnt, Scorewert oder nur Score nennen.

Da die Hauptachsen orthogonal aufeinander stehen, zeichnet man nun ein rechtwinkliges Koordinatensystem aus den Hauptachsen und trägt die Objekte darin entsprechend den Scorewerten ein. Für die drei Datensätze zeigen dies die folgenden Grafiken in den Abb. 2.9 bis 2.11. Um einen Vergleich mit den Hauptkomponenten im Originaldatenraum $x1$ und $x2$ zu ermöglichen, zeigt Abb. 2.8 das Datenset A mit nummerierten Objekten, dargestellt im Originaldatenraum ($x1$, $x2$) mit eingezeichneter PC1- und PC2-Achse.

Obwohl sich die Objekte im kartesischen Originaldatenraum an ganz unterschiedlichen Orten befanden, sehen die Scoreplots (so nennen wir die Grafiken der Faktorenwerte) sehr ähnlich aus. Denn durch die Hauptachsentransformation wurde für alle Datensätze die Richtung mit der größten Varianz zur „Refe-

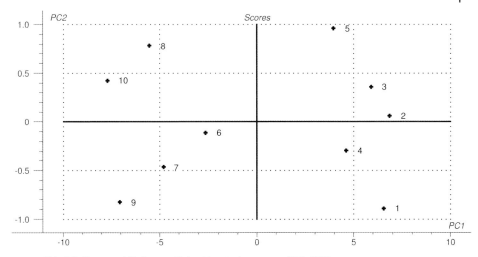

Abb. 2.9 Datenset XA dargestellt im Hauptachsenraum (PC1, PC2).

renzrichtung", und das wird nun die Abszisse (x-Achse). Die 2. Hauptachse steht senkrecht darauf und wird damit zur Ordinate (y-Achse).

Wir sehen, dass bei Datenset XA (Abb. 2.9) die Proben 8 und 10 im linken oberen Viertel zu finden sind, während die Proben 1 und 4 im rechten unteren Viertel stehen. Erinnern wir uns an die Tatsache, dass der Koordinatenursprung der Datenmittelpunkt ist. Damit sind alle Proben, die auf der positiven PC1-Achse liegen, überdurchschnittlich bezüglich dieser Hauptkomponente; alle Objekte, die auf der negativen Seite liegen, sind unterdurchschnittlich. Dasselbe gilt für die zweite und alle weiteren Hauptkomponenten entsprechend. Damit haben Probe 8 und 10 einen unterdurchschnittlichen Wert bezüglich PC1 und einen überdurchschnittlichen Wert bezüglich PC2.

Aus den Loadings (0,299 0,954) wissen wir, dass PC1 in Richtung von $x2$ schaut. Also muss Objekt 8 und 10 einen unterdurchschnittlichen $x2$-Wert haben, der in diesem Fall negativ sein muss, da der Mittelpunkt der Originaldaten Null war.

Die Deutung der PC2-Scorewerte ist nicht mehr so offensichtlich in den Originaldaten zu erkennen, denn die gesamte durch sie erklärte Information, ausgedrückt durch Scorewert mal Loadings, wird von den Daten abgezogen nachdem die Hauptkomponente PC1 berechnet wurde. Übrig bleiben nur noch die Abweichungen (Entfernungen) der Objekte von der PC1-Achse. Wir sehen in Abb. 2.9, dass diese Abweichungen oberhalb und unterhalb der PC1-Achse liegen. Die PC2-Achse schaut in Richtung der negativen $x2$-Werte. Objekt 8 und 10 haben damit positive PC2-Scorewerte, während Objekt 1 und 4 negative PC2-Werte aufweisen, da sie auf der anderen Seite der PC2-Achse liegen.

Wir können nun wieder die Proben in unterdurchschnittlich und überdurchschnittlich bezüglich PC2 einteilen. Die Proben 2, 3, 5, 8 und 10 sind überdurchschnittlich bezüglich PC2, Probe 1, 4, 6, 7 und 9 sind unterdurchschnitt-

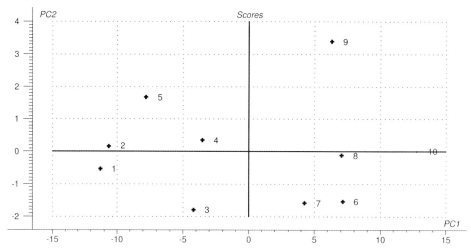

Abb. 2.10 Datenset XB dargestellt im Hauptachsenraum (PC1, PC2).

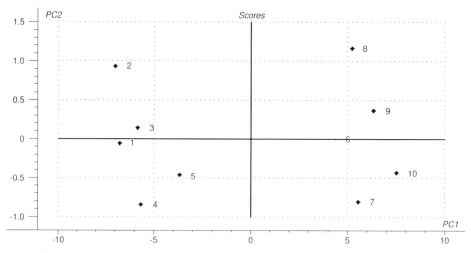

Abb. 2.11 Datenset XC dargestellt im Hauptachsenraum (PC1, PC2).

lich bezüglich dieser Hauptkomponente. Aber man darf dabei nicht vergessen, dass diese Aussage nur für die restliche Varianz in den Daten gilt, nachdem die Information der ersten Hauptkomponente aus den Daten entfernt wurde. In Abb. 2.8 erkennen wir die beiden Gruppen als links (1, 4, 6, 7 und 9) bzw. rechts (2, 3, 5, 8 und 10) von der eingezeichneten PC1-Achse gelegen.

Ähnliche Überlegungen lassen sich mit den Objekten der Datensets XB und XC anstellen. Dazu vergleicht man Abb. 2.6 mit Abb. 2.10 (Datenset XB) und Abb. 2.7 mit Abb. 2.11 (Datenset XC).

2.2.5
Erklärte Varianz pro Hauptkomponente

Als Nächstes muss man sich überlegen, wie viel der Varianz in den Originaldaten durch die jeweilige Hauptkomponente erklärt wird. Dazu müssen wir zunächst die Gesamtvarianz in den Daten berechnen. Es soll dies exemplarisch am Datensatz XA durchgeführt werden.

Da der Ursprung des Koordinatensystems im Datenmittelpunkt liegt, ist die Varianz einfach die Summe aller Objektentfernungen vom Koordinatenursprung oder anders ausgedrückt die Summe aller Strecken vom Koordinatenursprung zu jedem Objekt. Man berechnet die Gesamtvarianz, indem man für alle Objekte deren Abstand zum Gesamtmittelwert berechnet. Dazu wird für jede Koordinate eines jeden Objekts die Differenz zum Mittelwert (der hier Null ist) berechnet und dann quadriert. Alle diese Quadrate werden summiert und durch die Anzahl der Objekte mal Anzahl der Komponenten dividiert.

$$s^2(\text{gesamt}) = \frac{1}{N \cdot M} \sum_{i=1}^{N} \sum_{j=1}^{M} (x_{ij} - \overline{x}_{\text{gesamt}})^2 \qquad (2.4)$$

wobei:
N = Anzahl der Objekte
M = Anzahl der Variablen (Koordinatenachsen)
$\overline{x}_{\text{gesamt}}$ = 0 bei mittenzentrierten Daten

Für das Datenset XA erhält man eine Gesamtvarianz von 16,77. Als nächstes wird die Varianz berechnet, die übrig bleibt, wenn die erste Hauptachse gefunden wurde und die Objekte mit dieser Hauptachse beschrieben werden. Man nennt das die Restvarianz. Dazu müssen die Abstände der Objekte von dieser Hauptachse berechnet werden. Im nächsten Abschnitt wird der Rechenweg hierfür angegeben. Nehmen wir vorweg, dass die Restvarianz nach der ersten Hauptkomponente 0,182 beträgt. Der prozentuale Anteil der Restvarianz an der Gesamtvarianz beträgt damit 0,182/16,77 = 1,09%. Also werden mit der ersten Hauptkomponente 100% – 1,09% = 98,91% der in den Daten enthaltenen Gesamtvarianz beschrieben.

Es ist sehr wichtig und üblich bei der Hauptkomponentenanalyse und aller darauf aufbauenden Verfahren, die erklärte Varianz pro Hauptkomponente mit anzugeben.

Dies kann auf verschiedene Arten erfolgen, die alle verwendet werden:
- erklärte Varianz pro Hauptkomponente;
- erklärte Varianz bis zu einer bestimmten Hauptkomponente, also die Summe aller erklärten Varianzen bis zu einer bestimmten Hauptkomponente;
- Restvarianz ab einer bestimmten Hauptkomponente.

Bei Datenset XA und XC erklärt die erste Hauptkomponente 99%, während es bei Datenset XB nur 97% sind.

2.3
Mathematisches Modell der Hauptkomponentenanalyse

Mathematisch gesehen ist die Hauptkomponentenanalyse die Lösung eines Eigenwertproblems, das ein gängiges Verfahren in der linearen Algebra darstellt. Die Daten, Scorewerte, Loadings und Residuen werden als Matrizen geschrieben. Man kann die Zerlegung der Messdatenmatrix in die Scores- und Loadingsmatrix und die Residuenmatrix, wie in Abb. 2.12 gezeigt, darstellen.

Der Ausgangspunkt ist die mittenzentrierte Datenmatrix **X**, in der in den Zeilen N Objekte (Proben) stehen, für die in den Spalten jeweils M Eigenschaften (Merkmale oder Variablen) angegeben werden. Diese Datenmatrix **X** wird in zwei neue Matrizen **T** und **P** zerlegt. Mit Hilfe der neu berechneten Matrizen **T** und **P** kann die Ausgangsmatrix **X** reproduziert werden.

In den Spalten der Matrix **P** stehen die Hauptkomponenten (Faktoren). Man nennt diese Matrix **P** deshalb Hauptkomponenten- oder Faktorenmatrix. Es können maximal M Faktoren berechnet werden, in diesem Fall verschwindet die Residuenmatrix **E**. Üblicherweise werden aber weniger Faktoren ($A < M$) berechnet, da man in der Regel neben dem Herausheben von Information auch eine Datenreduktion erreichen will. Dann steht in der Matrix **E** die Differenz zwischen der originalen **X**-Datenmatrix und der über die Faktoren und Scores reproduzierten **X'**-Datenmatrix. Man nennt diese Matrix **E** deshalb Residuenmatrix. Sie hat genau so viele Zeilen N und genauso viele Spalten M wie die Matrix **X**.

Jedes Element in der **E**-Matrix hat also sein Pendant in der **X**-Matrix. Schaut man sich die Elemente der Residuenmatrix einzeln an, kann man erkennen, welche Variable bei welchem Objekt am besten (kleinster Betragswert) oder am schlechtesten (größter Betragswert) für die betrachtete Anzahl an Faktoren wiedergegeben wird. Diese Betrachtung kann man dann auch zeilenweise oder spaltenweise durchführen und bekommt so eine Aussage, wie gut die einzelnen Objekte bzw. die Variablen reproduziert werden. Die Summe aller Quadrate der

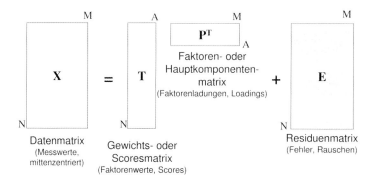

Abb. 2.12 Matrizen der Hauptkomponentenanalyse.

Elemente in **E** geteilt durch die Anzahl der Elemente nennt man die Restvarianz. Die Summe der Quadrate aller Elemente pro Objekt (also pro Zeile in **E**) geteilt durch die Variablenanzahl beschreibt die Restvarianz pro Objekt. Objekte mit großer Restvarianz werden folglich durch die verwendeten Hauptkomponenten schlecht beschrieben.

Die Elemente in den Spalten der Matrix **P** sind die Loadings (Faktorenladungen) der Hauptkomponenten, also, wie wir bereits wissen, die „Wegbeschreibung" wie man vom ursprünglichen Koordinatensystem in das neue Hauptkomponentenkoordinatensystem gelangt. Da für jede Variable des Originalkoordinatensystems eine „Wegbeschreibung" vorliegen muss, hat die Matrix **P** genauso viele Zeilen M wie die Originalmatrix **X** Spalten (Variable) hat. In Abb. 2.12 ist die transponierte Matrix **P**^{T} dargestellt. Sie hat so viele Zeilen A wie Hauptkomponenten berücksichtigt werden.

In der Matrix **T** stehen die Scores oder Faktorenwerte. Man nennt die Matrix Scoresmatrix oder Gewichtsmatrix. Für jedes Objekt und für jede berücksichtigte Hauptkomponente A steht in dieser Matrix **T** der Koordinatenwert bezüglich dieser Hauptkomponente. Die Matrix **T** hat genau so viele Zeilen N wie die Datenmatrix **X** (Anzahl der Objekte) und genauso viele Spalten A wie Faktoren berücksichtigt werden.

2.3.1
Mittenzentrierung

Bei der Berechnung der Hauptkomponenten wird von einer mittenzentrierten Datenmatrix **X** ausgegangen. Dazu wird über jede Spalte der Originaldatenmatrix **X**, also von jeder Variablen, der Mittelwert berechnet. Dieser Mittelwert wird dann von jedem Originalwert dieser Spalte abgezogen. Die Gleichung (2.5) gibt die Berechnung der Mittenzentrierung für die Werte der Spalte k. Man macht dies dann für alle M Spalten.

$$x(\text{zentriert})_{ik} = x(\text{orig})_{ik} - \frac{1}{N}\sum_{i=1}^{N} x(\text{orig})_{ik} \tag{2.5}$$

Fast alle kommerziellen Programme zum Berechnen der Hauptkomponentenanalyse machen diesen Schritt automatisch zuerst, so dass sich der Benutzer nicht darum kümmern muss. Das Programm „The Unscrambler", mit dem in diesem Buch die meisten Beispiele durchgerechnet werden, bietet die Möglichkeit diese Mittenzentrierung auszuschalten. Das bedeutet, dass die erste Hauptkomponente dann diesen Mittelwert für alle Variablen beinhaltet. Häufig ist die erste Hauptkomponente sogar identisch zum Mittelwert. Wenn man mit Spektren arbeitet, gibt es manchmal Situationen, in denen man genau an diesem Mittelwert interessiert ist, dann schaltet man die Mittenzentrierung aus und in den Loadings der ersten Hauptkomponente erkennt man die normierten Mittelwerte der Variablen bzw. bei Spektren das normierte Mittelwertspektrum.

2.3.2
PCA-Gleichung

Die allgemeine Form des Hauptkomponentenmodells lautet

$$\mathbf{X} = \mathbf{TP}^T + \mathbf{E} \tag{2.6}$$

Da die Mittenzentrierung in der Regel in einem ersten Vorausschritt berechnet wird, kann dieses Modell auch folgendermaßen formuliert werden:

$$x_{ik} = x_{\text{mittel},k} + \sum_{a=1}^{A} t_{ia} p_{ka} + e_{ik(A)} \tag{2.7}$$

wobei:

$x_{\text{mittel},k}$ = k-ter Spaltenmittelwert
t_{ia} = Scorewert für Objekt i und Hauptkomponente a
p_{ka} = Loadingswert für Variable k und Hauptkomponente a
$e_{ik(A)}$ = Restfehler nach A Hauptkomponenten

Das Hauptkomponentenmodell ist ein lineares additives Modell. Es wird nacheinander der Informationsgehalt für alle Hauptkomponenten hinzugefügt. Rechnet man ein Modell mit fünf Hauptkomponenten und dann ein Modell mit sechs Hauptkomponenten, so sind die ersten fünf Hauptkomponenten bei beiden Modellen gleich. Bei dem Modell mit sechs Hauptkomponenten kommt die sechste Hauptkomponente dazu und damit wird der Anteil der Residuen (Matrix **E**) kleiner als bei einem Modell mit fünf Hauptkomponenten.

2.3.3
Eigenwert- und Eigenvektorenberechnung

Es gibt verschiedene Verfahren, das Eigenwertproblem zu lösen. Mit dem Standardverfahren der Eigenwertberechnung wird zuerst die Kovarianzmatrix **Z** aus der Datenmatrix **X** berechnet.

$$\mathbf{Z} = \mathbf{X}^T \mathbf{X} \tag{2.8a}$$

Z hat die Dimension ($M \times M$) und beschreibt die Varianz der M Variablen. Man kann aber auch folgende Kovarianzmatrix $\mathbf{Z}^T$ bestimmen:

$$\mathbf{Z}^T = \mathbf{XX}^T \tag{2.8b}$$

$\mathbf{Z}^T$ hat die Dimension ($N \times N$) und beschreibt die Varianz der N Objekte.

Die Kovarianzmatrix ist eine quadratische Matrix. In den Diagonalelementen steht die Varianz, die Außerdiagonalelemente enthalten die Kovarianz. Wenn diese Matrix diagonalisiert ist, bleiben nur die Varianzen für die diagonalisierten Koordinaten übrig und die diagonalisierten Koordinaten geben die Richtung (Loadings) der Hauptkomponentenachsen.

Welche der beiden Varianten der Kovarianzmatrix genommen wird, hängt davon ab, ob mehr Objekte als Variablen vorliegen oder umgekehrt. Hat man mehr Objekte als Variablen, wird die Kovarianzmatrix nach Gl. (2.8a) berechnet. Hat man mehr Variablen als Objekte, dies kommt bei spektroskopischen Daten sehr häufig vor, so wird in der Regel die Kovarianzmatrix nach Gl. (2.8b) berechnet. Außerdem können die Daten vor der Bildung der Kovarianzmatrix standardisiert werden. (Diese Standardisierung wird später im Abschnitt 2.6 noch ausführlich besprochen.) Die Kovarianzmatrizen, die aus den standardisierten Daten errechnet werden, sind gleich der Korrelationsmatrix. Einige Programme wie SAS [9] und SPSS [10] können mit der Kovarianzmatrix oder der Korrelationsmatrix die Eigenwertberechnung durchführen. Es ist im Prinzip unbedeutend, mit welcher der beiden Kovarianzmatrizen man die Hauptkomponentenanalyse durchführt. Benützt man die Korrelationsmatrix, so ergeben sich andere Eigenwerte und Eigenvektoren als im Fall der Kovarianzmatrix.

Vor allem für spektroskopische Daten wird der folgende Ansatz für die Singulärwertzerlegung (Singular Value Decomposition, SVD) verwendet. Man zerlegt die Matrix **X** der Dimension ($N \times M$) folgendermaßen in drei Matrizen:

$$\mathbf{X} = \mathbf{USV}^T = \mathbf{TP}^T \qquad (2.10)$$

Mit $\mathbf{T(S^{-1}S)P}^T$ erhält man

$$\mathbf{U} = \mathbf{TS}^{-1} \text{ und } \mathbf{V}^T = \mathbf{P} \qquad (2.11\,\text{a})$$

und

$$\mathbf{S}^2 = \mathbf{P}^{-1} \mathbf{ZP} \qquad (2.11\,\text{b})$$

wobei **P** die Transformationsmatrix ist.

Die Matrix **S** ist die diagonalisierte Kovarianzmatrix. Sie ist eine Diagonalmatrix, so dass nur die Diagonalelemente von null verschieden sind. Diese Diagonalelemente nennt man Singulärwerte (*singular values*). Sie berechnen sich aus der Quadratwurzel der Eigenwerte der Kovarianzmatrix $\mathbf{Z} = \mathbf{X}^T\mathbf{X}$. Diese Eigenwerte stehen der Größe nach geordnet in dieser Matrix **S**, so dass $s_1 \geq s_2 \geq s_3 \geq \ldots \geq s_M$. Die Singulärwerte entsprechen der Varianz in Richtung der Eigenvektoren $\mathbf{p}_i$. Das bedeutet, der erste Eigenvektor $\mathbf{p}_1$ hat die Richtung der größten Varianz, dann kommt der Eigenvektor $\mathbf{p}_2$ mit der nächst größten Varianz usw. Der letzte Eigenvektor $\mathbf{p}_M$ ist der unwichtigste und hat den kleinsten Eigenwert.

Die Matrix **P** ist orthonormal. Ihre M Spalten sind die Eigenvektoren der Matrix $\mathbf{Z} = \mathbf{X}^T\mathbf{X}$. Wir nennen diese Matrix die Loadingsmatrix. Diese Eigenvektoren bilden das neue Koordinatensystem.

Die Matrix **U** ist eine orthogonale Transformationsmatrix, deren N Spalten die Eigenvektoren von $\mathbf{Z}^T = \mathbf{X}\mathbf{X}^T$ sind. Sie enthält die ungewichteten, orthogonalen Faktorenwerte.

Die Scorematrix **T** ist das Produkt von **U** und **S**. **T** enthält die mit **S** gewichteten Scorewerte, das sind die Koordinatenwerte im P-Koordinatensystem.

Die Summe der Eigenwerte von $\mathbf{X}^T\mathbf{X}$ ist gleich der Summe der Diagonalelemente. Dieser Wert gibt die Gesamtvarianz in den Daten an. Das Verhältnis vom Eigenwert a zu dieser Gesamtvarianz berechnet den Anteil, den diese Hauptkomponente an der Gesamtvarianz hat.

Manche Programme geben die Eigenwerte an, andere wie der „Unscrambler" [11] dagegen die erklärte Varianz. Da man aus den Eigenwerten ohne weiteres die erklärte Varianz berechnen kann, spielt dies eigentlich keine Rolle. Allerdings werden ja in der Regel nicht alle Hauptkomponenten in das Modell einbezogen. Wo man aufhört, kann man sowohl anhand der erklärten Varianz als auch an den Eigenwerten bestimmen. Bei der Varianz gibt man sich einen Wert vor, z. B. 90%, und schaut dann, wie viele Hauptkomponenten man braucht, um diese Varianz zu erklären. Bei den Eigenwerten wird häufig die Regel vorgegeben, dass alle Eigenwerte über eins wichtig sind und die Eigenwerte unter eins zu vernachlässigen sind. In vielen Fällen wird dies zutreffen. Wir werden in der Regel von Fall zu Fall entscheiden, wie viele Faktoren nötig sind. Da wir die Hauptkomponentenanalyse vorwiegend zur explorativen Datenanalyse verwenden werden, wird die Zahl, die wir verwenden, davon abhängen, ob noch Information erkennbar ist. Wenn wir die PCA zur Klassifizierung verwenden, werden wir dieselben Regeln anwenden, die wir in der Kalibration ausführlich besprechen werden.

Eine mathematische Abhandlung über die Eigenwertanalyse findet sich in dem Buch von Schott [12]. Das Buch von Jolliffe [13] befasst sich sehr ausführlich mit den unterschiedlichen Methoden zur Berechnung der Hauptkomponenten. Auch Martens [14] und Backhaus [15] geben eine verständliche Einführung für die Berechnung der Hauptkomponenten.

2.3.4
Berechnung der Hauptkomponenten mit dem NIPALS-Algorithmus

Einer der am häufigsten benützten Algorithmen zur Berechnung der Hauptkomponenten ist NIPALS (*Nonlinear Iterative Partial Least Square*), den Herman Wold im Jahre 1966 entwickelte. Er findet auch im Programm „The Unscrambler" Verwendung und zeigt auf einfache Weise die iterative Berechnung der Hauptkomponenten, das heißt, es wird eine Hauptkomponente nach der anderen berechnet.

Dieser NIPALS-Algorithmus ist ein Näherungsverfahren zum Auffinden der ersten A Eigenwerte der Kovarianzmatrix **Z**. Das Verfahren beginnt mit einer zufälligen Lösung und verbessert diese schrittweise bis eine vorgegebene tolerierte Fehlerschwelle erreicht ist.

1. Ausgangspunkt ist wie immer die mittenzentrierte Datenmatrix **X**. Die Indizierung für die Hauptkomponenten startet mit $a = 1$ und wird mit jedem neuen Faktor um eins erhöht.

2. Aus der Datenmatrix **X** wird die Spalte mit der höchsten Varianz ausgewählt. Diese Spalte wird als erste Schätzung des Scorevektors $\mathbf{t}_a$ für den Faktor 1 genommen.

3. Zu diesem Scorevektor wird der Loadingsvektor berechnet, indem die Datenvektoren der Matrix **X** auf diesen Scorevektor $\mathbf{t}_a$ projiziert werden. Beim ersten Durchgang ist $a = 1$ und $\mathbf{X}_a = \mathbf{X}$.

$$\mathbf{p}'_a = \frac{\mathbf{X}_a^T \mathbf{t}_a}{|\mathbf{t}_a^T \mathbf{t}_a|} \tag{2.12}$$

4. Da es sich bei $\mathbf{p}'_a$ um eine Hauptkomponente handelt, die ein Koordinatensystem bilden soll, muss der Loadingsvektor $\mathbf{p}'_a$ auf den Betrag eins normiert werden.

$$\mathbf{p}_a = \frac{\mathbf{p}'_a}{(\mathbf{p}'^T_a \mathbf{p}'_a)^{0.5}} \tag{2.13}$$

5. Um die Schätzung für den Scorevektor $\mathbf{t}_a$ zu verbessern, wird nun die Datenmatrix $\mathbf{X}_a$ auf den neuen Loadingsvektor $\mathbf{p}_a$ projiziert.

$$\mathbf{t}_a = \frac{\mathbf{X}_a \mathbf{p}_a}{(\mathbf{p}_a^T \mathbf{p}_a)} \tag{2.14}$$

6. Dieser neue Scorevektor $\mathbf{t}_a$ wird mit dem alten Scorevektor verglichen. Dazu wird der Eigenwert von $\mathbf{t}_a$ berechnet.

$$\tau_a = \mathbf{t}_a^T \mathbf{t}_a \tag{2.15}$$

7. Der Eigenwert dieser Iteration wird mit dem Eigenwert der vorangegangenen Iteration verglichen. Wird die Differenz kleiner als ein vorgegebener Wert, z. B. 10^{-6}, hat das Verfahren konvergiert. Der gefundene Scorevektor $\mathbf{t}_a$ und der dazugehörige Loadingsvektor $\mathbf{p}_a$ bilden die Lösung für die a-te Hauptkomponente.
Ist die Differenz größer als der vorgegebene Wert, dann ist noch keine Konvergenz erreicht und eine neue Iteration wird gestartet. Es wird diesmal mit Schritt 3 begonnen.

8. Wurde das Konvergenzkriterium in 7 erfüllt, dann muss die Information der Hauptkomponente a von der Datenmatrix $\mathbf{X}_a$ entfernt werden.

$$\mathbf{X}_{a+1} = \mathbf{X}_a - \mathbf{t}_a \mathbf{p}_a^T \tag{2.16}$$

Die Zählvariable für die Hauptkomponenten wird um eins erhöht.

$$a = a + 1 \tag{2.17}$$

Die nächste Hauptkomponente wird berechnet, dazu wird nun wieder mit Schritt 2 begonnen.

Schritte 2 bis 8 werden so lange ausgeführt, bis entweder alle möglichen Hauptkomponenten berechnet sind (maximale Anzahl der Hauptkomponenten = Anzahl M der Variablen in der $\mathbf{X}$-Matrix) oder bis die vorher bestimmte Anzahl der Hauptkomponenten berechnet wurde bzw. eine vorher bestimmte Menge der Gesamtvarianz erklärt ist.

2.3.5
Rechnen mit Scores und Loadings

An dem zweidimensionalen Datenset XA aus Tabelle 2.2 soll die Bedeutung des linearen additiven Hauptkomponentenmodells und die Auswirkungen auf die Reproduzierbarkeit der Originaldaten $\mathbf{X}$ und die Residuenmatrix $\mathbf{E}$ veranschaulicht werden. Die Hauptkomponenten für diese Daten haben wir im Abschnitt 2.2.4 auf grafischem Weg gefunden. Auch die Scorewerte können wir der Abb. 2.8 zumindest größenordnungsmäßig entnehmen. Abbildung 2.9 zeigt uns die Scorewerte für PC1 und PC2 genauer. Die Software, in diesem Fall das Programm „The Unscrambler", mit der man die PCA berechnen lässt, zeigt sowohl die Loadingswerte als auch die Scorewerte für die Hauptkomponenten. Für das Datenset XA ergeben sich für die Matrizen $\mathbf{T}$ und $\mathbf{P}$ bzw. $\mathbf{P}^T$ folgende in den Tabellen 2.3 bis 2.5 angegebene Werte.

Tabelle 2.3 Scorewerte der Objekte 1 bis 10 für Datenset XA für die beiden Hauptkomponenten PC1 und PC2.

Objekt	t1	t2
1	6,532	−0,891
2	6,831	0,063
3	5,876	0,362
4	4,623	−0,294
5	3,967	0,959
6	−2,655	−0,112
7	−4,862	−0,470
8	−5,518	0,783
9	−7,069	−0,827
10	−7,725	0,426

Tabelle 2.4 Loadingsmatrix P mit Hauptkomponente PC1 und PC2 als Zeilenvektor für das Datenset XA.

	x1	x2
p1	0,299	0,954
p2	0,954	−0,299

Tabelle 2.5 Transponierte Loadingsmatrix P^T mit Hauptkomponente PC1 und PC2 als Spaltenvektor für das Datenset XA.

	p1	p2
x1	0,299	0,954
x2	0,954	−0,299

Bei nur zwei Dimensionen des Originalkoordinatensystems ist die Loadingsmatrix **P** identisch zur transponierten Loadingsmatrix $\mathbf{P}^T$.

Das Hauptkomponentenmodell ist in Gl. (2.6) bzw. Gl. (2.7) gegeben. Damit kann man mit einer Hauptkomponente nach der anderen die Originaldaten reproduzieren. In der Matrix $\mathbf{E}_A$; für den Einzelwert wird dies als $e_{ik(A)}$ notiert, steht der noch nicht von den bereits verwendeten Hauptkomponenten erklärte Anteil. Als einfaches überschaubares Beispiel wird im Folgenden der Anteil der ersten Hauptkomponente an den Originaldaten berechnet. In Tabelle 2.6 werden die Originaldaten nur mit der ersten Hauptkomponente reproduziert. Dazu wird der Scorewert für die erste PC mit dem Loadingsvektor für die erste PC multipliziert. Scorewert mal Loadingswert für die Originalvariable $x1$ ergibt den

Tabelle 2.6 Reproduzierung der Originaldaten mit der ersten Hauptkomponente PC1 für das Datenset XA.

Probe	Scorevektor t1	$t1 \cdot p11 = x1'$	$t1 \cdot p12 = x2'$
1	6,53	1,95	6,23
2	6,83	2,04	6,52
3	5,88	1,76	5,61
4	4,62	1,38	4,41
5	3,97	1,19	3,78
6	−2,66	−0,79	−2,53
7	−4,86	−1,45	−4,64
8	−5,52	−1,65	−5,26
9	−7,07	−2,11	−6,74
10	−7,73	−2,31	−7,37

reproduzierten x1-Wert des betrachteten Objekts, entsprechend ergibt Scorewert mal Loadingswert für die Originalvariable x2 den reproduzierten x2-Wert für das Objekt.

Die reproduzierten Originalkoordinatenwerte $\mathbf{X}'$ sind also für das erste Objekt $x1'=1{,}95$ anstatt 1,1 und $x2'=6{,}23$ anstatt 6,5. Den Fehler berechnet man, indem man von den Originaldaten $\mathbf{X}$ die reproduzierten Daten für den a-ten Faktor abzieht entsprechend Gl. (2.18).

$$\mathbf{E}_A = \mathbf{X} - \mathbf{X}'_a \qquad (2.18)$$

Für die Matrix $\mathbf{E}_1$ erhält man damit nach der ersten Hauptkomponente folgende Werte.

Aus der Residuenmatrix kann man nun nach Gl. (2.4) die Restvarianz pro Probe berechnen, indem man die Komponenten der Matrix $\mathbf{E}_A$ pro Objekt quadriert, die Summe darüber bildet und durch die Anzahl der Variablen teilt. Die Restvarianz für alle Proben ergibt sich als Summe der Einzelvarianzen geteilt durch die Anzahl der Proben.

Wie schon in Abschnitt 2.2.5 bemerkt, berechnet sich die Gesamtvarianz zu 16,77. Damit erklärt die erste Hauptkomponente $(16{,}770-0{,}182)=16{,}588$ an Varianz. Rechnet man das in Prozent um, erhält man 98,92% erklärte Varianz für die erste Hauptkomponente. Die Restvarianz beträgt 0,182, das sind 1,08% der Gesamtvarianz. Fügen wir nun die zweite Hauptkomponente dazu, so erklärt sie die fehlenden 1,08% der Gesamtvarianz.

Die nachfolgende Rechnung mit beiden Hauptkomponenten zeigt, dass mit den berechneten Hauptkomponenten die Originaldaten tatsächlich zu 100% reproduziert werden.

Es bleibt keine Restvarianz übrig. Die Daten werden im neuen Koordinatensystem zu 100% beschrieben.

Tabelle 2.7 Berechnung der Residuenmatrix E_1 für das Datenset XA nach Verwendung der ersten Hauptkomponente.

Probe	Originalwerte X		Reproduzierte Werte $X'_{(1)}$		Residuenmatrix $E_{(1)}=X-X'_{(1)}$	
	x1	x2	x1'	x2'	e1	e2
1	1,1	6,5	1,95	6,23	−0,85	0,27
2	2,1	6,5	2,04	6,52	0,06	−0,02
3	2,1	5,5	1,76	5,61	0,34	−0,11
4	1,1	4,5	1,38	4,41	−0,28	0,09
5	2,1	3,5	1,19	3,78	0,91	−0,28
6	−0,9	−2,5	−0,79	−2,53	−0,11	0,03
7	−1,9	−4,5	−1,45	−4,64	−0,45	0,14
8	−0,9	−5,5	−1,65	−5,26	0,75	−0,24
9	−2,9	−6,5	−2,11	−6,74	−0,79	0,24
10	−1,9	−7,5	−2,31	−7,37	0,41	−0,13

2.3 Mathematisches Modell der Hauptkomponentenanalyse

Tabelle 2.8 Berechnung der Restvarianz nach der ersten Hauptkomponente, Datenset XA.

Objekt	Residuenmatrix $E_{(1)} = X - X'_{(1)}$		Restvarianz pro Objekt
	e1	e2	
1	−0,85	0,27	0,400
2	0,06	−0,02	0,002
3	0,34	−0,11	0,064
4	−0,28	0,09	0,044
5	0,91	−0,28	0,458
6	−0,11	0,03	0,006
7	−0,45	0,14	0,109
8	0,75	−0,24	0,309
9	−0,79	0,24	0,339
10	0,41	−0,13	0,092
Restvarianz für alle Objekte nach der ersten Hauptkomponente			0,182

Tabelle 2.9 Reproduzierung der Originalwerte mit zwei Hauptkomponenten, Datenset XA.

Objekt	Scorematrix T		$t1 \cdot p11 + t2 \cdot p21 = x1'$	$t1 \cdot p12 + t2 \cdot p22 = x2'$	Residuenmatrix E	
	Scorevektor t1	Scorevektor t2			x1	x2
1	6,53	−0,89	1,1	6,5	0,0	0,0
2	6,83	0,06	2,1	6,5	0,0	0,0
3	5,88	0,36	2,1	5,5	0,0	0,0
4	4,62	−0,29	1,1	4,5	0,0	0,0
5	3,97	0,96	2,1	3,5	0,0	0,0
6	−2,66	−0,11	−0,9	−2,5	0,0	0,0
7	−4,86	−0,47	−1,9	−4,5	0,0	0,0
8	−5,52	0,78	−0,9	−5,5	0,0	0,0
9	−7,07	−0,83	−2,9	−6,5	0,0	0,0
10	−7,73	0,43	−1,9	−7,5	0,0	0,0

Es macht durchaus Sinn, die Residuen grafisch darzustellen, wobei es die verschiedensten Möglichkeiten gibt. Man kann sich die Spaltensummen der Matrix E im Vergleich anschauen und erkennt, welche Variable am schlechtesten ins Modell passt (nämlich die mit der größten Varianz). Oder man schaut sich die Zeilensummen an, also die Restvarianz pro Objekt, und erkennt, welche Probe gut und welche Probe schlechter mit dem gewählten Hauptkomponentenmodell beschrieben wird. Abbildung 2.13 zeigt die Restvarianz pro Probe entsprechend dem Ergebnis aus Tabelle 2.8. Man sieht, dass die Proben 2 und 6 fast perfekt mit der ersten Hauptkomponente beschrieben werden. Wir wissen aus den bisherigen Grafiken (Abb. 2.2 und 2.3), dass diese beiden Proben fast genau auf der PC1-Achse liegen.

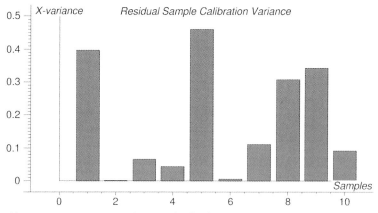

Abb. 2.13 Restvarianz pro Probe (Sample) für das Datenset XA.

2.4
PCA für drei Dimensionen

Das Datenset XA, für das wir im letzten Abschnitt die Scores und Loadings berechnet hatten, wird nun durch eine weitere Variable $x3$ erweitert. Die Variable $x3$ wird über Zufallszahlen erzeugt und enthält somit keine Information. Sie soll nur ein Rauschen in der dritten Dimension darstellen (Tabelle 2.10).

Dieses Datenset XA lässt sich im dreidimensionalen Raum entsprechend Abb. 2.14 darstellen. Man erkennt deutlich die beiden Gruppen, die nahe an der $x2$-Achse liegen und sowohl in $x1$- als auch in $x3$-Richtung zufällig variieren.

Mit diesen Daten wird nun eine Hauptkomponentenanalyse durchgeführt. Da keine wirklich neue Information dazugekommen ist, müsste die erste Hauptkomponente auch in diesem dreidimensionalen Fall sehr ähnlich sein mit der

Tabelle 2.10 Datenset XA erweitert um eine dritte Dimension, ausgedrückt durch die Variable $x3$.

x1	x2	x3
1,10	6,50	1,50
2,10	6,50	1,10
2,10	5,50	0,70
1,10	4,50	0,60
2,10	3,50	1,20
−0,90	−2,50	0,90
−1,90	−4,50	1,30
−0,90	−5,50	0,75
−2,90	−6,50	1,10
−1,90	−7,50	0,85

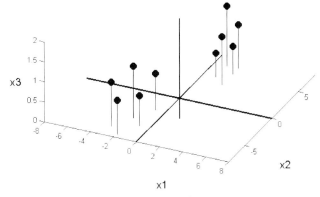

Abb. 2.14 Datenset XA erweitert um die dritte Dimension x3.

Hauptkomponente im zweidimensionalen Fall. Auch PC2 wird noch ähnlich sein, das zufällige Rauschen in der dritten Dimension kann aber durchaus die zweite Hauptachse in eine etwas andere Richtung lenken. Zusätzlich kommt dann eine dritte Hauptkomponente dazu, in der die zufälligen Variationen in $x3$-Richtung enthalten sein sollten. Die Loadings der drei Hauptkomponenten lauten folgendermaßen (Tabelle 2.11).

Tabelle 2.11 Loadings der drei Hauptkomponenten für erweitertes dreidimensionales Datenset XA und die erklärte Varianz pro Hauptkomponente und insgesamt erklärte Varianz.

	xA_x1	xA_x2	xA_x3	Erklärte Varianz pro PC	Erklärte Gesamtvarianz
PC_01	0,299	0,954	0,005	98,7	98,7
PC_02	0,930	−0,290	−0,225	1,1	99,8
PC_03	0,213	−0,072	0,974	0,2	100,0

Vergleichen wir PC1 mit der ersten Hauptkomponente im zweidimensionalen Fall, erkennen wir, dass tatsächlich die Loadings für $x1$ und $x2$ identisch sind. Zusätzlich ergibt sich ein Loading für $x3$. Man erkennt an dem niederen Loadingswert von $x3$, dass diese Variable für die erste PC tatsächlich keine Rolle spielt. Die zweite Hauptkomponente hat zwar etwas andere Loadingswerte als im zweidimensionalen Fall, die Hauptaussage bleibt aber gleich, der höchste Loadingswert liegt bei der Variablen $x1$. PC3 erfasst dann die dritte Dimension und schaut in Richtung von $x3$, was durch den hohen Loadingswert von $x3$ bestätigt wird. Sehr wichtig ist zusätzlich zu den Loadings die Angabe der erklärten Varianz. Die erste Hauptkomponente erfasst 98,7% der gesamten Variation in den Daten. Auf die zweite PC entfallen noch 1,1% und die dritte Hauptkomponente ist mit 0,2% eigentlich vernachlässigbar, genauso wie auch schon die zweite PC.

Der PC1-PC2-Scoreplot im dreidimensionalen Fall ist fast identisch mit dem in Abb. 2.9, da die Loadings ja auch fast identisch sind.

2.4.1
Bedeutung von Bi-Plots

Bei den bisherigen Beispielen war die Information auch im Originaldatenraum auf eine Variable beschränkt. Als nächstes soll ein Beispiel behandelt werden, in dem die Information im Originaldatenraum auf drei orthogonalen Koordinatenachsen zu finden ist. Die Frage ist, ob und wie die Hauptkomponentenanalyse diese Information zusammenfasst und eventuell auf zwei Dimensionen reduziert. Die Daten sind in Tabelle 2.12 als Datenset XD gegeben.

Aus dem Linienplot der drei Variablen für jede Probe (Abb. 2.15) erkennt man, dass es drei Gruppen von Proben gibt, die jeweils eine Variable auszeichnet. Die beiden übrigen Variablen enthalten nur Rauschen.

Tabelle 2.12 Datenset XD mit drei Gruppen im dreidimensionalen Raum.

Probe	Gruppe	x1	x2	x3
1	A	6,0	0,1	−0,3
2	A	6,5	−0,2	0,5
3	A	7,0	−0,3	0,2
4	A	8,0	0,4	−0,5
5	A	9,0	0,2	−0,2
6	A	10,0	0,1	0,4
7	A	10,5	−0,3	−0,3
8	A	6,0	−0,2	0,2
9	B	0,3	6,0	−0,3
10	B	−0,1	5,5	0,5
11	B	0,4	6,0	0,2
12	B	−0,5	7,0	−0,5
13	B	−0,3	8,0	−0,2
14	B	0,2	9,0	0,4
15	B	−0,1	9,5	−0,3
16	B	0,1	6,5	0,2
17	C	0,3	0,1	4,0
18	C	−0,1	−0,2	4,5
19	C	0,4	−0,3	5,0
20	C	−0,5	0,4	6,0
21	C	−0,3	0,2	7,0
22	C	0,2	0,1	8,0
23	C	−0,1	−0,3	8,5
24	C	0,1	−0,2	4,0

2.4 PCA für drei Dimensionen | 49

Eine PCA mit diesen Daten aus Datenset XD ergibt folgendes Ergebnis:

Tabelle 2.13 Loadings und erklärte Varianz für Datenset XD.

	D_x1	D_x2	D_x3	Erklärte Varianz pro PC	Erklärte Gesamtvarianz
PC_01	0,809	−0,573	−0,131	56,3	56,3
PC_02	−0,309	−0,604	0,735	41,4	97,7
PC_03	0,500	0,554	0,666	2,3	100

An den Loadings sehen wir, dass PC1 vorwiegend in Richtung von $x1$ zeigt, PC2 liegt irgendwo in der Mitte zwischen $x2$ und $x3$ und in PC3 sind alle drei Originalvariablen gleich stark vertreten. Zusätzlich sehen wir, dass 97,7% der Gesamtvarianz durch zwei Hauptkomponenten erklärt werden. Damit müsste eigentlich eine Datenreduktion auf zwei Hauptkomponenten möglich sein. Der Scoreplot in Abb. 2.16 für PC1 und PC2 zeigt, dass tatsächlich zwei Hauptkomponenten ausreichen, um die drei Gruppen des Datensets XD eindeutig zu trennen.

Die Loadings in Abb. 2.17 zeigen ein sehr ähnliches Bild in Relation zu den Hauptachsen wie die Scores.

Versuchen wir den Loadingsplot und den Scoreplot anhand der Abb. 2.18 zu verstehen. In der Abb. 2.18 sind die Datenpunkte der drei Gruppen A, B und C

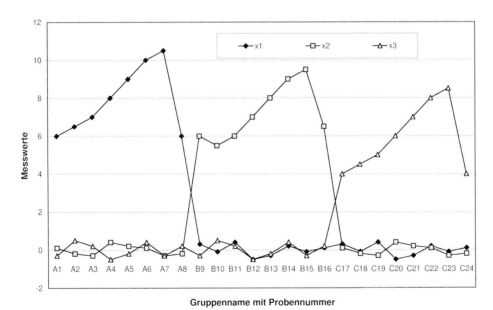

Abb. 2.15 Plot der Variablenwerte $x1$–$x3$ für alle Proben des Datensets XD.

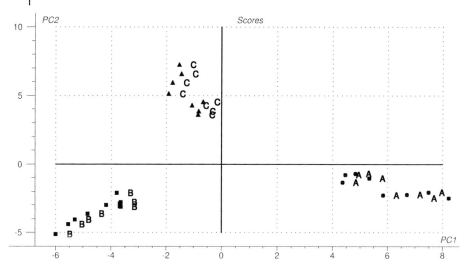

Abb. 2.16 Scoreplot für PC1 und PC2 für das Datenset XD.

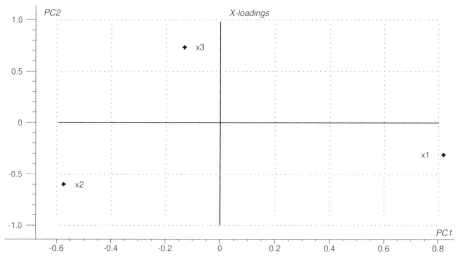

Abb. 2.17 Loadingsplot für PC1 und PC2 für das Datenset XD.

im gestrichelten Originalkoordinatensystem eingezeichnet. Außerdem ist das neue Hauptachsensystem dargestellt. Man erkennt, dass der Nullpunkt des neuen Systems wegen der Mittenzentrierung im Schwerpunkt der Daten liegt. (Wenn man die Mittelpunkte jeder Gruppe mit einer Linie verbindet, bilden sie eine Dreiecksfläche. Der neue Koordinatenursprung liegt im Schwerpunkt dieses Dreiecks.)

Die PC1-Achse weist in Richtung von $x1$ (Loadingswert 0,809). PC2 ist senkrecht dazu und zeigt in Richtung von $x3$ (Loadingswert 0,735). Man sieht aber

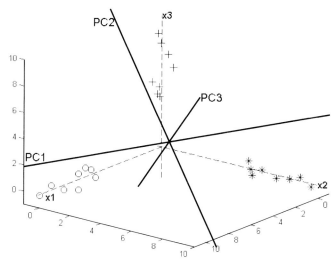

Abb. 2.18 Datenset XD mit neuem Hauptachsenkoordinatensystem
(○ Gruppe A, ✳ Gruppe B, + Gruppe C).

auch, dass der negative Teil dieser Hauptachse in der Nähe von *x*2 ist (Loadingswert –0,604). PC3 steht senkrecht auf PC1 und PC2 und befindet sich in der Mitte von allen drei Originalachsen, deshalb sind die Loadingswerte für alle drei Koordinaten etwa gleich groß. Es ist nicht ganz so einfach, diese Vorstellung über die Hauptkomponentenachsen und ihren Bezug zu den Originalachsen über ihre Loadingswerte nachzuvollziehen (und dies ist ein sehr einfaches Beispiel). Wenn dann noch eine oder mehrere Dimensionen dazukommen, klappt es mit der Anschaulichkeit überhaupt nicht mehr. Deshalb brauchen wir andere grafische Möglichkeiten, um den Bezug herzustellen. Eine weitere Variante der grafischen Darstellung bieten die sog. Bi-Plots. Hier wird für jeweils zwei Hauptkomponenten der Loadingsplot über den Scoreplot gelegt, wobei die Scores und die Loadings auf jeweils die gleiche Hauptkomponente projiziert werden. Um Scores und Loadings in einem gemeinsamen Schaubild darstellen zu können, muss man sie skalieren. Dazu wird jeder Scorewert durch den größten vorkommenden Scorewert der betrachteten beiden Hauptkomponenten geteilt. Dasselbe macht man für die Loadingswerte. Der größte Loadingswert wird eins und alle anderen Loadingswerte zu diesem Wert ins Verhältnis gesetzt, genauso wie bei den Scores. Man erhält damit einen zweidimensionalen Scores- und Loadingsplot mit der maximalen Einheit eins. Abbildung 2.19 zeigt einen solchen Bi-Plot für die erste und zweite Hauptkomponente.

Anhand dieser Grafik kann man die Gruppen der Objekte den dafür „verantwortlichen" Originalvariablen zuordnen. Man erkennt deutlich: die Objekte der Gruppe A liegen bei der Originalvariablen *x*1, Gruppe B und *x*2 gehören zusammen sowie Gruppe C und *x*3. Ein Blick auf Abb. 2.18 zeigt, dass die Gruppen tatsächlich auf diese Weise den Originalvariablen zuzuordnen sind.

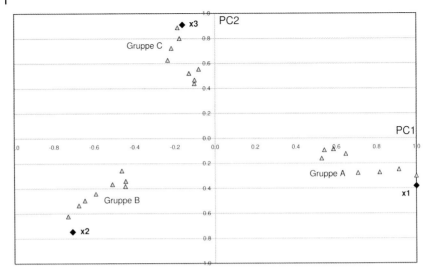

Abb. 2.19 Scores- und Loadingsplot (Bi-Plot) für PC1 und PC2, Datenset XD.

2.4.2
Grafische Darstellung der Variablenkorrelationen zu den Hauptkomponenten (Korrelation-Loadings-Plots)

Zusätzlich zu den bisher gezeigten Grafiken kann man die Korrelationen der einzelnen Variablen zu den Hauptkomponenten berechnen und darstellen. Man nennt diesen Plot Korrelation-Loadings-Plot (*Correlation Loadings Plot*). Man berechnet die Korrelation r_{ka} zwischen den mittenzentrierten Originaldaten $\mathbf{x}_k$ und den Scorewerten für die Hauptkomponente $\mathbf{t}_a$.

$$r_{ka} = \frac{\sum_{i=1}^{N}(x_{ik} - \mathbf{x}_k)(\mathbf{t}_{ia} - \mathbf{t}_a)}{\sqrt{\sum_{i=1}^{N}(x_{ik} - \mathbf{x}_k)^2 \sum_{i=1}^{N}(\mathbf{t}_{ia} - \mathbf{t}_a)^2}} \qquad (2.19)$$

wobei:
N = Anzahl der Objekte
k = gewählte Variable k
a = gewählte Hauptkomponente a

Der Korrelationskoeffizient r_{ka} kann nach Gl. (2.19) für alle Kombinationen von Originalvariablen und Hauptkomponenten berechnet werden. Tabelle 2.14 zeigt die für dieses Datenset XD mit drei Originalvariablen und drei Hauptkomponenten möglichen Korrelationen.

Tabelle 2.14 Korrelationen zwischen den Originalvariablen x1, x2 und x3 und den zu den Hauptkomponenten berechneten Scorewerten (PC1), (PC2) und (PC3) für das Datenset XD.

	(PC1)	(PC2)	(PC3)
x1	0,944	–0,309	0,118
x2	–0,734	–0,664	0,143
x3	–0,200	0,958	0,204

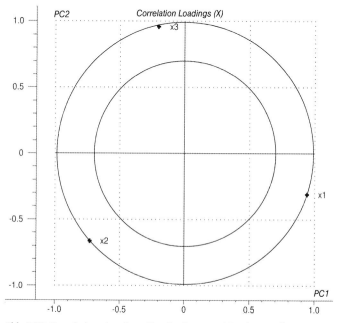

Abb. 2.20 Korrelations-Loadings-Plot für Datenset XD, dargestellt ist PC1 gegen PC2.

Da die Korrelationskoeffizienten der einzelnen Variablen zu den Hauptkomponenten berechnet werden, ist der maximale Wert somit 1 bzw. –1. Man berechnet die Korrelationen für alle Variablen und alle Hauptkomponenten wie in Tabelle 2.14 angegeben und stellt dann zwei dieser Korrelationskoeffizienten in einem Diagramm dar. Für die Abb. 2.20 wurde als x-Achse die erste Hauptkomponente PC1 (also alle Werte der ersten Spalte) gewählt. Für die Abb. 2.21 ist die zweite Hauptkomponente PC2 die x-Achse und die dritte Hauptkomponente die y-Achse. Dies ist aber nicht zwingend. Man könnte auch die Achsen tauschen und bei mehr Hauptkomponenten in beliebiger Reihenfolge darstellen. Sinn und Zweck dieser Plots ist es, die Variablen in eine skalenunabhängige

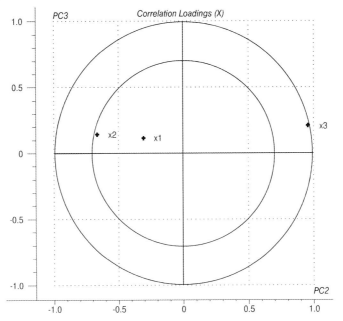

Abb. 2.21 Korrelations-Loadings-Plot für Datenset XD, dargestellt ist PC2 gegen PC3.

Darstellung zu bringen und ihre Korrelation zu den Hauptkomponenten darzustellen. Für das Datenset D ergeben sich folgende Darstellungen (Abb. 2.20 und 2.21).

Zusätzlich zu den Korrelationen werden Kreise für die relative erklärte Varianz der Variablen eingetragen. Der innere Kreis entspricht einer relativen erklärten Varianz der Variablen durch die dargestellten Hauptkomponenten von 50%, der äußere Kreis entspricht 100%. Die relative Varianz wird meistens als Bestimmtheitsmaß bezeichnet und berechnet sich aus der Gl. (2.20).

$$r^2 = r_a^2 + r_{a+1}^2 \tag{2.20}$$

wobei r_a^2 das Bestimmtheitsmaß (Quadrat des Korrelationskoeffizienten r_a) für die erste dargestellte Hauptkomponente a ist und r_{a+1}^2 das Bestimmtheitsmaß für die zweite dargestellte Hauptkomponente $(a+1)$.

Variablen nahe beim Kreismittelpunkt tragen nicht sehr viel zur Gesamtvarianz bei und sind auch nicht zu den beiden dargestellten Hauptkomponenten korreliert. Variablen zwischen den beiden äußeren Kreisen tragen dagegen viel zur Gesamtvarianz bei und sind stark mit den dargestellten Hauptkomponenten korreliert. Die Stärke der Korrelation bezüglich der Hauptkomponenten und dieser Variablen ist die entsprechende Korrelation aus Tabelle 2.14.

Wir erkennen an Abb. 2.20, dass $x1$ sehr stark mit PC1 korreliert ($r_{x1,PC1} = 0{,}944$) und nur wenig mit PC2 ($r_{x1,PC2} = -0{,}309$). Die Variable $x2$ dage-

Tabelle 2.15 Relative erklärte Varianz der Variablen durch die einzelnen Hauptkomponenten für das Datenset XD.

Variable	Erklärte Varianz durch die Hauptkomponente			Summe aus 3 PCs
	PC1 ($r1^2$)	PC2 ($r2^2$)	PC3 ($r3^2$)	
x1	0,891	0,095	0,014	1,000
x2	0,539	0,440	0,021	1,000
x3	0,040	0,918	0,042	1,000

gen ist sowohl stark mit PC1 ($r_{x2,PC1} = -0,734$) als auch mit PC2 korreliert ($r_{x2,PC2} = -0,664$). Die Korrelation von x2 zu PC1 und PC2 ist negativ, wie man am Vorzeichen erkennt. Außerdem befindet sich x2 nahe am äußeren Kreis (100% erklärter Varianz). Das bedeutet, dass die Variation in x2 durch diese beiden Hauptkomponenten zu fast 100% erklärt wird. Die dritte Hauptkomponente spielt also für x2 keine Rolle mehr.

Durch die Quadrierung der Korrelationen aus Tabelle 2.14 erhält man für jede Variable und jede Hauptkomponente den relativen erklärten Anteil. Die Summe aller relativen Anteile muss für jede Variable, wenn über alle Hauptkomponenten summiert wird, den Wert eins ergeben. Diese relativen erklärten Varianzen pro Variable und Hauptkomponente sind in Tabelle 2.15 angegeben.

Aus den Werten der Tabelle 2.15 kann man nun den Abstand der drei Variablen x1 bis x3 vom Mittelpunkt berechnen. Damit erhält man für diese Variable die relative erklärte Varianz durch die beiden dargestellten Hauptkomponenten.

Für die Variable x1 erhält man entsprechend Abb. 2.20 und 2.21:

Erklärte Varianz von x1 durch PC1 und PC2: $r_{12}^2(x1) = 0,891 + 0,095 = 0,986$ also 98,6%. Erklärte Varianz von x1 durch PC2 und PC3: $r_{23}^2(x1) = 0,095 + 0,014 = 0,109$ also 10,9%. Man erkennt, dass x1 auf dem PC1-PC2-Plot nahe am 100%-Kreis liegt, beim PC2-PC3-Plot aber nahe an der Mitte und damit weit weg vom 50–100%-Kreisring.

Für die Variable x2 sieht es anders aus. Für PC1 und PC2 ergibt sich $r_{12}^2(x2) = 0,539 + 0,440 = 0,979$ also 97,9% erklärte Varianz. Im PC2-PC3-Plot ist $r_{23}^2(x2) = 0,440 + 0,021 = 0,461$ also 46,1%. Damit liegt dieser Wert nahe am 50%-Kreis und zwar aufgrund der 44%, die von PC2 stammen.

Variable x3 finden wir nahe der PC2-Achse. Für die erklärte Varianz errechnet man im PC1-PC2-Plot: $r_{12}^2(x3) = 0,040 + 0,918 = 0,958$ also 95,8%. Im PC2-PC3-Plot ist $r_{23}^2(x3) = 0,918 + 0,042 = 0,960$ also erklären PC2 und PC3 zusammen 96,0% der Varianz in x3, wobei wieder der Hauptanteil auf PC2 fällt.

Die Gesamtaussage für das Datenset XD, die wir aufgrund dieser Plots zu treffen haben, lautet damit:

- Die Originalvariable x1 ist sehr stark mit PC1 korreliert, diese PC1 erklärt 89% der Varianz in dieser Variablen. Die anderen beiden Hauptkomponenten sind für x1 nicht von Bedeutung.

- Die Variable $x2$ wird von PC1 und PC2 erklärt, beide zusammen erklären 97,9% der Variation in $x2$. Beide PCs sind etwa gleich stark mit $x2$ korreliert. Man benötigt beide Hauptkomponenten, um die Information in $x2$ zu beschreiben, eine Hauptkomponente allein reicht nicht aus.

- Die Variable $x3$ wird zu 91,8% von PC2 beschrieben. Weder PC1 noch PC3 sind für diese Variable wichtig.

- Die dritte Hauptkomponente PC3 ist für die Beschreibung der Originalvariablen nicht nötig. Die dreidimensionalen Daten können auf ein zweidimensionales Hauptachsenkoordinatensystem reduziert werden.

Zusammenfassend kann gesagt werden, dass die Aussagen, die man aus den Korrelation-Loadings-Plots zieht, im Prinzip identisch sind zu den Aussagen, die aus den Loadingsplots gewonnen werden. Der Vorteil der Korrelations-Loadings-Plots ist ihre Anschaulichkeit. In den reinen Loadingsplots bleiben die Korrelationen manchmal etwas versteckt. Vor allem bei sehr vielen Originalvariablen können die Korrelations-Loadings-Plots hilfreich sein. Am besten schaut man sich beide Arten von Plots an und vergleicht die Ergebnisse. Die Interpretation der Plots sollte auf jeden Fall in sich konsistent sein.

2.5
PCA für viele Dimensionen: Gaschromatographische Daten

Die bisher betrachteten Beispiele beschränkten sich bewusst auf zwei oder drei Dimensionen, um das Verfahren der PCA an sich zu erklären und nicht in der Menge der Daten untergehen zu lassen. Als nächstes soll nun das bisher Gelernte auf viele Daten angewendet werden, dazu nehmen wir die gaschromatographischen Daten der Obstbrände, die wir in Kapitel 1 bereits kurz betrachtet hatten. Bei diesen Daten handelte es sich um 54 Zwetschgenbrände, 43 Kirschbrände, 29 Mirabellenbrände und 20 Apfel&Birnen-Brände, die mit Hilfe der Gaschromatographie auf 15 verschiedene Substanzen untersucht wurden. Die genaue Beschreibung des Datensets befindet sich in Abschnitt 1.4.

Bevor wir die PCA mit diesen Daten durchführen, schauen wir uns die Mittelwerte der einzelnen Variablen und ihre Standardabweichung an (Abb. 2.22).

Wir erkennen, dass Methanol und Propanol die höchsten Mittelwerte der Eigenschaften aufweisen und diese Werte auch die größte Standardabweichung haben. Die nächst höchsten Mittelwerte sind Essigsäureethylester und 2-Methyl-1-Butanol. Alle anderen Mittelwerte sind viel kleiner. Anhand dieser Grafik können wir nun schon „überschlagsmäßig" sozusagen „im Kopf" eine Hauptkomponentenanalyse durchführen. Die erste Hauptkomponente zeigt in Richtung der maximalen Varianz, also muss die Variable Methanol die Richtung der ersten Hauptkomponente bestimmen und folglich auf der ersten PC einen hohen Loadingswert haben. Falls Propanol mit Methanol korreliert ist, wird auch Propanol die Richtung der ersten Hauptkomponente bestimmen. Auch alle an-

2.5 PCA für viele Dimensionen: Gaschromatographische Daten | 57

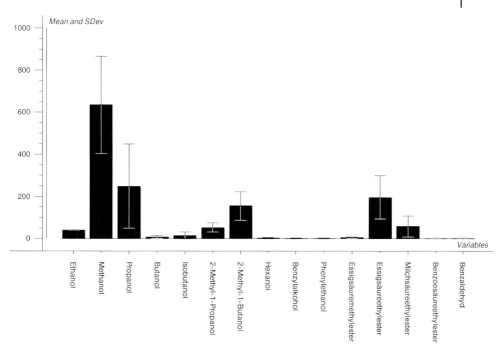

Abb. 2.22 Mittelwerte der 15 gaschromatographisch bestimmten Eigenschaften (Variablen) der Obstbrände mit Standardabweichung (Variablennamen z. T. abgekürzt).

deren korrelierten Größen werden in die erste Hauptkomponente eingehen, aber mit viel weniger Gewicht, da die Varianzen ja viel kleiner sind. Der Korrelationskoeffizient von Methanol und Propanol ist $r = -0{,}33$, also nicht sehr hoch, deshalb ist es wahrscheinlich, dass Propanol auf einer eigenen Hauptkomponente erscheint. Die weiteren Hauptkomponenten könnten der Reihe nach die Variablen mit den nächst größten Varianzen enthalten, also Essigsäureethylester und 2-Methyl-1-Butanol. Wir lassen nun mit diesen 146 Obstbränden zu je 15 Variablen eine PCA durchrechnen und erhalten folgenden Scoreplot für PC1 und PC2 (Abb. 2.23) und PC3 und PC4 (Abb. 2.24).

In PC1-PC2-Scoreplot erkennt man als erstes, dass zwei Proben weit ab von den anderen an der linken Seite angeordnet sind. Es handelt sich um die Probe 8 (Kirsch) und um die Probe 127 (Apfel&Birne). Als nächstes wird deutlich, dass fast alle Kirsch-Proben auf der negativen PC1-Achse liegen und fast alle Zwetschgen-Proben auf der positiven PC1-Achse (nur jeweils eine Ausnahme). Die Mirabellen-Proben haben ebenfalls vorwiegend positive PC1-Scorewerte und die Apfel&Birne-Proben sind über die ganze PC1-Achse verteilt. Mit Hilfe der ersten Hauptkomponente können also Kirschbrände von Zwetschgen- und Mirabellenbränden unterschieden werden. Die Unterscheidung der Obstbrände bezüglich der PC2-Richtung ist nicht eindeutig. Es scheint, dass die Apfel&Birne-Proben vorwiegend negative PC2-Scores haben.

58 | 2 Hauptkomponentenanalyse

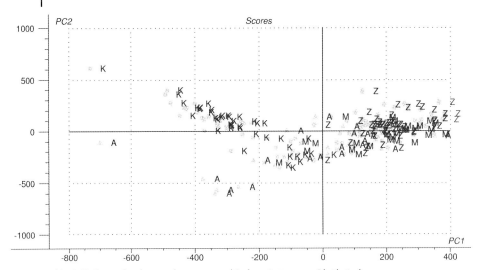

Abb. 2.23 Scoreplot der gaschromatographischen Daten von Obstbränden für PC1 und PC2 (gerechnet mit originalskalierten Daten, K=Kirsche, Z=Zwetschge, M=Mirabelle, A=Apfel & Birne; Erklärungsanteil: PC1 58%, PC2 30%).

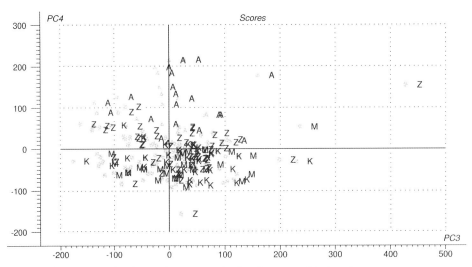

Abb. 2.24 Scoreplot der gaschromatographischen Daten von Obstbränden für PC3 und PC4 (gerechnet mit originalskalierten Daten, K=Kirsche, Z=Zwetschge, M=Mirabelle, A=Apfel & Birne; Erklärungsanteil: PC3 6%, PC4 4%).

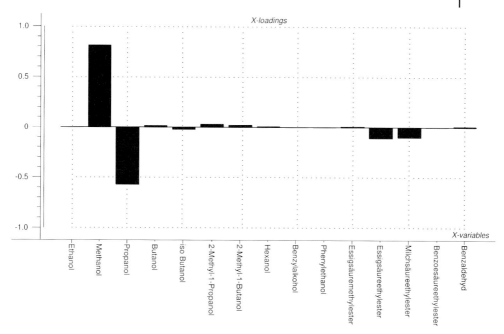

Abb. 2.25 Loadingsplot der gaschromatographischen Obstbranddaten für PC1 (gerechnet mit originalskalierten Daten; Erklärungsanteil: PC1 58%).

Im PC3-PC4-Scoreplot erkennen wir, dass auf der positiven PC4-Achse die Apfel&Birne-Proben angeordnet sind, „Zwetschge" ist gleichmäßig über PC4 verteilt und die Mirabellen-Proben haben fast ausschließlich negative PC4-Werte. In Richtung von PC3 gibt es keine Gruppenbildung, hier fallen nur zwei Proben auf, nämlich die „Zwetschge" mit hohem PC3-Scorewert (Probe Nr. 53) und die „Mirabelle" mit positivem PC3- und PC4-Scorewert (Probe 111).

Nun interessiert uns, wie diese Unterscheidung zu Stande kommt. Dazu betrachten wir die Loadingsplots dieser vier Hauptkomponenten.

An den Loadings in Abb. 2.25 erkennen wir, dass tatsächlich Methanol und Propanol die erste Hauptkomponente dominieren und dass Propanol tatsächlich negativ korreliert ist zu Methanol. Diese Hauptkomponente erklärt 58% der Gesamtvarianz der Daten. Ein Blick auf Abb. 2.22 erklärt uns dieses Ergebnis, da Methanol und Propanol die höchsten Mittelwerte und Standardabweichungen zeigen und damit die Varianz dominieren.

Auch die zweite Hauptkomponente wird von diesen beiden Variablen bestimmt (Abb. 2.26), allerdings ist bei PC2 Propanol wichtiger und diesmal positiv zu Methanol korreliert und es kommt eine weitere Variable Essigsäureethylester dazu. Auch diese PC2 erklärt viel der Gesamtvarianz, nämlich 30%.

PC3 (Abb. 2.27) enthält fast ausschließlich die Information der Variablen Essigsäureethylester und trägt mit 6% zur Gesamtvarianz bei. Auf PC4 finden wir die Information der Variablen 2-Methyl-1-Butanol (Abb. 2.28).

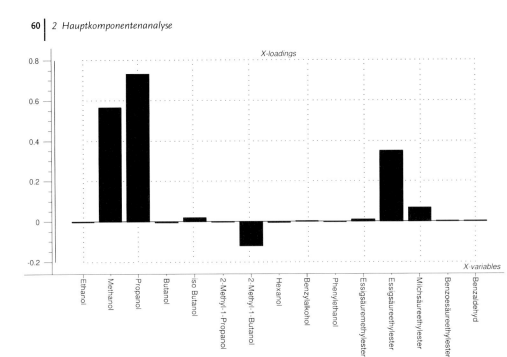

Abb. 2.26 Loadingsplot der gaschromatographischen Obstbranddaten für PC2 (gerechnet mit originalskalierten Daten; Erklärungsanteil: PC2 30%).

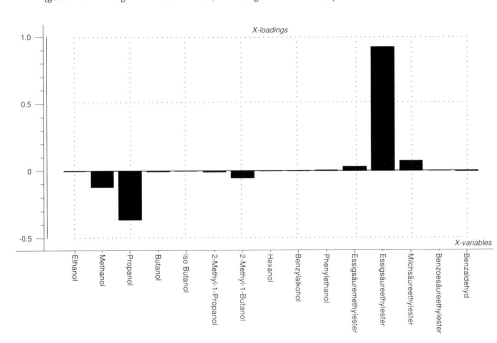

Abb. 2.27 Loadingsplot der gaschromatographischen Obstbranddaten für PC3 (gerechnet mit originalskalierten Daten; Erklärungsanteil: PC3 6%).

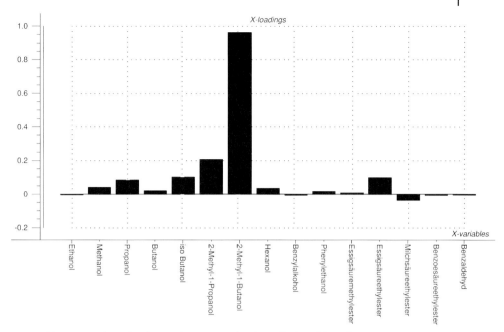

Abb. 2.28 Loadingsplot der gaschromatographischen Obstbranddaten für PC4 (gerechnet mit originalskalierten Daten; Erklärungsanteil: PC4 4%).

Diese ersten vier Hauptkomponenten erklären zusammen bereits 98% der Gesamtvarianz. Aus der Betrachtung der Mittelwerte, Standardabweichungen und unseren vorherigen Überlegungen haben wir dieses Ergebnis erwartet.

Nun können wir die Gruppen bezüglich dieser Hauptkomponenten charakterisieren und versuchen herauszufinden, welche Variablen für die Gruppenbildung verantwortlich sind. PC1 ist positiv korreliert zu Methanol und negativ korreliert zu Propanol. Die Gruppe „Zwetschge" hat positive PC1-Scorewerte, das heißt „Zwetschge" hat höhere Methanol-Werte und niedere Propanol-Werte als der Durchschnitt. Für die Gruppe „Kirsche" ist es genau umgekehrt. Sie hat geringere Methanol-Werte und höhere Propanol-Werte, da ihre PC1-Scores negativ sind. Damit wird ein positiver Loadingswert kleiner (minus × plus ergibt minus) und ein negativer Loadingswert größer (minus × minus ergibt plus). Um dieses Ergebnis anhand der Originaldaten nachzuvollziehen, bilden wir den Mittelwert für Methanol und Propanol für die vier Gruppen. Tabelle 2.16 zeigt die Mittelwerte der Originaldaten.

Tatsächlich hat „Zwetschge" den höchsten Mittelwert bei Methanol und „Kirsche" den niedrigsten. Bei Propanol ist es genau umgekehrt, „Kirsche" zeigt den höchsten Wert, „Zwetschge" einen viel niedrigeren (nicht den kleinsten, den hat „Mirabelle"). Die erste Hauptkomponente verbindet diese beiden Informationen, deshalb finden wir „Kirsche" auf der linken Seite der PC1-Achse (unterdurchschnittlich bezüglich Methanol und überdurchschnittlich bezüglich Pro-

Tabelle 2.16 Mittelwerte der vier wichtigsten Variablen der gaschromatographischen Obstbranddaten berechnet aus den Originalwerten.

Obstbrandsorte	Probe Nr.	Methanol	Propanol	2-Methyl-1-Butanol	Essigsäure-ethylester
Kirsche	1–43	414,28	447,62	117,64	243,80
Zwetschge	44–97	815,77	184,41	152,37	195,70
Mirabelle	98–126	734,85	132,71	122,33	163,26
Apfel&Birne	127–146	473,83	159,21	285,38	140,69
Geamtmittelwert	1–146	634,61	248,21	154,40	195,89

panol wegen der negativen Korrelation!). Welche PC1-Scorewerte hat dann „Mirabelle"? Da Methanol hoch und Propanol nieder ist, müssten die PC1-Scorewerte ähnlich zu „Zwetschge" ausfallen, was auch der Fall ist. „Apfel&Birne" lässt sich bezüglich Methanol zwar unterdurchschnittlich einordnen, aber bei Propanol ist es ebenfalls unterdurchschnittlich, damit lässt sich „Apfel&Birne" nur mit diesen beiden Variablen Methanol und Propanol nicht einordnen und wir finden für die „Apfel&Birne"-PC1-Scores sowohl positive als auch negative Werte.

Erst PC2 ermöglicht es, „Apfel&Birne" von den anderen zu unterscheiden. Wir erhalten für diese Probe fast ausschließlich negative PC2-Scorewerte. Aus den Loadings erkennen wir, dass sowohl Methanol als auch Propanol positiv mit PC2 korreliert ist, also hat „Apfel&Birne" sowohl unterdurchschnittliche Methanol- als auch unterdurchschnittliche Propanol-Werte. Außerdem spielt die Variable 2-Methyl-1-Butanol für „Apfel&Birne" noch eine Rolle, denn diese Variable ist ebenfalls mit PC2 korreliert.

In PC3 erkennen wir keine Gruppen. Diese Hauptkomponente wird von der Variablen Essigsäureethylester bestimmt. Offensichtlich ist diese Variable für die Unterscheidung der Obstbrandsorten unwichtig. Lebensmittelchemisch lässt sich dieser Befund sehr leicht dadurch erklären, dass Essigsäureethylester in Obstbränden auf die unerwünschte Tätigkeit von Essigsäurebakterien zurückzuführen ist. Nicht die Frucht, sondern eine Kontamination ist der Ursprung dieses Stoffes.

Die Hauptkomponente PC4 zeigt dagegen wieder deutliche Gruppen. „Apfel&Birne" hat positive PC4-Scorewerte, „Zwetschge" liegt irgendwo in der Mitte, „Kirsche" und „Mirabelle" haben beide negative PC4-Scorewerte. Um diese Aussage nachzuvollziehen, müssen wir die Information der Hauptkomponenten eins bis drei von den Daten entfernen, entsprechend der Gl. (2.16). Aus den verbleibenden Residuen kann man wieder die Mittelwerte berechnen. Sie sind in Tabelle 2.17 angegeben. Die Gesamtmittelwerte über alle Variablen sind nun null, und die Einzelmittelwerte der Gruppen können damit positive (überdurchschnittliche) und negative (unterdurchschnittliche) Werte annehmen.

Nur die Variable 2-Methyl-1-Butanol ist für die vierte Hauptkomponente wichtig. Man erkennt deutlich, dass „Apfel&Birne" einen hohen positiven Mittelwert

Tabelle 2.17 Mittelwerte der vier wichtigsten Variablen der gaschromatographischen Daten der Obstbrände berechnet aus den mittenzentrierten Originalwerten nach Abzug der Information aus PC1 bis PC3.

Obstbrandsorte	Probe Nr.	Methanol	Propanol	2-Methyl-1-Butanol	Essigsäure-ethylester
Kirsche	1–43	–1,03	–4,29	–25,76	–0,04
Zwetschge	44–97	–0,45	1,26	1,09	0,41
Mirabelle	98–126	–1,52	–3,52	–39,23	–3,79
Apfel&Birne	127–146	5,63	10,93	109,32	4,47
Gesamtmittelwert	1–146	0,00	0,00	0,00	0,00

Tabelle 2.18 Gaschromatographische Originaldaten der Obstbrände, Probe 8 und 127 für Methanol und Propanol sowie Gesamtmittelwert.

	Methanol	Propanol
Probe 8 (Kirsche)	399	1128
Probe 127 (Apfel&Birne)	25	621
Gesamtmittelwert	634	248

hat, deshalb die positiven PC4-Scorewerte. Der Mittelwert von „Zwetschge" ist nahe bei null, die PC4-Scores für „Zwetschge" sind damit auch um den Wert null verteilt. „Mirabelle" und „Kirsche" haben beide einen fast gleich großen negativen Mittelwert, die PC4-Scorewerte liegen also auf der negativen PC4-Achse. Alle anderen Mittelwerte unterscheiden sich nicht signifikant. Die Standardabweichungen für diese Variablen innerhalb einer Gruppe sind allesamt größer als die Mittelwertsunterschiede. Diese Variablen haben also auf PC4 keinen Einfluss.

Zum Schluss können wir noch eine „Ausreißerbetrachtung" anstellen. Im PC1-PC2-Scoreplot fällt Probe 8 (Kirsche) und Probe 127 (Apfel&Birne) durch einen sehr negativen PC1-Scorewert auf. Interessanterweise fielen diese Proben bereits bei der organoleptischen Untersuchung durch untypischen Geruch und Geschmack auf. Die Originaldaten für diese beiden Proben und der Gesamtmittelwert sind in Tabelle 2.18 gegeben[1].

Probe 8 hat zwar einen unterdurchschnittlichen Methanolwert, der aber für sich alleine keinen so extrem kleinen PC1-Scorewert ergeben würde. Dieser wird vor allem durch den mehr als fünfmal über dem Durchschnitt liegenden Propanolwert verursacht. Wäre der Loadingswert von Propanol positiv, würden wir damit einen hohen positiven Scorewert erhalten, nun ist aber Propanol mit PC1 negativ korreliert. Deshalb erhalten wir einen großen negativen Scorewert. Beide Methanol- und Propanolwerte bestimmen die Scorewerte von PC1. Probe

---

[1] Alle Originaldaten befinden sich in der Excel- bzw. Unscramblerdatei „Obstbraende_GC" auf beiliegender CD.

8 bekommt also aufgrund des Propanolwerts diesen großen negativen Scorewert. Der Scorewert von PC2 bestätigt diese Schlussfolgerung. Für Probe 8 haben wir einen großen positiven PC2-Scorewert. Sowohl Methanol als auch Propanol sind positiv mit PC2 korreliert, wobei Propanol auf Grund des größeren Loadingswerts den stärkeren Einfluss hat. Also muss Probe 8 einen überdurchschnittlichen Propanolwert haben. Die Probe wurde offenbar aus einer hygienisch nicht einwandfreien Maische destilliert, bei der unerwünschte Mikroorganismen hohe Gehalte an Propanol gebildet haben.

Probe 127 hat einen sehr kleinen Methanolwert, das ergibt einen großen negativen PC1-Scorewert, außerdem ist auch noch Propanol ca. 2,5-mal über dem Durchschnitt, was ebenfalls einen negativen PC1-Scorewert gibt. Für PC2 liegt der Scorewert nahe bei null, was bedeutet, dass nach Abzug der Information von PC1 die Methanol- und Propanolwerte durchschnittlich sind.

Auch im PC3-PC4-Scoreplot können wir die Extremwerte Probe 53 (Zwetschge) und Probe 44 (Zwetschge) interpretieren. Die Hauptkomponente PC3 ist dominiert von Essigsäureethylester, folglich hat Probe 53 mit hohem PC3-Scorewert einen sehr hohen Essigsäureethylester-Wert. (Es ist tatsächlich der größte vorkommende Wert mit 629,8.) Probe 44 mit sehr negativem PC4-Scorewert muss deshalb einen extrem kleinen 2-Methyl-1-Butanolwert haben, da nur diese Variable für PC4 eine Rolle spielt. (Es ist ebenfalls der kleinste vorkommende Wert mit 37.)

Zum Schluss wollen wir eine Zusammenfassung erstellen, in der wir die Ergebnisse über die Charakterisierung der Obstbrandsorten zusammenfügen, die wir aus der Betrachtung der vier Hauptkomponenten gefunden haben.

1. Methanol und Propanol haben für alle Proben die höchsten Werte. Sie beinhalten zusammen ca. 88% der Variation in den Daten. Als nächstes spielen Essigsäureethylester und 2-Methyl-1-Butanol eine wichtige Rolle. Alle vier Eigenschaften stellen ca. 98% der Gesamtvarianz in den Daten dar.
2. Kirschbrände zeichnen sich aus durch niedere Methanol- und höhere Propanolwerte. Ihr Essigsäureethylestergehalt ist durchschnittlich, der 2-Methyl-1-Butanolgehalt eher unterdurchschnittlich.
3. Zwetschgenbrände haben hohe Methanol- und niedere Propanolwerte. Der Essigsäureethylestergehalt ist durchschnittlich, ebenso der 2-Methyl-1-Butanolgehalt.
4. Mirabellenbrände haben ebenfalls hohen Methanol- und niederen Propanolgehalt wie die Zwetschgenbrände. Der Essigsäureethylestergehalt ist ebenfalls durchschnittlich, während der 2-Methyl-1-Butanolgehalt unterdurchschnittlich ist.
5. Die meisten Apfel&Birnen-Brände haben ähnliche Gehalte an Methanol und Propanol wie die Mirabellenbrände, aber es gibt Ausnahmen, die bedeutend weniger Methanol haben. Der Essigsäureethylestergehalt ist ebenfalls durchschnittlich, während der 2-Methyl-1-Butanolgehalt überdurchschnittlich ist. Hier unterscheiden sich die Apfel&Birnen-Brände deutlich von den anderen.

6. Die PCA ermöglicht das Auffinden von Ausreißern bzw. abweichenden Proben und kann damit die Ergebnisse der organoleptischen Untersuchung objektivieren.
7. Wertgeminderte Produkte aus fehlerhafter Gärung oder falsch deklarierte Produkte können auf einfache Weise erkannt werden.
8. Unbekannte Proben können in das Muster der bekannten Proben eingeordnet werden und damit ist eine Klassifizierung möglich.

Skeptiker mögen nun sagen, dass sie diese Ergebnisse auch mit Hilfe einfacher statistischer Methoden wie die Betrachtung der Mittelwerte und Standardabweichungen gewonnen hätten. Das ist richtig, aber ganz sicher nicht so schnell, übersichtlich und anschaulich grafisch aufbereitet und im Zusammenhang aller verwendeten Variablen, wie es die Hauptkomponentenanalyse darbietet.

2.6
Standardisierung der Messdaten

Einen Nachteil hat die bisherige Analyse aber in der Tat. Dadurch, dass die Hauptkomponentenanalyse nach der größten Varianz in den Daten sucht, wird immer oder zumindest meistens der Messwert mit den größten Absolutwerten die erste Hauptkomponente bestimmen. Messwerte mit kleinen Mittelwerten und folglich kleinen Varianzen werden erst auf den höheren Hauptkomponenten berücksichtigt. Es könnte aber durchaus sein, dass gerade die Veränderung auf einem wertemäßig kleinen Messwert wichtig ist für die Unterscheidung zwischen den Gruppen. Um auch solche wertemäßig untergeordneten Variablen gleichermaßen in die Hauptkomponentenanalyse einzubeziehen, ist es nötig, die Messwerte zu standardisieren. Dazu werden der Mittelwert und die Standardabweichung für jede Variable bestimmt. Zuerst wird von jedem Messwert dieser Variablen der Mittelwert abgezogen, also eine Mittenzentrierung durchgeführt, dann wird durch die Standardabweichung dividiert. Damit erreicht man, dass die Skalen aller Variablen einheitlich werden. Üblicherweise streuen die transformierten Werte im Bereich von –3 bis +3. Man nennt diese Art der Standardisierung nach Gl. (2.21) oft auch Autoskalierung oder Transformation auf die Standardnormalverteilung oder auch z-Transformation.

$$z_{ij} = \frac{x_{ij} - \overline{x}_j}{s_j} \qquad (2.21)$$

wobei:
j = 1…M (Variable)
i = 1…N (Objekte)
x_{ij} = Messwert der Variablen j für das Objekt i
$\overline{x}_j$ = Mittelwert über alle Messwerte der Variablen j
s_j = Standardabweichung der Variablen j
z_{ij} = standardisierter Messwert der Variablen j für das Objekt i

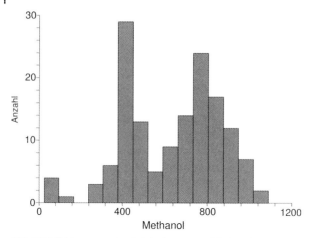

Abb. 2.29 Histogramm der Originalwerte von Methanol.

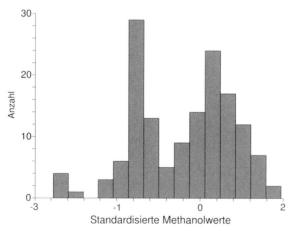

Abb. 2.30 Histogramm der standardisierten Methanolwerte.

Die standardisierten Variablen besitzen folglich den Mittelwert $\bar{z}_j = 0$ und die Standardabweichung $s_j = 1$. Die Verteilung der Werte innerhalb einer Variablen bleibt unverändert. Zeichnet man ein Histogramm pro Variable, so ändert sich die Form (y-Achse = Häufigkeit) nicht, nur die Beschriftung der Messwertachse (x-Achse) erhält eine einheitliche Skala von in der Regel −3 bis +3. Abbildung 2.29 zeigt das Histogramm der Originalmethanolwerte und Abb. 2.30 das der standardisierten Methanolwerte. Man erkennt deutlich, dass sich die Verteilung nicht ändert, sondern nur der Wertebereich. Man erkennt übrigens an diesem Histogramm auch die verschiedenen Verteilungen der Obstbrandsorten.

Nach dieser Standardisierung sind alle Variablen gleichwertig für die Hauptkomponentenanalyse. Nun kommt es nur auf die relative Veränderung inner-

2.6 Standardisierung der Messdaten | 67

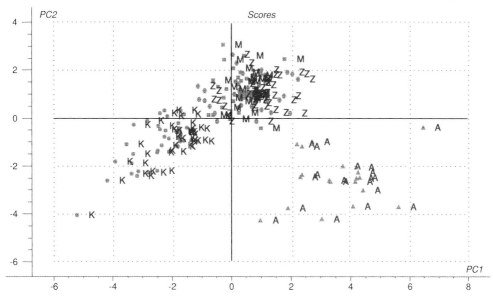

Abb. 2.31 Scoreplot der gaschromatographischen Obstbranddaten für PC1 und PC2 (gerechnet mit standardisierten Daten, K = Kirsche, Z = Zwetschge, M = Mirabelle, A = Apfel&Birne; Erklärungsanteil: PC1 28%, PC2 17%).

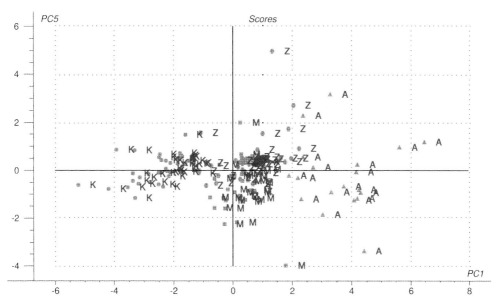

Abb. 2.32 Scoreplot der gaschromatographischen Obstbranddaten für PC1 und PC5 (gerechnet mit standardisierten Daten, K = Kirsche, Z = Zwetschge, M = Mirabelle, A = Apfel&Birne; Erklärungsanteil: PC1 28%, PC5 7%).

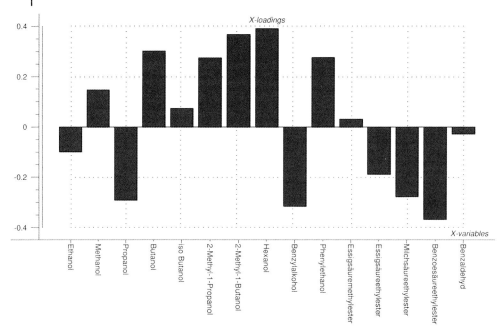

Abb. 2.33 Loadingsplot der gaschromatographischen Daten der Obstbrände PC1 (gerechnet mit standardisierten Daten). PC1 erklärt 28%.

halb der Variablen an, um den Einfluss auf die Hauptkomponenten zu bestimmen. Die Scoreplots für die erste und zweite und die fünfte Hauptkomponente, gerechnet mit den standardisierten Werten, zeigen die Abb. 2.31 und 2.32.

Die Obstbrände „Kirsche" und „Apfel&Birne" unterscheiden sich deutlich voneinander auf PC1 und beide unterscheiden sich von „Zwetschge" und „Mirabelle" auf PC2. Allerdings lässt sich „Mirabelle" und „Zwetschge" nicht trennen, was aber eigentlich nicht verwunderlich ist, da „Mirabelle" und „Zwetschge" botanisch gesehen sehr verwandt sind. Das Ergebnis der PCA mit den standardisierten Daten ist verständlicher und klarer als das mit den Originaldaten. „Kirsche", „Apfel&Birne" und die Steinobstsorten „Mirabelle" und „Zwetschge" bilden eindeutige Gruppen.

Wir können nun prüfen, ob eventuell „Mirabelle" doch von „Zwetschge" zu trennen ist. Deshalb zeigt Abb. 2.32 den Scorepot für PC1 und PC5. In PC5-Richtung erkennt man, dass die Zwetschgenbrände vorwiegend positive PC5-Scores haben, während die der Mirabellenbrände in der Mehrheit negativ sind.

Nun kommt wieder die Frage nach der Ursache für die Gruppeneinteilung. Dazu betrachten wir die Loadings der ersten, zweiten und fünften Hauptkomponente in den Abb. 2.33 bis 2.35.

Im Unterschied zu den Abb. 2.25 bis 2.27 haben nun fast alle Variablen relativ hohe Loadingswerte auf PC1 und PC2. Außerdem fällt auf, dass die erste

2.6 Standardisierung der Messdaten | 69

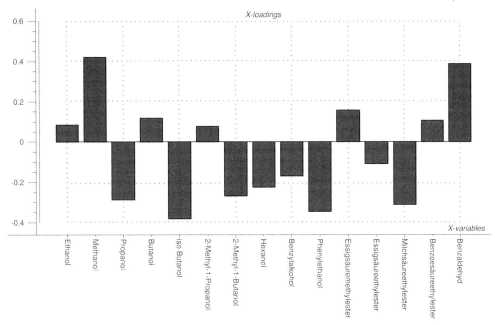

Abb. 2.34 Loadingsplot der gaschromatographischen Daten der Obstbrände PC2 (gerechnet mit standardisierten Daten). PC2 erklärt 17%.

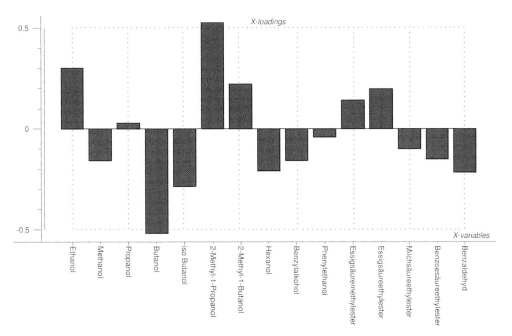

Abb. 2.35 Loadingsplot der gaschromatographischen Daten der Obstbrände PC5 (gerechnet mit standardisierten Daten). PC5 erklärt 7%.

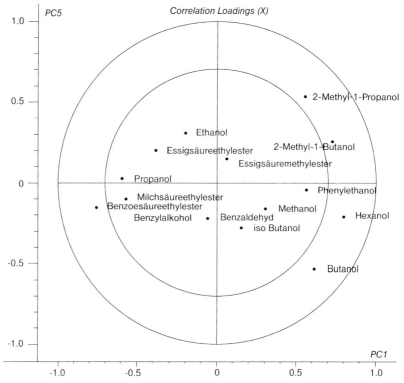

Abb. 2.36 Korrelations-Loadings-Plot für PC1 und PC5 der standardisierten gaschromatographischen Daten von Obstbränden. Variable zwischen den beiden Kreisen sind hoch korreliert zu den entsprechenden Hauptkomponenten.

Hauptkomponente nur noch 28% der Gesamtvarianz erklärt, PC2 17% und PC5 immerhin auch noch 7%. Es liegen also ganz andere Verhältnisse vor als bei den Originaldaten, wo ja mit zwei Hauptkomponenten schon 88% der Gesamtvarianz erklärt wurden.

Die Einteilung in die Gruppen geschieht vorwiegend auf PC1. PC2 bringt keine wesentlich neue Information, erst PC5 bringt die Trennung zwischen Zwetschgenbränden und Mirabellenbränden, die ja auf PC1 nicht unterschieden werden. Nun ist die Frage erlaubt, ja sogar gewünscht, ob denn nun wirklich alle Variablen nötig sind, um die Obstbrandsorten zu identifizieren. Vielleicht steckt diese Information ja in weniger Variablen. Dazu betrachten wir den Korrelations-Loadings-Plot von PC1 und PC5 (Abb. 2.36).

Nur die fünf Variablen innerhalb der beiden äußeren Kreise (Ellipsen) haben ein Bestimmtheitsmaß r^2 größer als 50%. Nur mit diesen fünf Variablen (Butanol, 2-Methyl-1-Propanol, 2-Methyl-1-Butanol, Hexanol, Benzoesäureethylester) berechnen wir eine neue PCA. Abbildung 2.37 zeigt die Gruppenbildung im

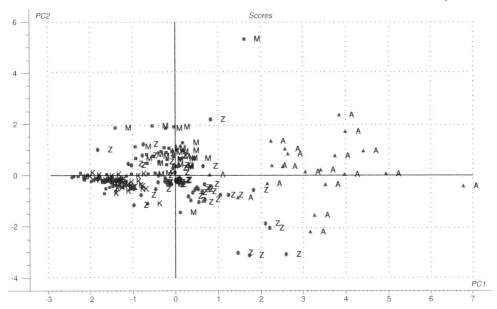

Abb. 2.37 Scoreplot der gaschromatographischen Obstbranddaten für PC1 und PC2 gerechnet mit fünf ausgesuchten standardisierten Daten (K = Kirsche, Z = Zwetschge, M = Mirabelle, A = Apfel&Birne). Erklärungsanteil: PC1 56%, PC2 20%.

PC1-PC2-Scoreplot. Mit der Auswahl dieser fünf Variablen haben wir tatsächlich erreicht, die vier Obstbrandsorten zu unterscheiden. Die Unterscheidung ist nun sogar schon mit zwei Hauptkomponenten möglich. Wir erkennen ganz links die Gruppe der „Kirschen", ganz rechts sind die „Apfel&Birne"-Brände und in der Mitte die „Mirabelle" und „Zwetschge". Sucht man die Mitte der zweidimensionalen Verteilung der „Mirabellen", so findet man diese oberhalb der PC2-Achse, während die Mitte der „Zwetschgen"-Verteilung unterhalb der PC2-Achse liegt. Die wesentliche Information über die Obstbrände, die für eine Unterscheidung wichtig ist, liegt also tatsächlich in den fünf verwendeten Variablen. Anhand dieser fünf Variablen kann man nun recht genau beschreiben, welche Variablen die Ursachen für die Gruppenbildung im Scoreplot sind.

Kirsch- und Apfel&Birne-Brände unterscheiden sich auf allen fünf gewählten Variablen, wobei Kirschbrand überdurchschnittliche Benzoesäureethylesterwerte zeigt, während Apfel&Birne-Brand überdurchschnittliche Butanol-, 2-Methyl-1-Propanol-, 2-Methyl-1-Butanol- und Hexanolwerte aufweist. Zwetschgen- und Mirabellenbrände sind in erster Priorität durchschnittlich auf diesen fünf Variablen, aber nachdem die Information der ersten Hauptkomponente entfernt ist, erkennt man an der zweiten Hauptkomponente, dass Zwetschgenbrand mehr 2-Methyl-1-Propanol aufweist als Mirabellenbrand, der dann wiederum mehr Butanol enthält.

2.7
PCA für viele Dimensionen: Spektren

Ein wesentlicher Grund für die Verbreitung multivariater Methoden ist die immer häufiger werdende Anwendung spektroskopischer Methoden in der Analysentechnik. Hier spielt vor allem die NIR-Spektroskopie (nahe Infrarot-Spektroskopie) im Bereich von ca. 800 bis ca. 2500 nm (in Wellenzahlen 12 500 cm^{-1} bis 4000 cm^{-1}) eine wesentliche Rolle. Sie hat sich in der Agrar-, Lebensmittel-, Petro- und Pharmaindustrie als analytische Messmethode seit mehreren Jahren etabliert. Einen Überblick über erfolgreiche Anwendungen der NIR-Spektroskopie in der Analytik gibt [16].

Üblicherweise sind quantitative Aussagen das Ziel der NIR-Spektroskopie. Hierauf wird im Kapitel 3 näher eingegangen. Die Spektroskopie – egal in welchem Spektralbereich – lässt sich aber auch sehr gut in Verbindung mit der PCA zur qualitativen Analyse nutzen. Wir werden in diesem Beispiel VIS- und NIR-Spektren (500–2200 nm) von Holzfasern untersuchen (VIS = *Visible*, Wellenlängenbereich des sichtbaren Lichts von 400 bis 800 nm). Die Spektren wurden gemessen im Rahmen eines EU-Projekts der Hochschule Reutlingen und der Faserplattenfirma Funder in Österreich, mit dem Ziel die Faserplatteneigenschaften unter Berücksichtigung der unterschiedlichen Rohstoffqualitäten des Holzes zu optimieren[2]. Näheres zu dem Projekt findet sich in [17].

An einer Biofaserproduktionsanlage wurde in eine Blasleitung direkt hinter dem Defibrator, der die einströmenden Holzhackschnitzel unter Einwirkung von Druck, Temperatur und mechanischer Energie in Fasern umwandelt, eine optische Reflexionssonde der Fa. Foss installiert, die über einen Lichtwellen-

Tabelle 2.19 Einstellungen der Prozessparameter zur Bestimmung der Faserqualität.

Holzmischung	Mahlgrad	Behandlung (SFC)
Fichte ohne Rinde	fein	2,3
Fichte ohne Rinde	fein	2,6
Fichte ohne Rinde	fein	2,9
Fichte ohne Rinde	grob	2,3
Fichte ohne Rinde	grob	2,6
Fichte ohne Rinde	grob	2,9
Fichte mit Rinde	fein	2,3
Fichte mit Rinde	fein	2,6
Fichte mit Rinde	fein	2,9
Fichte mit Rinde	grob	2,3
Fichte mit Rinde	grob	2,6
Fichte mit Rinde	grob	2,9

2) Mein Dank gilt hier dem Institut für Angewandte Forschung der Hochschule Reutlingen und der Fa. Funder ganz besonders Herrn Prof. Dr. Kessler, für die freundliche Überlassung der Daten.

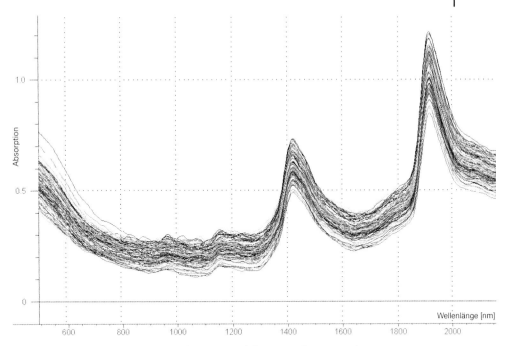

Abb. 2.38 VIS-NIR-Absorptionsspektren von Holzfasern („Fichte mit Rinde" und „Fichte ohne Rinde") gemessen in Reflexion 500–2200 nm.

leiter an ein Foss-VIS-NIR-Spektrometer angeschlossen wurde. Mit diesem Spektrometer wurden Absorptionsspektren der vorbei fliegenden Holzfasern im Wellenlängenbereich 500 bis 2200 nm in 2-nm-Intervallen aufgenommen. Da die von den Fasern reflektierte Intensität sehr gering war, wurden viele Einzelspektren zu einem Gesamtspektrum akkumuliert.

Um den Einfluss der Prozessparameter Holzqualität, Mahlgrad und Temperatur-Zeit-Einfluss des Defibrators zu bestimmen, wurden die Parameter wie in Tabelle 2.19 angegeben verändert. Der Temperatur-Zeit-Einfluss wurde über einen sog. Behandlungsfaktor angegeben, der *Severity Factor of Chemical Treatment* genannt und mit SFC abgekürzt wird.

Insgesamt wurden für „Fichte mit Rinde" 67 Spektren aufgenommen (30 mit Mahlgrad grob, 37 mit Mahlgrad fein) und für „Fichte ohne Rinde" 65 (35 mit Mahlgrad grob, 30 mit Mahlgrad fein). Die Spektren im Bereich von 500 bis 2200 nm zeigt Abb. 2.38.

Die Spektren wurden mit Hilfe eines gleitenden Mittelwerts über fünf Absorptionswerte geglättet. Ansonsten wurden die Spektren im Original belassen und keine Datenvorverarbeitung angewandt. Verschiedene Datenvorverarbeitungsmöglichkeiten und deren jeweilige Auswirkungen auf die Spektren werden später im Kapitel 5 besprochen.

2.7.1
Auswertung des VIS-Bereichs (500–800 nm)

Man erkennt in Abb. 2.38 die unstrukturierten und relativ stark verrauschten Spektren im VIS-Bereich und die beiden Wasserbanden bei 1420 und 1912 nm im NIR-Bereich, hervorgerufen durch den Dampf in der Blasleitung, mit dem die Fasern transportiert werden. Die Frage ist, ob in diesen Spektren Unterschiede der Faserbehandlung zu erkennen sind, was auf den ersten Blick sicher nicht möglich ist. Wir wissen aus unserer Erfahrung, dass Holz mit Rinde eine andere Farbe hat als Holz ohne Rinde, deshalb müssten sich die Holzsorten im VIS-Bereich (500–800 nm) unterscheiden lassen. Um dies zu prüfen, wird eine PCA mit den VIS-Spektren durchgeführt.

Man erkennt in den Abb. 2.39 und 2.40 drei Gruppen in den Scorewerten. Die erste Gruppe befindet sich im oberen linken Teil der Grafik und ist als „Fichte ohne Rinde" markiert. Im rechten unteren Teil erkennt man ebenfalls eine deutlich abgegrenzte Gruppe. Hier finden sich die Spektren der „Fichte mit Rinde". Dazwischen ist eine kleine Gruppe, die auch mit „Fichte ohne Rinde" gekennzeichnet ist. Dies sind Proben von „Fichte ohne Rinde" mit grobem Mahlgrad und hoher Behandlung SFC.

Abbildung 2.40 zeigt ebenfalls die Scores von PC1 und PC2, diesmal wurden aber die unterschiedlichen Mahlgrade markiert. Nun sehen wir im oberen rechten Teil die Gruppe der grob gemahlenen Fasern, im unteren linken Teil die

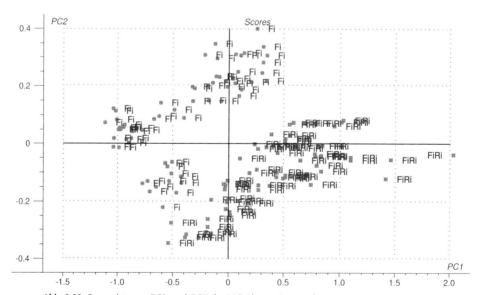

Abb. 2.39 Scoreplot von PC1 und PC2 der VIS-Absorptionsspektren (500–800 nm), Markierung Holzsorte (Fi=„Fichte ohne Rinde", FiRi=„Fichte mit Rinde"). Erklärungsanteil: PC1 92%, PC2 7%.

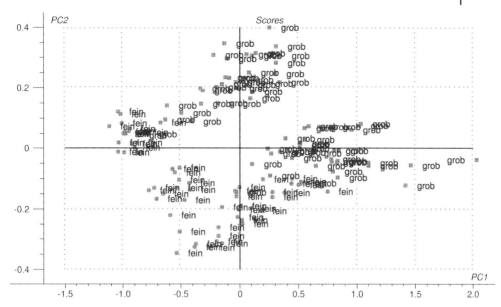

Abb. 2.40 Scoreplot von PC1 und PC2 der VIS-Absorptionsspektren (500–800 nm), Markierung Mahlgrad (fein, grob).

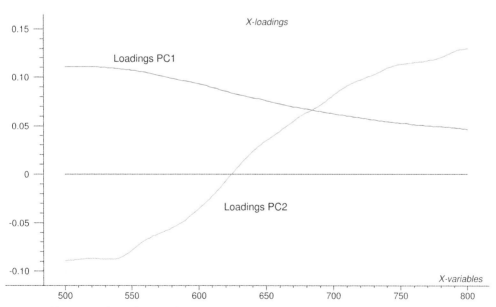

Abb. 2.41 Loadings der Hauptkomponenten PC1 und PC2 der VIS-Absorptionsspektren (500–800 nm). Erklärungsanteil: PC1 92%, PC2 7%.

Gruppe der feinen Fasern. Die Unterscheidung zwischen den Holzsorten und den Mahlgraden findet jeweils auf beiden Hauptkomponenten statt. Allerdings liegt bei der Holzsorte die Betonung mehr auf der ersten PC und beim Mahlgrad mehr auf der zweiten PC. Diese beiden ersten Hauptkomponenten erklären 99% der gesamten Varianz in den Spektren.

In Abb. 2.41 sind die Loadings und damit der spektrale Verlauf der Hauptkomponenten 1 und 2 dargestellt. Die Hauptkomponente 1 erklärt 92% der Varianz in den VIS-Absorptionsspektren. Sie sieht einem Mittelwertspektrum sehr ähnlich. In ihr bildet sich also die mit höher werdenden Wellenlängen abnehmende Absorption ab.

Wir erhalten für „Fichte mit Rinde" in der Mehrzahl höhere Scorewerte für PC1 als für „Fichte ohne Rinde". Das bedeutet, dass die Absorption zunimmt, wenn der Rindenanteil steigt, während sie abnimmt, wenn weniger Rinde vorhanden ist. Das ist leicht einzusehen, da Holz mit Rinde dunkler aussieht und damit eine höhere Absorption hat als Holz ohne Rinde. Damit können wir die erste Hauptkomponente sogar physikalisch erklären: sie stellt die Gesamtabsorption dar. Dunkles Holz hat damit höhere Scorewerte für PC1 als helles Holz.

Bei der Betrachtung der Loadings und der Scores sollten wir uns noch einmal in Erinnerung rufen, dass die PCA mit mittenzentrierten Daten, hier also mittenzentrierten Spektren rechnet. Abbildung 2.42 zeigt einige dieser mittenzent-

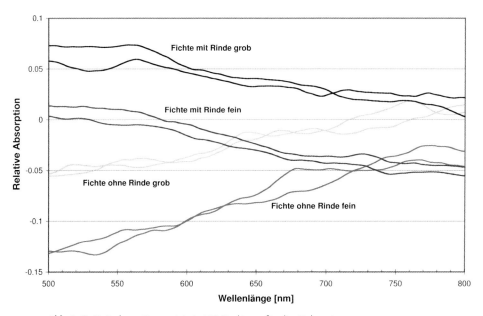

Abb. 2.42 Typische mittenzentrierte VIS-Spektren, für die Holzsorten „Fichte ohne Rinde" und „Fichte mit Rinde" und die beiden Mahlgrade fein und grob.

rierten Spektren für die beiden Holzsorten und Mahlgrade. Die Spektren der „Fichte mit Rinde" haben über das gesamte Spektrum betrachtet negative Steigung, während die Spektren „Fichte ohne Rinde" insgesamt positive Steigung aufweisen.

Mit Hilfe der Scorewerte für PC1 und den Loadingswerten von PC1 kann man diese Spektren wieder reproduzieren. Dies ist in Abb. 2.43 durchgeführt. Man erkennt deutlich, dass die Hauptinformation bezüglich der Holzsorten in den reproduzierten Spektren erhalten ist, was allerdings fehlt, ist das Rauschen, die reproduzierten Spektren sind nun glatt. Hiermit hat die PCA eine Hauptforderung erfüllt, nämlich die Information von der Nicht-Information, in diesem Fall dem Rauschen, zu trennen.

Die Hauptkomponente 2 hat einen Erklärungsanteil von nur 7%. Aus den Loadings in Abb. 2.41 erkennt man, dass sie die Steigung der Spektren beeinflusst. Schauen wir uns mit Hilfe der Abb. 2.44 bis 2.47 an, wie diese Hauptkomponente zu interpretieren ist.

Damit wir nicht in der Menge der Daten untergehen, beschränken wir uns für diesen Teil auf die Holzsorte „Fichte ohne Rinde". Für „Fichte mit Rinde" erhält man analoge Ergebnisse.

Abbildung 2.44 zeigt die Originalspektren von „Fichte ohne Rinde" mit feinem bzw. grobem Mahlgrad, wobei die Steigung bei feinem Mahlgrad etwas größer erscheint als bei grobem Mahlgrad.

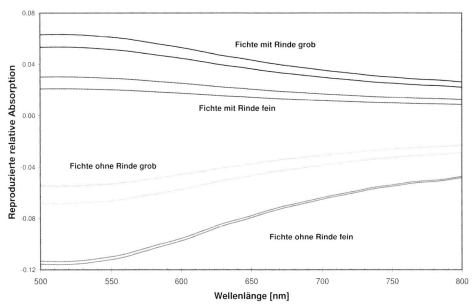

Abb. 2.43 Aus Loadings und Scores von PC1 reproduzierte mittenzentrierte VIS-Spektren der Holzsorten „Fichte ohne Rinde" und „Fichte mit Rinde" und die beiden Mahlgrade fein und grob.

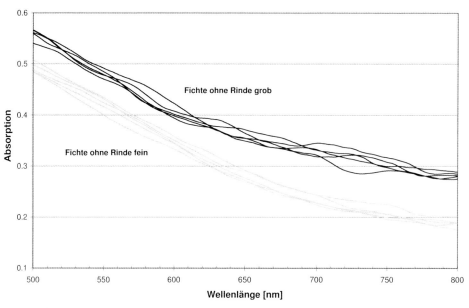

Abb. 2.44 Original VIS-Spektren von „Fichte ohne Rinde" mit Mahlgrad fein und grob.

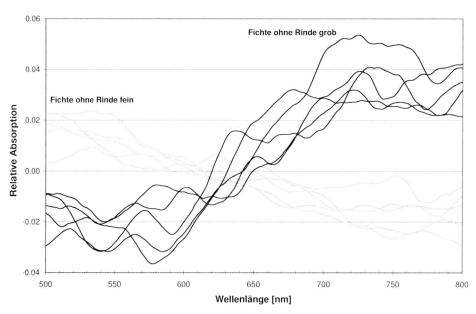

Abb. 2.45 Originalspektren nach Abzug der Information der ersten Hauptkomponente von „Fichte ohne Rinde" mit Mahlgrad fein und grob.

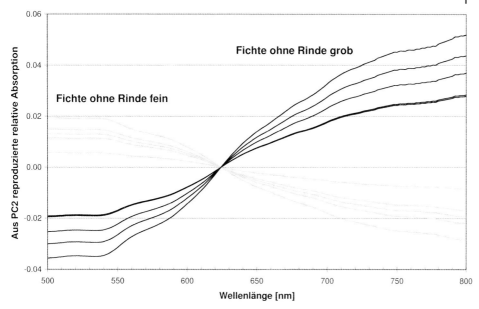

Abb. 2.46 Nur aus der Information von PC2 reproduzierte Spektren von „Fichte ohne Rinde" mit Mahlgrad fein und grob.

Die Information der ersten Hauptkomponente wird nun aus den Originalspektren entfernt. Übrig bleiben die Spektren von Abb. 2.45. Nun unterscheiden sich die Spektren von fein und grob gemahlener Fichte deutlich. Diese Daten sind der Ausgangspunkt für die Berechnung der zweiten Hauptkomponente, die in Abb. 2.41 dargestellt ist. Jetzt wird klar, welche Eigenschaft die zweite PC beschreibt. Ein positiver Scorewert für PC2 ergibt ein Spektrum mit einer flacheren Steigung. Die Spektren der „Fichte ohne Rinde" mit grober Mahlung haben positive PC2-Scorewerte und damit eine geringere Steigung. Ein Spektrum mit negativen Scorewerten für PC2 muss dagegen eine größere Steigung aufweisen, was für die Spektren der „Fichte ohne Rinde" mit feiner Mahlung auch zutrifft. Damit ist auch die zweite Hauptkomponente erklärt: sie beschreibt die Steigung der Spektren, die durch den Mahlgrad der Fasern bestimmt wird.

Zusammen erklären PC1 und PC2 99% der Gesamtvarianz in den Spektren, 1% bleibt noch unerklärt. Dieser Teil setzt sich aus Rauschen zusammen und vielleicht auch noch aus der Information über die Stärke der Behandlung. Um auch noch die Behandlung in den Hauptkomponenten wieder zu finden, müssen die Spektren vorverarbeitet werden, um noch vorhandene störende Einflüsse zu entfernen. Die Vorgehensweise dafür wird in Kapitel 4 erklärt.

In Abb. 2.46 ist nur die Information der PC2 dargestellt, also der Loadingsvektor PC2 multipliziert mit dem jeweiligen Scorewert des Objekts.

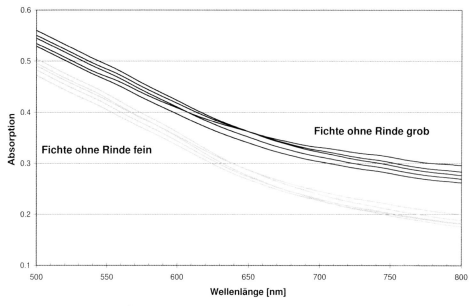

Abb. 2.47 Aus der Information von PC1, PC2 und Mittelwertspektrum reproduzierte „Original"-VIS-Spektren von „Fichte ohne Rinde" mit Mahlgrad fein und grob.

Addiert man nun die Information aus PC1 und aus PC2 und noch den Mittelwert entsprechend der Gl. (2.7), wobei der Anteil der Residuen weggelassen wird, erhält man die Spektren in Abb. 2.47.

Diese Spektren sind tatsächlich bis auf einen Rauschanteil identisch mit den Originalspektren in Abb. 2.44. Wie in Abschnitt 2.3.5 erklärt, nennt man das Zusammenfügen der Informationen aus den Scores t_a und Loadings p_a auch Reproduzieren der Originaldaten. Die Spektren aus Abb. 2.47 sind damit die aus zwei Hauptkomponenten reproduzierten Originaldaten X'. (Die Spektren aus Abb. 2.43 waren nur aus PC1 reproduziert und ohne Addition des Mittelwertspektrums.)

Als nächstes soll der gemessene NIR-Bereich der Spektren ausgewertet werden. Die Farbe des Holzes spielt im NIR keine Rolle. Damit stellt sich die Frage, welche Information im NIR verwendet werden kann, um die Holzsorten und die Mahlgrade zu unterscheiden bzw. ob es überhaupt möglich ist, diese Unterscheidungen zu treffen.

2.7.2
Auswertung des NIR-Bereichs (1100–2100 nm)

Wie in Abb. 2.38 zu sehen ist, zeigen die NIR-Spektren zwei deutliche Banden, bei denen es sich um die Wasserbanden handelt, da die Fasern in der Blasleitung vom Dampf transportiert werden. NIR reagiert sehr empfindlich auf Wasser. Kleinste Mengen an Wasser und kleine Temperaturunterschiede des Wassers können mit Hilfe der NIR-Spektroskopie nachgewiesen werden. In unserem Fall wird vom Spektrometer immer das Luft- bzw. Wasserdampfvolumen vor der Sonde gemessen. In diesem Volumen befinden sich mehr oder weniger Fasern, entsprechend werden sich die gemessenen Wasserbanden verändern. Wie viele Fasern sich in der Blasleitung aufhalten, ist abhängig von der Holzsorte und der vorangehenden Bearbeitung, also dem Mahlgrad. Geht man bei den Spektren etwas mehr ins Detail als das in der Grafik möglich ist (die Spektren sind in der Datei Holzfasern_NIR zu finden), erkennt man, dass „Fichte ohne Rinde" im Durchschnitt höhere Absorptionen aufweist als „Fichte mit Rinde". Das NIR verhält sich hier also ähnlich dem VIS. Eine PCA dieser Spektren liefert auch tatsächlich ähnliche Ergebnisse.

Die Abb. 2.48 und 2.49 zeigen jeweils die Scores für die erste und zweite Hauptkomponente. In Abb. 2.48 erkennt man die Holzsorte. „Fichte ohne Rinde" befindet sich bis auf wenige Ausnahmen auf der positiven PC1-Achse, während „Fichte mit Rinde" überwiegend negative Scores auf dieser Hauptkompo-

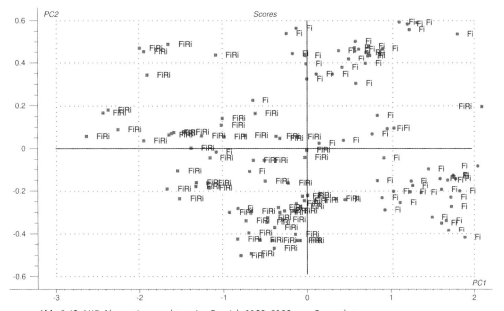

Abb. 2.48 NIR-Absorptionsspektren im Bereich 1100–2100 nm, Scoreplot von PC1 und PC2, Markierung Holzsorte: Fi = „Fichte ohne Rinde", FiRi = „Fichte mit Rinde". Erklärungsanteil: PC1 92%, PC2 7%.

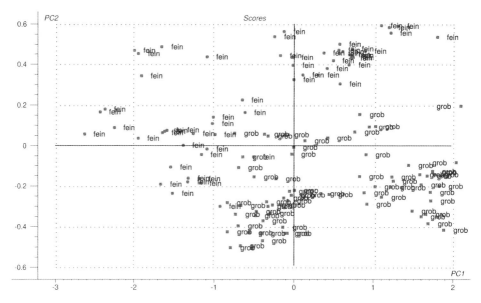

Abb. 2.49 NIR-Absorptionsspektren im Bereich 1100–2100 nm, Scoreplot von PC1 und PC2, Markierung Mahlgrad: fein, grob.

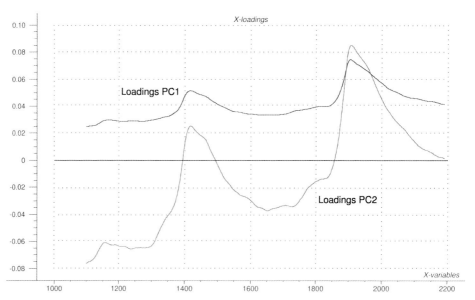

Abb. 2.50 NIR-Absorptionsspektren im Bereich 1100–2100 nm, Loadings von PC1 und PC2. Erklärungsanteil: PC1 92%, PC2 7%.

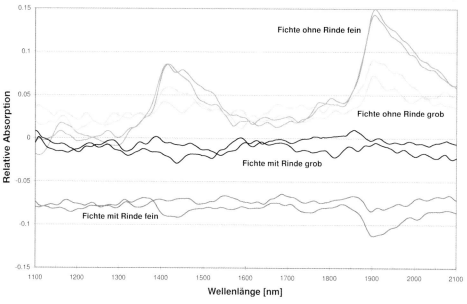

Abb. 2.51 NIR-Absorptionsspektren im Bereich 1100–2100 nm, Mittenzentrierte NIR-Spektren.

nente aufweist. Damit unterscheidet die erste Hauptkomponente wie im VIS-Bereich zwischen den Holzsorten.

Die Unterscheidung zwischen den Mahlgraden findet vorwiegend auf der zweiten Hauptkomponente statt, wobei aber auch PC1 noch einen kleinen Anteil hat. Im Großen und Ganzen trennt PC2 den groben Mahlgrad, gekennzeichnet durch negative Scorewerte, vom feinen Mahlgrad mit positiven PC2-Scores. Auch hier verhält sich das NIR wie der VIS-Bereich: PC2 steht für den Mahlgrad.

Wenn wir uns nun aber die Loadings in Abb. 2.50 betrachten, dann fällt die Interpretation recht schwer. Die erste Hauptkomponente sieht dem Mittelwertspektrum sehr ähnlich und die zweite unterscheidet sich davon nur wenig. Wie kommt das zu Stande, wie kann das sein?

Die Antwort darauf gibt Abb. 2.51. Sie zeigt ausgewählte mittenzentrierte Spektren von den beiden Holzsorten und den möglichen Mahlgradkombinationen. Die PCA sucht die Richtung der maximalen Varianz. Man erkennt ohne Schwierigkeit, dass die maximale Varianz bei ca. 1900 nm und den benachbarten Wellenlängen liegt. Also ist das die Vorzugsrichtung für PC1. Auch bei ca. 1400–1500 nm ist die Varianz recht groß. Da wir aus den Originalspektren wissen, dass die Absorptionen bei allen Wellenlängen sehr stark korreliert sind, wird also auch diese Richtung stark in PC1 eingehen. Damit erhalten wir hohe Loadingswerte für PC1 bei etwa 1400 und 1900 nm, und auch alle anderen Loadingswerte sind positiv, da alle Variablen untereinander stark positiv korreliert

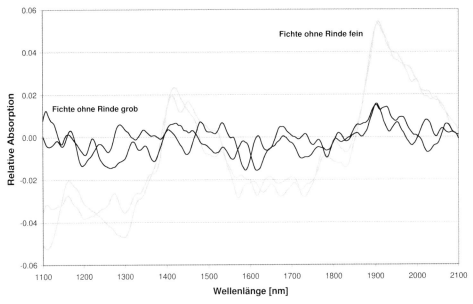

Abb. 2.52 NIR-Absorptionsspektren im Bereich 1100–2100 nm, Mittenzentrierte NIR-Spektren nach Abzug der Information, die mit PC1 erklärt wird.

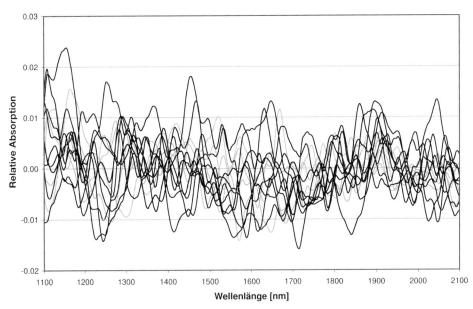

Abb. 2.53 NIR-Absorptionsspektren im Bereich 1100–2100 nm, Mittenzentrierte NIR-Spektren nach Abzug der Information, die mit PC1 und PC2 erklärt wird.

sind. Um die Spektren der „Fichte ohne Rinde" zu reproduzieren, müssen die Scorewerte positiv sein. Multipliziert man dagegen die Loadings von PC1 mit einem negativen Scorewert, so ergibt sich ein Spektrum wie wir es für „Fichte mit Rinde" mit Mahlgrad fein in Abb. 2.51 sehen. Und aus dem Scoreplot ergibt sich, dass genau diese Spektren negative PC1-Scorewerte haben.

Um die nächste Hauptkomponente zu berechnen, wird diese Information von den Spektren abgezogen. Übrig bleibt, was Abb. 2.52 für „Fichte ohne Rinde" zeigt. Bei feinem Mahlgrad bleibt ein ähnliches Spektrum übrig, wie wir es von den mittenzentrierten Originalspektren aus Abb. 2.51 kennen. Das bedeutet auch, die Faserfeinheit äußert sich nur in der Erhöhung oder Verbreiterung der Wasserbande. Die Information des Mahlgrads ist aber offensichtlich nicht mit der Information der Holzsorte korreliert, was physikalisch auch sinnvoll ist, denn sonst würden sich nicht zwei orthogonale Hauptkomponenten ergeben. Die Holzsorte verändert die Wasserbande unabhängig vom Mahlgrad, das drückt sich in den beiden ersten Hauptkomponenten aus. Zusätzlich verändert der Mahlgrad auch noch etwas die Absorption der Spektren abhängig von der Wellenlänge, denn die zweite Hauptkomponente beginnt mit negativen Loadingswerten bei 1100 nm und endet mit positiven Loadingswerten bei 2100 nm. In der zweiten Hauptkomponente steckt die unterschiedliche Lichtstreuung der Spektren aufgrund der unterschiedlichen Fasergröße, hervorgerufen durch den Mahlgrad.

Eine dritte Hauptkomponente zu rechnen, macht mit diesen Spektren keinen Sinn. In den nicht vorverarbeiteten Spektren kann die Information der thermischen Behandlung (SFC) von der PCA nicht herausgearbeitet werden. Abbildung 2.53 zeigt, dass von den Spektren nur Rauschen übrig bleibt, nachdem die Information der ersten und zweiten Hauptkomponente entfernt wurde. Auch bei den NIR-Spektren wird eine Vorverarbeitung der Spektren hier eine Verbesserung bringen und eine Interpretation der dritten Hauptkomponente ermöglichen.

Damit ist die explorative Datenanalyse dieser Spektren abgeschlossen. Fassen wir die erhaltenen Ergebnisse zusammen:

1. Es sind zwei Hauptkomponenten nötig, um 99% der Varianz in den Daten zu erklären, gilt für VIS und NIR.
2. Die erste Hauptkomponente mit 92% (VIS) und 91% (NIR) Erklärungsanteil unterscheidet die Holzsorten sowohl im VIS- als auch im NIR-Bereich. Spektroskopisch gesehen ist sie die Summe der Absorptionen bei allen Wellenlängen, also ein Maß für die Gesamtabsorption.
3. Die zweite Hauptkomponente mit 7% (VIS) bzw. 8% (NIR) Erklärungsanteil ist für die Unterschiede im Mahlgrad „zuständig", ebenfalls im VIS- wie im NIR-Bereich. Spektroskopisch äußert sie sich in den Spektren in einer wellenlängenabhängigen Änderung der Absorption (wellenlängenabhängige Basislinie, Steigung der Spektren), was auf unterschiedliche Streuleistung der feinen und groben Fasern zurückzuführen ist.

4. Informationen über die thermische Behandlung (SFC) der Holzhackschnitzel ist aus den Originalspektren mit Hilfe der PCA nicht herauszuarbeiten. Dazu sollte eine geeignete Datenvorverarbeitung stattfinden, wie später gezeigt wird.
5. Mehr Hauptkomponenten bringen keine weiteren Informationen.

Zum Abschluss des Kapitels über die Hauptkomponentenanalyse eine kurze Zusammenfassung über die wichtigsten Schritte, wenn die PCA zur explorativen Datenanalyse verwendet wird.

2.8
Wegweiser zur PCA bei der explorativen Datenanalyse

1. Daten auf Plausibilität prüfen

- Sind die Daten annähernd normalverteilt? Wenn nicht, Grund dafür finden und eventuell durch Transformation normalisieren.
- Gibt es ungewöhnlich große oder kleine Werte? Gab es eventuell Fehler bei der Datenübertragung?

2. Daten skalieren

- Bei unterschiedlichen Größenordungen der Messvariablen eventuell die Daten vor der PCA standardisieren.
- Spektren werden in der Regel nicht standardisiert, da sonst Bereiche mit wenig Absorption überbewertet werden und damit das Rauschen erhöht wird.
- Spektren wenn möglich immer zuerst im Original in die PCA geben. Aufgrund der Ergebnisse der PCA mit den Originalspektren wird eventuell eine Datenvorverarbeitung begründbar. Die richtige Datenvorverarbeitung kann zu einer Verbesserung der Ergebnisse führen.

3. Scoreplot anschauen

- Gibt es Scorewerte auf den ersten Hauptkomponenten, die viel größer oder kleiner als der Rest sind? Diese Werte könnten Ausreißer sein. Prüfen, ob die Daten stimmen. Prüfen, warum die Werte abweichen und gegebenenfalls weglassen.
- Gibt es erkennbare Gruppen auf den ersten Hauptkomponenten? Die Gruppen können durch deutliche Unterschiede in den Scorewerten bezüglich einer oder zweier Hauptkomponenten sichtbar sein. Dazu PC1-PC2-Scoreplot anschauen, dann PC3-PC4-Scoreplot usw., möglichst alle Permutationen betrachten.
- Häufig erkennt man Gruppen erst, wenn das Vorwissen über die Objekte in die Analyse implementiert wird, indem man z. B. bekannte Gruppen farbig markiert. Mit Hilfe der farbigen Markierung auf Grund des Vorwissens kann man erkennen, ob sich bestimmte Kategorien von Objekten in bestimmten Gebieten der Scoreplots häufen.

- Ein positiver Scorewert für eine Hauptkomponente bedeutet, dass diese Objekte überdurchschnittlich bezüglich dieser Hauptkomponenten sind, während negative Scorewerte bedeuten, dass diese Objekte unterdurchschnittlich bezüglich dieser Hauptkomponenten sind.
- Es sind so viele Hauptkomponenten wichtig, wie Gruppierungen oder Ursachen erkannt werden können. Es kann vorkommen, dass PC1 und PC2 keine Strukturierung zeigen, aber PC3 oder noch höhere PCs wieder Gruppen erkennen lassen.
- Nun sollte als nächstes untersucht werden, welche Variablen die Ursachen für diese Gruppierungen sind.

4. Loadingplots anschauen

- Werden in den Scoreplots Gruppen in den Objekten erkannt, sollte man den oder die beiden zugehörigen Loadingsvektoren anschauen.
- Positive Loadingswerte bedeuten, dass diese Variablen positiv mit der Hauptkomponente korreliert sind. Höhere Scorewerte sind damit gleichbedeutend mit höheren Werten der zugehörigen Originalvariablen.
- Negative Loadingswerte bedeuten, dass diese Variablen negativ mit der Hauptkomponente korreliert sind. Höhere Scorewerte sind dann gleichbedeutend mit niedrigeren Werten der zugehörigen Originalvariablen.
- Um zu bestimmen, ob sich Variablen überdurchschnittlich oder unterdurchschnittlich verhalten, muss man einfach die Rechenregeln für die Vorzeichen anwenden. Positiver Scorewert mal positiver Loadingswert gibt wieder einen positiven Wert, negativer Scorewert mal positiver Loadingswert oder positiver Scorewert mal negativer Loadingswert ergibt beides mal einen negativen Wert. Negativer Scorewert mal negativer Loadingswert gibt aber einen positiven Wert. Also haben Objekte mit negativen Scorewerten für Variablen mit ebenfalls negativen Loadings überdurchschnittliche Werte auf diesen Variablen.
- Wichtig bei diesen Betrachtungen ist, nie zu vergessen, dass die PCA mit mittenzentrierten Daten arbeitet. Vor allem bei Spektren macht diese Tatsache die Interpretation für den Spektroskopiker schwieriger. Deshalb ist es empfehlenswert, sich das Mittelwertspektrum anzuschauen. Relativ dazu müssen nun die anderen Spektren eingeordnet werden, dann machen positive bzw. negative Scores- und Loadingswerte für die Interpretation Sinn.
- Wichtig ist ebenfalls, sich daran zu erinnern, dass die Information der berechneten Hauptkomponenten von den Daten abgezogen wird, bevor die nächste Hauptkomponente berechnet wird. Die Interpretation der Loadings oder Scores einer höheren Hauptkomponente geschieht also auf dem übrig gebliebenen Rest der Daten nach Abzug der Information der vorausgegangenen Hauptkomponenten.

Literatur

1 K. Pearson, On lines and planes of closest fit to systems of points in space. Philosophical Magazine (1901) 2, 559–572.
2 H. Hotelling, Analysis of a complex of statistical variables into principal components. Journal of Educational Psychology (1933) 24, 417–441.
3 L. L. Thurstone and T. G. Thurstone, Factorial studies of intelligence, University of Chicago Press, Chicago, 1941.
4 L. L. Thurstone, Multiple Factor Analysis. University of Chicago Press, Chicago, 1947.
5 E. R. Malinowski, Factor Analysis in Chemistry, 3rd ed. Wiley-VCH, Weinheim, 2002.
6 M. A. Sharaf, D. L. Illman and B. R. Kowalski, Chemometrics. Wiley, New York, 1986.
7 M. Precht, K. Voit und R. Kraft, Mathematik für Nichtmathematiker, Bd. 1, Grundbegriffe, Vektorrechnung, Lineare Algebra und Matrizenrechnung, Kombinatorik, Wahrscheinlichkeitsrechnung. Oldenbourg, 2000.
8 A. Beutelspacher, Lineare Algebra. Vieweg, 2003.
9 SAS Analytics Software. SAS Institute Inc., SAS Campus Drive, Cary, North Carolina 27513, USA.
10 SPSS Statistical Software. SPSS Inc. Headquarters, 233 S. Wacker Drive, Chicago, Illinois 60606, USA.
11 The Unscrambler. Camo Process AS, Nedre Vollgate 8, 0158 Oslo, Norwegen.
12 J. R. Schott, Matrix Analysis for Statistics. Wiley, 2005.
13 I. T. Jolliffe, Principal Component Analysis, Springer, New York, 2002.
14 H. Martens and M. Martens, Multivariate Analysis of Quality, an Introduction. Wiley & Sons, Chichester, 2000.
15 K. Backhaus, B. Erichson, W. Plinke und R. Weiber, Multivariate Analysemethoden: Eine anwendungsorientierte Einführung, Springer, Berlin, 2003.
16 H. W. Siesler, Y. Ozaki, S. Kawata and H. M. Heise (eds.), Near-Infrared Spectroscopy. Wiley-VCH, Weinheim, 2002.
17 R. Kessler (ed.), Prozessanalytik. Wiley-VCH, Weinheim, 2006.

3
Multivariate Regressionsmethoden

Mit den bisher besprochenen Methoden wurden Zusammenhänge zwischen Variablen und Objekten aufgezeigt, Gruppierungen in den Daten und die Ursachen dafür wurden erkennbar. Die Regressionsanalyse hat eine andere Zielsetzung. Sie will einen funktionalen Zusammenhang beschreiben zwischen unabhängigen Variablen, die wir allgemein die *X*-Variablen nennen, und davon abhängigen Variablen, die wir *Y*-Variablen nennen. Als Datenbasis sind bei der Regression also zwei Datensätze nötig: zum einen die *X*-Werte, die bei der multivariaten Regression sehr häufig Spektren sind und zum anderen die *Y*-Werte, die in der Regel aufwendig zu bestimmende Referenzwerte sind. Ziel der Regression ist es, eine mathematische Formel zu finden, mit der man bei Kenntnis der *X*-Variablen die zugehörigen *Y*-Werte vorhersagen kann.

Nehmen wir ein Beispiel aus der Spektroskopie, das wir später in Kapitel 6 ausführlich besprechen werden: man misst NIR-Spektren von Milchprodukten und bestimmt zu jedem Spektrum den Fettgehalt der Probe. Später will man nur die Spektren messen und aus den Spektren den Fettgehalt bestimmen. Die Messung der Spektren ist relativ einfach und billig und vor allem schnell, während die herkömmliche Methode der Fettbestimmung aufwendig, langsam und damit teurer ist. Man braucht also einen funktionalen Zusammenhang, mit dem der Fettgehalt aus den gemessenen Spektren des Produkts berechnet werden kann.

Eine multivariate Regression wird immer in mehreren Schritten ablaufen:

1. Kalibrierung
Zuerst muss das Kalibriermodell erstellt werden. Dazu ist ein Kalibrierdatenset notwendig, und zwar die *X*- und die zugehörigen *Y*-Werte. Mit diesen Kalibrierdaten wird ein Regressionsmodell erstellt. Je nach Umfang und Art der Daten wird dies ein multiples lineares Regressionsmodell (*Multi Linear Regression*, MLR) sein oder ein Hauptkomponentenregressionsmodell (*Principal Component Regression*, PCR) oder ein Partial Least Square-Regressionsmodell (*Partial Least Square Regression*, PLS-R, es gibt keinen deutschen Namen dafür). Das Ergebnis all dieser Verfahren ist eine Regressionsgleichung, die den Zusammenhang zwischen den Kalibrier-*X*-Daten und den Kalibrier-*Y*-Daten angibt.

2. Validierung

In einem nächsten Schritt muss geprüft werden, wie gut das Modell den Zusammenhang beschreibt und wie gut das Modell in der Zukunft mit unbekannten Daten funktionieren wird. Man nennt das die Validierung und benötigt dazu ein sog. Validierdatenset. Dieses Validierdatenset hat Einfluss auf das Ergebnis der Validierung. Das macht die Sache komplizierter. Außerdem gibt es verschiedene Möglichkeiten, das Validierdatenset einzusetzen, auch abhängig vom Kalibriermodell. Damit wird die Validierung bei der PCR und vor allem der PLS-R nicht ganz so einfach und nicht mit statistischen Standardverfahren wie bei der MLR durchführbar. Wir werden uns in Kapitel 4 der Validierung zuwenden.

3. Vorhersage

Hat man ein geeignetes Modell gefunden und über die Validierung erfahren, dass die Genauigkeit der Vorhersage den Anforderungen genügt, dann kann dieses Modell auf unbekannte Daten angewendet werden. Allerdings bedarf ein multivariates Regressionsmodell immer der laufenden „Wartung". Dazu gehört, dass die Eingangsdaten überprüft werden, ob sie den Kalibrierdaten entsprechen, und es sollten in regelmäßigen Abständen weiterhin Referenzwerte bestimmt werden, um die ordnungsgemäße Arbeitsweise des Kalibriermodells zu überprüfen, so wie das mit jedem Analysengerät in der Praxis auch gemacht wird. Auch hierauf wird in Kapitel 4 noch näher eingegangen.

Im Folgenden werden die wichtigsten Begriffe der Regression zusammengefasst am Beispiel der einfachen linearen Regression mit nur einer *X*- und nur einer *Y*-Variablen.

3.1
Klassische und inverse Kalibration

Die Regression beschreibt den funktionalen Zusammenhang zwischen einer abhängigen Variablen *y* und einer unabhängigen Variablen *x*: $y=f(x)$. Bei der linearen Regression mit nur einer unabhängigen Variablen *x* ist dieser Zusammenhang gegeben durch die Geradengleichung (3.1)

$$y = b_0 + b_1 x \tag{3.1}$$

wobei:
b_0 = y-Achsenabschnitt (*Intercept*)
b_1 = Steigung der Geraden (*Slope*)

In der klassischen Regressionsrechnung werden annähernd fehlerfreie *X*-Werte vorausgesetzt. Das ist bei multivariaten Daten meist nicht erfüllt. Wir haben sowohl fehlerbehaftete *X*-Werte als auch *Y*-Werte. Deshalb wird die Kalibrierfunktion als inverse Kalibrierfunktion berechnet und nicht als klassische Kalibrier-

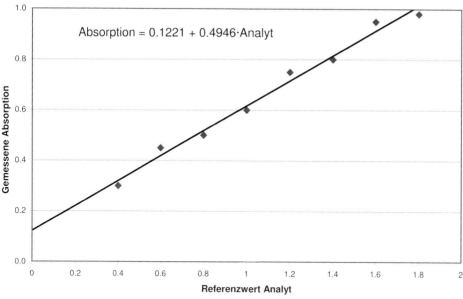

Abb. 3.1 Verwendung der Messvariablen bei der klassischen Kalibrierung für eine photometrische Analytbestimmung.

funktion, wie das sonst üblicherweise gemacht wird. Was ist der Unterschied? Bei der inversen Kalibration vertauscht man die X- und Y-Werte. Das bedeutet, die gemessenen Werte werden als X-Werte genommen und die Referenzwerte als Y-Werte. Machen wir uns den Unterschied an einem einfachen univariaten Beispiel klar: Es soll photometrisch der Analytgehalt einer Lösung bestimmt werden, dazu wird bei verschiedenen bekannten Mengen des Analyts die Extinktion A bei einer bestimmten Wellenlänge mit einem Photometer gemessen. Bei der klassischen Kalibrierung wird der gemessene Photometerwert A auf den Analytgehalt regressiert und ein Zusammenhang Absorption = f(Analytgehalt) aufgestellt (Abb. 3.1). Bei der inversen Kalibrierfunktion wird umgekehrt vorgegangen, indem der Analytgehalt auf die gemessene Absorption regressiert, also der Zusammenhang Analyt = f(Absorption) aufgestellt wird (Abb. 3.2).

Je fehlerbehafteter die Messwerte X sind, desto vorteilhafter wird die inverse Kalibration für die Vorhersagegenauigkeit. Der Grund dafür liegt in der unterschiedlichen Fehlerminimierung beim Erstellen der Kalibrierfunktion. In diesem Beispiel wird bei der klassischen Kalibration der Fehler in Richtung Absorption minimiert, während bei der inversen Kalibration der Fehler in Richtung der Analytkonzentration minimiert wird. Mehr über die Unterschiede der klassischen und inversen Kalibration findet sich in [1]. Alle multivariaten Kalibrationen in diesem Buch sind inverse Kalibrationen. Wir werden also immer die Messgrößen, z.B. die Spektren, als X-Werte verwenden und die Referenzwerte als Y-Werte. Außerdem bezeichnen wir die Y-Werte als Zielgrößen (wird im Englischen *Response* genannt). Handelt es sich um mehrere X- oder Y-Va-

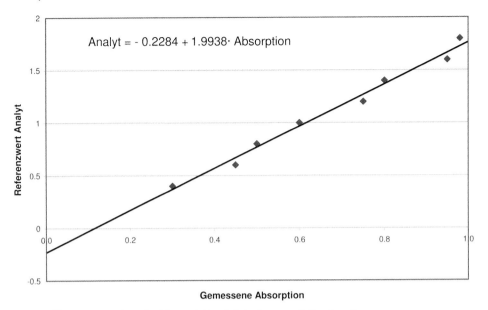

Abb. 3.2 Verwendung der Messvariablen bei der inversen Kalibration für eine photometrische Analytbestimmung.

riable und mehrere Objekte, wird **X** und **Y** geschrieben, denn darunter ist eine Matrix zu verstehen. Handelt es sich nur um eine X- oder Y-Variable und mehrere Objekte, wird **x** und **y** verwendet, und man versteht darunter einen Vektor. Handelt es sich um einen einzigen X- und Y-Wert für ein einziges Objekt, so wird er mit x und y bzw. x_i und y_i angegeben.

3.2
Univariate lineare Regression

Die Koeffizienten b_0 und b_1 aus Gl. (3.1) werden auch Regressionskoeffizienten genannt. Bei der linearen Regression ist das Vorzeichen von b_1 das gleiche wie das des Korrelationskoeffizienten für die Korrelation zwischen x und y. Wird die Regression mit mittenzentrierten X-Daten durchgeführt, dann wird b_0 immer der Mittelwert aus den Y-Daten sein.

Die Regressionskoeffizienten b_0 und b_1 werden so berechnet, dass die Regressionsgerade die Messpunkte bestmöglich approximiert. Die Abschätzung wird über eine Minimierung der Fehlerquadrate durchgeführt. Das Verfahren dazu wird Least Square-Verfahren genannt. Die Regressionsgerade ist diejenige Gerade, für welche die Summe der Abweichungsquadrate aller Punkte von dieser Geraden ein Minimum ergibt. Die Abweichung eines Messpunkts von dem Funktionswert y_i für denselben X-Wert x_i wird Residuum e_i genannt.

Man bezeichnet die mit der Regressionsfunktion berechneten Werte üblicherweise mit $\hat{y}$, die gemessenen Werte mit y. Damit berechnen sich die Residuen entsprechend Gl. (3.2)

$$\text{Residuen: } e_i = y_i - \hat{y}_i \tag{3.2}$$

Das berechnete Kalibriermodell gilt innerhalb des Kalibrierbereichs. Aussagen innerhalb dieses Bereichs werden als Interpolation bezeichnet. Aussagen über den Kalibrierbereich hinaus sind nicht erlaubt und werden Extrapolation genannt. Der Fehler steigt mit zunehmender Entfernung vom Modellmittelpunkt an. Den Modellmittelpunkt (wird auch als Schwerpunkt bezeichnet) berechnet man als Mittelwert $\bar{x}$ und $\bar{y}$ aller in die Kalibration eingehenden X- und Y-Werte. Die Kalibrationsgerade geht durch den Modellmittelpunkt ($\bar{x}$, $\bar{y}$).

3.3
Maßzahlen zur Überprüfung des Kalibriermodells
(Fehlergrößen bei der Kalibrierung)

3.3.1
Standardfehler der Kalibration

Die Qualität der Kalibrierung, d.h. die Genauigkeit der angenäherten Y-Werte durch die Regressionsfunktion, kann mit unterschiedlichen Werten angegeben werden. Am häufigsten wird der Standardfehler der Kalibration ausgerechnet. Er wird ausgedrückt durch die Restvarianz nach der Kalibrierung. Für eine Kalibriergerade aus n Stützpunkten berechnet man den Standardfehler entsprechend Gl. (3.3):

$$s_{y \cdot x} = \sqrt{\sum_{i=1}^{n} \frac{(y_i - \hat{y}_i)^2}{n-2}} = \sqrt{\sum_{i=1}^{n} \frac{(y_i - b_0 - b_1 x_i)^2}{n-2}} \tag{3.3}$$

Im Nenner steht der Freiheitsgrad, der hier ($n-2$) ist, da jeder Regressionskoeffizient den Freiheitsgrad um eins reduziert. Bei einer Geradengleichung, die aus n Wertepaaren x_i und y_i berechnet wurde, errechnet sich der Freiheitsgrad zu ($n-2$), da die beiden Regressionskoeffizienten b_0 und b_1 jeweils einen Freiheitsgrad „verbrauchen". Weitergehende Erläuterungen zur Berechnung der Regression und der daraus resultierenden Fehler finden sich in [2] und [3].

3.3.2
Mittlerer Fehler – RMSE

Die Berechnung des Standardfehlers setzt die Angabe der Freiheitsgrade voraus. Bei der einfachen und multiplen linearen Regression sind diese Freiheitsgrade einfach zu berechnen, indem von der Anzahl der verwendeten Kalibrierproben die Anzahl der zu berechnenden Regressionskoeffizienten abgezogen wird. Aber bei der multivariaten Regression kann man darüber nur sehr schwer und in vielen Fällen gar keine Angaben machen, da vor der Regression bei der PCA eine unbekannte Zahl an Freiheitsgraden „verloren" geht. Deshalb hat es sich eingebürgert als Fehlerangabe die Wurzel aus dem mittleren quadratischen Fehler anzugeben und als mittleren Fehler zu bezeichnen. Bei diesem Fehler ist der Nenner die Probenzahl, auf eine Korrektur durch Freiheitsgrade wird verzichtet. Er wird als RMSE (*Root Mean Square Error* = Wurzel aus mittlerem quadratischen Fehler) abgekürzt. Bei der Kalibrierung hängt man ein C für *Calibration* an (RMSEC). Erfolgt die Validierung durch eine Kreuzvalidierung, wird häufig ein CV für *Cross Validation* angehängt (RMSECV). Manchmal wird nicht näher spezifiziert, wie validiert wurde, dann wird nur ein P für *Prediction* angehängt (RMSEP).

Um den RMSE zu berechnen, bestimmt man zuerst die Summe der Fehlerquadrate zwischen den aus der Regressionsgleichung vorhergesagten Werten und den Referenzwerten also die Quadratsumme der Residuen. Dies wird mit PRESS (*Predicted Residual Sum of Squares*) oder Fehlerquadratsumme bezeichnet (Gl. 3.4).

$$\text{Fehlerquadratsumme: PRESS} = \sum_{i=1}^{n}(y_i - \hat{y}_i)^2 \qquad (3.4)$$

Aus dieser Fehlerquadratsumme berechnet man die Restvarianz nach Gl. (3.5a) und dann den mittleren Fehler RMSE entsprechend Gl. (3.5b). Die Restvarianz ist eigentlich der mittlere quadratische Fehler.

$$\text{Restvarianz} = s_R^2 = \frac{\text{PRESS}}{n} = \frac{\sum_{i=1}^{n}(y_i - \hat{y}_i)^2}{n} \qquad (3.5\,\text{a})$$

$$\text{Mittlerer Fehler: RMSE} = \sqrt{\frac{\text{PRESS}}{n}} = \sqrt{\frac{\sum_{i=1}^{n}(y_i - \hat{y}_i)^2}{n}} \qquad (3.5\,\text{b})$$

In den mittleren Fehler RMSE geht also nur die Probenanzahl ein und kein Freiheitsgrad.

3.3.3
Standardabweichung der Residuen – SE

Eine weitere häufig benutzte Fehlerangabe ist der SE (*Standard Error*), der Standardfehler der Kalibrierung. Er wird bei der Vorhersage ähnlich zum RMSE mit SECV oder SEP (*Standard Error of Performance* oder auch *Standard Error of Prediction*, beide Begriffe werden verwendet) und bei der Kalibrierung mit SEC (*Standard Error of Calibration*) bezeichnet.

Der SE ist als Standardabweichung der Residuen zu verstehen (Gl. 3.7). Allerdings wird dabei ein eventuell vorhandener systematischer Fehler, der BIAS genannt wird, vor der Berechnung der Standardabweichung von den Residuen abgezogen. Der BIAS ist der Mittelwert aller Residuen (Gl. 3.6). Bei einer guten Kalibrierung ist der BIAS sehr nahe bei null. Bei der Validierung kann das allerdings ganz anders aussehen.

$$\text{Systematischer Fehler:} \quad \text{BIAS} = \sum_{i=1}^{n} \frac{(y_i - \hat{y}_i)}{n} \tag{3.6}$$

$$\text{Standardabweichung der Residuen:} \quad \text{SE} = \sqrt{\frac{\sum_{i=1}^{n}(y_i - \hat{y}_i - \text{BIAS})^2}{n-1}} \tag{3.7}$$

Bei einer Kalibrierung, die einen BIAS nahe null hat, wird sich der SEC vom RMSEC nur aufgrund des unterschiedlichen Nenners unterscheiden. Bei Vorhersagen, die einen systematischen Fehler aufweisen, wird der BIAS von null verschieden, und SEP und RMSEP unterscheiden sich nicht mehr nur auf Grund des Nenners.

Im Folgenden sollen anhand des Beispiels einer photometrischen Analytbestimmung alle für die Regression wichtigen Werte berechnet werden.

Aus diesem Datenset zur photometrischen Analytbestimmung aus Tabelle 3.1 ergibt sich für die Kalibrationsgleichung:

Tabelle 3.1 Datenset zur photometrischen Analytbestimmung

Extinktion (x)	Referenzwert Analyt (y)	Analyt vorhergesagt ($\hat{y}$)	Residuen ($y - \hat{y}$)
0,30	0,4	0,3697	0,0303
0,45	0,6	0,6688	–0,0688
0,50	0,8	0,7685	0,0315
0,60	1	0,9679	0,0321
0,75	1,2	1,2670	–0,0670
0,80	1,4	1,3666	0,0334
0,95	1,6	1,6657	–0,0657
0,98	1,8	1,7255	0,0745

3 Multivariate Regressionsmethoden

$$\text{Analyt} = -0{,}2284 + 1{,}9938 \, \text{Extinktion} \tag{3.8}$$

Für die verschiedenen Fehlerwerte der Kalibration erhält man für das Datenset zur photometrischen Analytbestimmung aus Tabelle 3.1:

BIAS (Mittelwert der Residuen, Gl. 3.6)	0,0002
Standardfehler der Kalibration, Gl. (3.3)	0,0621
SEC, Gl. (3.7)	0,0575
RMSEC, Gl. (3.5 b)	0,0538

Alle drei Fehlerangaben werden verwendet. In der multiplen linearen Regression wird am häufigsten der Standardfehler der Kalibration angegeben, die multivariate Regression bevorzugt den RMSEC.

3.3.4
Korrelation und Bestimmtheitsmaß

Häufig wird zu den Regressionskoeffizienten die Korrelation r (Gl. 1.1) zwischen Referenzwert y und vorhergesagtem Wert $\hat{y}$ angegeben und das Bestimmtheitsmaß r^2. Das Bestimmtheitsmaß r^2 drückt den Anteil der durch die unabhängige Variable x erklärten Varianz an der gesamten Varianz der abhängigen Variable y aus. Ein Bestimmtheitsmaß von eins bedeutet, dass die Residuen null sind, also alle vorhergesagten Werte gleich den Referenzwerten sind und damit genau auf der Regressionsgeraden liegen. Das Bestimmtheitsmaß kann über Gl. (3.9) als Verhältnis aus erklärter Streuung zu Gesamtstreuung oder als Subtraktion des Verhältnisses der nicht erklärten Streuung (Residuen) zur Gesamtstreuung vom Maximalwert eins direkt berechnet werden [4].

$$\text{Bestimmtheitsmaß: } r^2 = \frac{\sum_{i=1}^{n}(\hat{y}_i - \bar{y})^2}{\sum_{i=1}^{n}(y_i - \bar{y})^2} = 1 - \frac{\sum_{i=1}^{n}(y_i - \hat{y}_i)^2}{\sum_{i=1}^{n}(y_i - \bar{y})^2} \tag{3.9}$$

Man erhält für die Korrelation von y_i und $\hat{y}_i$ und für das Bestimmtheitsmaß für das Datenset zur photometrischen Analytbestimmung aus Tabelle 3.1 folgende Werte:

r	0,9931
Bestimmtheitsmaß r^2	0,9862

Das bedeutet, 98,6 % der Gesamtvarianz der gemessenen Extinktionswerte y werden durch die Analytwerte x erklärt.

3.4
Signifikanz und Interpretation der Regressionskoeffizienten

Auch die Regressionskoeffizienten sollten auf ihre Signifikanz untersucht werden. Vor allem in der multiplen und multivariaten Regression werden sehr viele Regressionskoeffizienten berechnet, die, wie wir später sehen werden, nicht alle zur Beschreibung des Zusammenhangs wirklich nötig sind. Eine recht brauchbare und leicht anzuwendende Faustregel, die Signifikanz der Regressionskoeffizienten zu testen, lautet folgendermaßen:

Faustregel zum Bestimmen der Signifikanz von Regressionskoeffizienten:
- Standardabweichung des Regressionskoeffizienten bestimmen.
- Für eine Prüfung mit 95%iger Vertrauenswahrscheinlichkeit wird die doppelte Standardabweichung vom Betrag des Regressionskoeffizienten abgezogen. Erhält man eine Zahl größer null, ist der Regressionskoeffizient signifikant, wird die Differenz kleiner null, ist der Einfluss des Regressionskoeffizienten auf die Zielgröße *y* nur zufällig und damit vernachlässigbar.

Die Standardabweichungen für die Regressionskoeffizienten bei der linearen Regression sind mit einfachen Formeln zu berechnen, die in [5] angegeben und gut erklärt sind. Schwieriger wird es bei der multivariaten Regression. Man berechnet sie über ein Validierdatenset. In Kapitel 4 wird darauf näher eingegangen.

Es ist wichtig, sich darüber im Klaren zu sein, dass die Größe des Regressionskoeffizienten nichts über seine Signifikanz aussagt, denn die Skalierung der zugehörigen *X*-Variablen beeinflusst direkt die Größe des Regressionskoeffizienten. Nehmen wir an, in unserem Beispiel wurde der Analyt in [mg/L] gemessen. Hätten wir anstatt [mg] die Maßangabe [µg] genommen, würde für die Geradengleichung ein 1000-mal kleinerer Regressionskoeffizient $b_1 = 0,00199$ berechnet werden, der aber genau so signifikant wäre.

Bei der Auswertung von Versuchsplänen mit mehreren unabhängigen *X*-Variablen (Einstellgrößen) darf man diesen Umstand nicht vergessen. Um Regressionskoeffizienten bezüglich ihrer Größe vergleichen zu können, müssen die an der Regression beteiligten Variablen vor der Regression standardisiert oder normiert werden.

3.5
Grafische Überprüfung des Kalibriermodells

Eine weitere wichtige Möglichkeit die Kalibrationsgüte oder Vorhersagegüte zu überprüfen, ist die grafische Darstellung der vorhergesagten Werte im Vergleich zu den gemessenen Werten. Dazu werden die aus der Kalibriergleichung berechneten $\hat{y}$-Werte gegen die Referenzwerte *y* aufgetragen. Wenn man diese Grafik mit Statistikprogrammen macht, muss man mit der Bezeichnung aufpassen. Häufig wird der Referenzwert mit „*Measured* Y" bezeichnet, manche

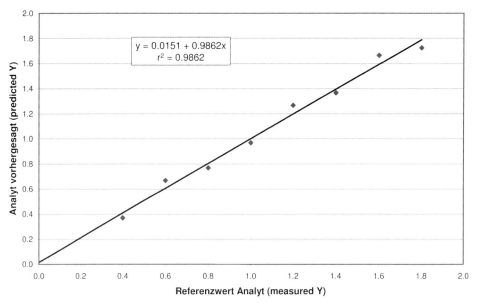

Abb. 3.3 Aus der Regressionsgleichung vorhergesagter Wert aufgetragen gegen den gemessenen Referenzwert für das Beispiel der photometrischen Analytbestimmung.

nennen es auch „*Original Property*" oder „*True Value*". Der Referenzwert wird üblicherweise auf der x-Achse aufgetragen, während der aus der Regressionsgleichung berechnete Y-Wert „*Predicted* Y" genannt wird und auf der y-Achse aufgetragen wird (Abb. 3.3).

Anhand des Diagramms kann man Besonderheiten in den Kalibrierdaten erkennen. Werte mit großem Abstand von der Geraden werden schlecht durch die Kalibriergleichung beschrieben. Man erkennt, ob die Vorhersagegenauigkeit für kleine und große Y-Werte gleich gut ist und auch Abweichungen von der Linearität lassen sich an dieser Grafik bereits erkennen. Um die Güte der Kalibrierung aber noch genauer zu untersuchen, ist es sehr empfehlenswert, eine Residuenanalyse durchzuführen, vor allem sich die Residuenplots anzuschauen [6]. Hierbei macht es Sinn, die Residuen über die Y-Werte aufzutragen, aber auch, sofern bekannt, über die Messreihenfolge. Vor allem bei der multivariaten Kalibrierung kann man auf diese Weise systematischen Fehlern auf die Spur kommen. Eine gute Kalibrierung liefert normalverteilte Residuen, d.h., die Residuen sind zufällig verteilt. Abweichungen von dieser Zufälligkeit geben Hinweise auf Fehler.

Mit Hilfe der Residuenplots sollte auch die Homoskedastizität (Varianzhomogenität) überprüft werden. Das bedeutet, dass die Residuen für kleine Vorhersagewerte etwa gleich groß sein sollen wie für große Vorhersagewerte. Ist dies nicht erfüllt, liegt eine Heteroskedastizität (Varianzinhomogenität) vor, und es ist zu überlegen, anstatt eines Modells für den ganzen Wertebereich zwei getrennte Modelle zu erstellen, innerhalb derer dann die Residuen gleichwertig sind.

Probleme der Nichtlinearität können häufig durch Transformation der Variablen gelöst werden. In der Praxis ist die logarithmische Transformation in vielen Fällen hilfreich. Im multivariaten Fall kann eine Nichtlinearität oft durch Zufügen einer weiteren Hauptkomponente gelöst werden, weshalb das Problem der Nichtlinearität hier eher die Ausnahme darstellt.

3.6
Multiple lineare Regression (MLR)

Bei der multiplen linearen Regression (MLR) wird der funktionale Zusammenhang zwischen einer abhängigen Y-Variablen und vielen unabhängigen X-Variablen gesucht. Die multiple lineare Regression wird in der englischsprachigen Literatur auch häufig mit „*Ordinary*" oder „*Classical Least Square Regression*" (OLS oder CLS) bezeichnet. Man kann das Modell der MLR für die abhängige Y-Variable folgendermaßen darstellen:

$$y = b_0 + b_1 x_1 + b_2 x_2 + b_3 x_3 + \ldots + b_n x_n + e \qquad (3.10)$$

Die Zielgröße y setzt sich zusammen aus dem Absolutglied b_0, das für zentrierte Variablen gleich dem Mittelwert $\bar{y}$ ist, den linearen Beträgen der unabhängigen X-Variablen, die auch häufig als Zustandsgrößen bezeichnet werden und die als fehlerfrei angenommen werden, und außerdem einem Fehler e, der in der Regel bei der Messung von y entsteht. Ziel der MLR ist es, die unbekannten Regressionskoeffizienten b_0 bis b_n zu bestimmen und damit den funktionalen Zusammenhang zwischen y und x herzustellen [2]. Dazu werden mehrere Messungen von y für verschiedene Einstellungen der Zustandsgrößen x_i durchgeführt. Jede Kalibriermessung lässt sich analog Gl. (3.10) darstellen und man erhält ein lineares Gleichungssystem. Um n Regressionsparameter bestimmen zu können, müssen mindestens n unabhängige Gleichungen, also Messungen von der Zielgröße y für n unterschiedliche Einstellungen der Zustandsgrößen x_i, vorliegen, sonst ist das Gleichungssystem unterbestimmt und kann nicht eindeutig gelöst werden. (Dieser Fall ist in der multivariaten Datenanalyse allerdings nicht selten, die Lösung dafür werden wir aber erst später kennen lernen.) Die n Einzelgleichungen können in Matrizenschreibweise zusammengefasst werden entsprechend Gl. (3.11):

$$\mathbf{y} = \mathbf{Xb} + \mathbf{e} \qquad (3.11)$$

Liegen genau n voneinander linear unabhängige Gleichungen vor für n zu bestimmende Regressionskoeffizienten, dann ist das Gleichungssystem bestimmt und eindeutig lösbar, indem die inverse Matrix $\mathbf{X}^{-1}$ berechnet wird. Der Fehlerterm e verschwindet. Die Regressionskoeffizienten b_i erhält man aus Gl. (3.12):

$$\mathbf{b} = \mathbf{X}^{-1}\mathbf{y} \qquad (3.12)$$

In den seltensten Fällen wird man genau so viele linear unabhängige Messungen vorliegen haben, wie Regressionskoeffizienten zu bestimmen sind, oft sind die Gleichungssysteme überbestimmt. (Bei der linearen Kalibrierung in Abschnitt 3.3 haben wir uns auch nicht mit zwei Gleichungen begnügt.) Man sucht deshalb genau wie im einfachen eindimensionalen Fall nach einer Lösung, bei der die Summe der quadrierten Residuen e_i (Gl. 3.2) minimal wird, man nennt diese Summe auch Fehlerquadratsumme und berechnet sie entsprechend Gl. (3.4). Die Minimierung dieser Fehlerquadratsumme erfolgt über ein Least Square-Verfahren und man erhält für die geschätzten optimierten Regressionskoeffizienten der MLR:

$$\mathbf{b} = (\mathbf{X}^T\mathbf{X})^{-1}\mathbf{X}^T\mathbf{y} \qquad (3.13)$$

Diese Regressionskoeffizienten werden in die Regressionsgleichung (3.11) eingesetzt und für bekannte x_i-Variablen kann dann die abhängige Zielgröße y berechnet werden. Allerdings bleibt der wahre Fehlerterm $\mathbf{e}$ unbekannt und kann nur geschätzt werden. Zur Fehlerabschätzung kann der SEC (Gl. 3.7) oder der RMSEC (Gl. 3.5) berechnet werden.

3.7
Beispiel für MLR – Auswertung eines Versuchsplans

Die MLR wird vor allem zur Auswertung in der Versuchsplanung herangezogen, deshalb soll auch das Beispiel aus diesem Bereich stammen. Versuche, die anhand von Versuchsplänen durchgeführt wurden, eignen sich sehr gut zur Auswertung mit der MLR, da bei der Versuchsplanung darauf geachtet wird, die Versuche so anzuordnen, dass sie linear unabhängig sind, also möglichst wenig Kollinearität in den unabhängigen Variablen enthalten ist. Auch die Anzahl der Versuche wird auf die Anzahl der zu berechnenden Regressionskoeffizienten optimiert. Versuchsplanung ist für die multivariate Datenanalyse ebenfalls ein sehr wichtiges Instrument, um eine solide Datenbasis aufzustellen. Leider wird die Versuchsplanung in der multivariaten Datenanalyse allzu oft vernachlässigt oder als überflüssig betrachtet. Mehr über die Versuchsplanung findet man in [7–9]. In diesem Beispiel wurde ein sog. zentraler zusammengesetzter Versuchsplan (*Central Composite Design*) durchgeführt, um die Abhängigkeit der Zielgröße „Ausbeute" von den Einstellgrößen „Druck" und „pH-Wert" zu bestimmen. Die vorgenommenen Einstellungen für „Druck" und „pH-Wert" und die dabei gemessenen Werte für die Zielgröße „Ausbeute" sind in Tabelle 3.2 gegeben.

Die ersten vier Versuche sind sog. Würfelversuche, dann folgen vier Axial- oder Sternpunktversuche und schließlich wurde der Zentralversuch fünfmal wiederholt, um aus diesen Wiederholversuchen den experimentellen Fehler zu

Tabelle 3.2 Einstellungen der unabhängigen Variablen „Druck" und „pH-Wert" und Ergebnisse der gemessenen Zielgröße „Ausbeute" für einen zentralen zusammengesetzten Versuchsplan

Versuchsnummer	Einstellgrößen unabhängige x-Variablen		Erweitert um Wechselwirkung pH × Druck	Zielgröße y Ausbeute
	pH	Druck		
1	8	10	80	18
2	10	10	100	27
3	8	20	160	56
4	10	20	200	88
5	7,5	15	113	33
6	10,5	15	158	62
7	9	8	72	12
8	9	22	198	83
9	9	15	135	47
10	9	15	135	46
11	9	15	135	46
12	9	15	135	48
13	9	15	135	47

berechnen. Die Tabelle 3.2 zeigt die Einstellungen der beiden Einstellgrößen „pH" und „Druck". Außerdem ist noch eine weitere Spalte angefügt, in der das Produkt aus „pH" und „Druck" angegeben ist. Diese Spalte werden wir später verwenden, um den Einfluss der Wechselwirkung „pH × Druck" auf die Zielgröße „Ausbeute" zu bestimmen. Für die Zielgröße „Ausbeute" errechnet man mit der MLR folgenden linearen Zusammenhang zu den beiden Einstellgrößen „pH" und „Druck":

$$\text{Zielgröße Ausbeute} = -117{,}5 + 9{,}94\,\text{pH} + 5{,}01\,\text{Druck}$$

Für die Fehlergrößen der Kalibration berechnet man folgende Werte: RMSEC = 3,25 und SEC = 3,39. Der Fehler beträgt also ca. 5–10 % der Zielgröße „Ausbeute". Aus den Wiederholmessungen ergibt sich ein Fehler von 0,84. Eine gute Kalibrierung sollte ebenfalls einen Fehler in dieser Größenordnung liefern, aber bei dieser Kalibrierung ist der Fehler etwa viermal größer. Schauen wir uns den Residuenplot an (Abb. 3.4), dann erkennen wir, dass die Residuen nicht zufällig verteilt sind, sondern ein Muster aufweisen. Für den kleinsten und den größten Ausbeutewert erhalten wir zu kleine Werte. Für die anderen ist die Vorhersage zu groß. Nur am Mittelwert stimmen die Werte einigermaßen, was bei dieser Kalibrierung nicht anders zu erwarten ist, da die Kalibrierung immer durch den Mittelpunkt der Daten geht. Dieser wurde fünfmal gemessen, bestimmt also mit einer Gewichtung von fünf den Mittelpunkt der Kalibrierung. Insgesamt macht der Residuenplot keinen zufälligen Eindruck, es sieht eher so aus, als lägen die Residuen auf einer Parabel.

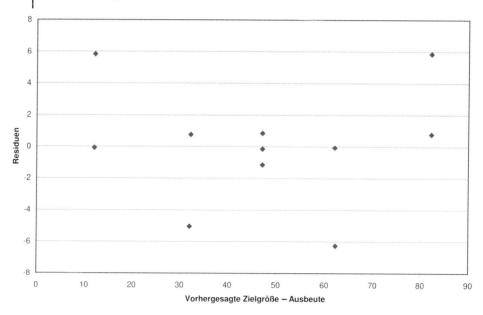

Abb. 3.4 Residuen aus der Kalibration: Ausbeute in Abhängigkeit von pH und Druck aufgetragen über die vorhergesagte Zielgröße Ausbeute.

Um diese erkennbare Nichtlinearität zu kalibrieren, gibt es die Möglichkeit quadratische Terme für x_1 und x_2 in die Regressionsgleichung einzufügen, allerdings führt dies hier nicht zum gewünschten Erfolg, denn der Fehler ist genauso groß wie beim linearen Modell. Deshalb wird eine Kalibrierung versucht, in der die Wechselwirkung zwischen pH-Wert und Druck berücksichtigt wird. Dies ist aus chemischen Gründen ebenfalls nahe liegend. Das Kalibrationsmodell wird daraufhin folgendermaßen erweitert:

Zielgröße Ausbeute =
$b_0 + b_1 x_1 + b_2 x_2 + b_{12} x_{12} = b_0 + b_1\,\text{pH} + b_2\,\text{Druck} + b_{12}\,\text{pH} \cdot \text{Druck}$

Löst man dieses Gleichungssystem für die gemessenen Ausbeutewerte und die eingestellten pH- und Druckwerte, wobei für pH×Druck die Werte der Wechselwirkungsspalte aus Tabelle 3.2 eingesetzt werden, dann ergibt sich folgende Kalibrationsgleichung:

Zielgröße Ausbeute = $37{,}78 - 7{,}31\,\text{pH} - 5{,}34\,\text{Druck} + 1{,}15\,\text{pH} \cdot \text{Druck}$

Berechnet man für dieses Kalibrationsmodell wieder die Fehlergrößen RMSEC und SEC, so erhält man folgende Werte: RMSEC=0,64 und SEC=0,67 und damit sind die Fehler der Kalibration in der Größenordnung der Wiederholgenauigkeit und betragen nur ca. 1/5 des Fehlers beim linearen Modell ohne Wechselwirkung. Auch die Residuen sind nun zufällig verteilt. Es war die richtige Entscheidung, die Wechselwirkungen in das Kalibriermodell mit einzubeziehen.

Die MLR ist eine geeignete Methode, um einen Zusammenhang zwischen einer Zielgröße y und mehreren möglichst unkorrelierten X-Variablen zu berechnen. Die Methode ist einfach, leicht verständlich, und für alle Regressionskoeffizienten kann die statistische Signifikanz berechnet werden. In der statistischen Versuchsplanung (*Design of Experiments*, DOE) werden die Modelle mit Hilfe der MLR bestimmt. Der Nachteil der Methode macht sich bei kollinearen X-Variablen bemerkbar, wie man sie vor allem bei Spektren hat. Außerdem muss die Zahl der Objekte die Zahl der zu regressierenden X-Variablen mindestens um eins übertreffen. Bei einem NIR-Spektrum gemessen an 1000 Wellenlängen müsste man also mindestens 1001 unabhängige Messungen für eine Zielgröße vornehmen, um eine MLR überhaupt beginnen zu können. Zusätzlich gäbe es noch Probleme wegen der Kollinearität der einzelnen Spektrenwerte. Die Zahl von 1001 Kalibrierproben ist absolut unrealistisch und nicht praktikabel. Die Lösung liefert die PCA in Verbindung mit der MLR. Man nennt dieses Verfahren Hauptkomponentenregression (*Principal Component Regression*, PCR). Im nächsten Abschnitt wird dieses Verfahren näher beschrieben.

3.8
Hauptkomponentenregression (Principal Component Regression – PCR)

Die Hauptkomponentenregression verbindet die Hauptkomponentenanalyse mit der multiplen linearen Regression. Dabei wird aus den Scores der PCA mit Hilfe der MLR der funktionale Zusammenhang zu einer Zielgröße y berechnet. Mit dieser Vorgehensweise umgeht man die Nachteile und Einschränkungen der MLR.

Zuerst wird mit den Original-X-Daten eine PCA berechnet. Anstatt durch die Originalvariablen werden die Objekte nun durch einige wenige Scores beschrieben und zwar werden die Scorewerte der ersten Hauptkomponenten genommen, mit denen die meiste Varianz der Originaldaten erklärt wird. Scores für höhere Hauptkomponenten, die nicht viel zur Gesamtvarianz beitragen, werden weggelassen. Damit umgehen wir das Problem der Kollinearität. Der kritische Punkt an dieser Stelle besteht darin zu entscheiden, wie viele Hauptkomponenten nötig sind. Hierzu werden wir Entscheidungshilfen kennen lernen.

Wir drücken die Objekte, wie in Kapitel 2 über die PCA besprochen, durch die Scores und Loadings der wichtigsten Hauptkomponenten aus und schreiben die mittenzentrierten X-Daten als

$$\mathbf{X} = \mathbf{TP}^T + \mathbf{E} \tag{3.14}$$

Wenn die Loadings für die X-Daten bekannt sind, können wir die Scores als Projektionen der X-Daten auf die Loadings angeben und dies schreiben als:

$$\mathbf{T} = \mathbf{XP} \tag{3.15}$$

Im nächsten Schritt soll der Zusammenhang der Y-Daten mit den X-Daten berechnet werden, wobei die X-Daten aber nun durch die Scorewerte ausgedrückt werden.

$$\mathbf{y} = \mathbf{Tq} + \mathbf{f} \tag{3.16}$$

Gleichung (3.16) ist im Prinzip dasselbe wie Gl. (3.11), nur dass bei Gl. (3.16) anstatt der X-Werte die Scores genommen werden und der Vektor mit den Regressionskoeffizienten $\mathbf{q}$ nur so viele Regressionskoeffizienten enthält wie Scores vorhanden sind. Der Fehlerterm $\mathbf{f}$ beschreibt den Kalibrationsfehler. Die Aufgabe, ein Regressionsmodell für die Zielgröße y in Abhängigkeit der X-Daten zu berechnen, ist mit dem Lösen der Gl. (3.16) erfüllt. Gleichung (3.16) wird mit einem klassischen Least Square-Verfahren gelöst.

Die X-Variablen stehen nur indirekt über den Umweg der Scores in der Gl. (3.16) für die Zielgröße y. Durch Einsetzen von Gl. (3.15) in Gl. (3.16) kann man die direkte Verbindung zwischen $\mathbf{y}$ und $\mathbf{X}$ herstellen:

$$\mathbf{y} = \mathbf{XPq} + \mathbf{f} = \mathbf{Xb} + \mathbf{f} \tag{3.17}$$

Nach Gl. (3.17) gehen nun die X-Daten direkt in die Regressionsgleichung für y ein. Die Regressionskoeffizienten $\mathbf{b}$ für mittenzentrierte X-Daten berechnen sich damit aus dem Produkt der Loadingsmatrix $\mathbf{P}$ mit den Regressionskoeffizienten $\mathbf{q}$, die aus dem Regressionsmodell der Scores $\mathbf{T}$ stammen. Der Regressionskoeffizient $\mathbf{b}$ hat die gleiche Dimension wie $\mathbf{x}^T$ (das ist eine Zeile der X-Matrix).

Wenn die Regressionskoeffizienten $\mathbf{b}$ bekannt sind, kann der Y-Wert für neue unbekannte Objekte direkt aus den gemessenen X-Werten berechnet werden, indem diese einfach in Gl. (3.17) eingesetzt werden. Der erste Regressionskoeffizient b_0 gibt den Modelloffset an. Bei mittenzentrierten Daten ist dieser Offset identisch zum Mittelwert der Y-Werte. Gleichung (3.17) wird verwendet um aus gemessenen X-Werten den zugehörigen Y-Wert zu bestimmen. Meistens schreibt man dann den ersten Regressionskoeffizient b_0 getrennt von den anderen Regressionskoeffizienten, und damit lautet die Gleichung für die Vorhersage von y für neue Objekte:

$$\hat{\mathbf{y}} = \mathbf{b}_0 + \mathbf{x}^T\mathbf{b} \quad \text{wobei} \quad \mathbf{b}_0 = \mathbf{1}b_0 \quad \text{und} \quad \mathbf{b} = \mathbf{Pq} \tag{3.18}$$

Der Wert von $\mathbf{b}_0$, $\mathbf{E}$ und $\mathbf{f}$ in den Gln. (3.14) und (3.16) bis (3.18) hängt von der Anzahl der verwendeten Hauptkomponenten bei der PCA ab. Je mehr Hauptkomponenten verwendet werden, umso kleiner werden die Fehler $\mathbf{E}$ und $\mathbf{f}$. Ziel der optimalen Lösung ist es, den Fehler $\mathbf{f}$ der Vorhersage möglichst klein zu machen. Folglich müsste man nur genügend Hauptkomponenten verwenden. Jede zusätzliche Hauptkomponente verringert den Vorhersagefehler $\mathbf{f}$. Aber wir werden in Kapitel 4 sehen, dass man damit sehr leicht einen sog. „*Overfit*" bekommt, und sich diese Modelle in der Praxis nicht bewähren. Wir müssen deshalb besonderen Wert legen auf die richtige Anzahl an verwendeten Hauptkomponenten im Regressionsmodell, damit kein „*Underfit*", also eine zu schlechte Vorhersage, aber auch kein „*Overfit*" erzeugt wird, was zwar eine sehr gute Vorhersage in der Kalibrierung bedeutet, aber für neue unbekannte Daten zu schlechten Vorhersagen führt. Man nennt dies auch die Robustheit eines Modells.

3.8.1
Beispiel zur PCR – Kalibrierung mit NIR-Spektren

Um die Fähigkeit der Hauptkomponentenregression zu demonstrieren, soll ein spektroskopisches Beispiel gewählt werden, denn hier ist die Kollinearität zwischen den einzelnen Spektrenwerten besonders hoch und man misst in der Regel viel mehr X-Variablen (Wellenlängen) als man Kalibrierproben zur Verfügung hat. Eine Kalibrierung mit der MLR wäre also nur möglich, wenn man sich auf einige wenige einzelne Wellenlängen einschränkt, was prinzipiell möglich wäre, aber natürlich gleich die Frage aufwirft, welche Wellenlängen man wählt. Die Lösung bietet die PCR. Wir können das gesamte Spektrum verwenden und erfahren anhand der Regressionskoeffizienten sozusagen als Zugabe, welche Wellenlängen für die Kalibrierung wichtig sind.

Bei dem Beispiel handelt es sich um NIR-Spektren im Wellenlängenbereich von 1000 bis 1650 nm. Die Spektren wurden mit einem Diodenarrayspektrometer der Fa. Zeiss in diffuser Reflexion gemessen. Es sollte eine Kalibrierung für eine pharmazeutische Wirksubstanz erstellt werden, die mit Celllactose gemischt wurde. Die Wirksubstanz wird mit API (*Active Pharmaceutical Ingredient* = Pharmazeutischer Wirkstoff) bezeichnet. Die Mengen, die der Cellactose zugemischt wurden, betrugen 0,5 bis 32 mg. Da es ziemlich schwierig war eine homogene Mischung herzustellen, wurden von jeder Mischung fünf unabhängige Proben entnommen und spektroskopisch gemessen. Der Messfleck betrug ca. 10 mm^2. Insgesamt wurden neun Kalibriermischungen hergestellt. Damit standen 45 Einzelmessungen zur Verfügung. Abbildung 3.5 zeigt jeweils ein typisches Spektrum für die neun API-Konzentrationen.

Die Spektren unterscheiden sich ziemlich deutlich bei den Wellenlängenbereichen um ca. 1130 und 1650 nm. Hier erkennt man eine deutliche Abhängigkeit der Absorption von der API-Konzentration. Wir können nun hergehen und mit der Absorption *A* bei 1130 nm und der Absorption *A* bei 1656 nm eine MLR mit der API-Konzentration rechnen. Diese MLR-Kalibrierungen liefern folgende Kalibrierfehler SEC entsprechend Gl. (3.7):

- Kalibrierung API mit *A*(1130 nm): SEC = 3,2 [mg]
- Kalibrierung API mit *A*(1130 nm) und *A*(1656 nm): SEC = 3,06 [mg]

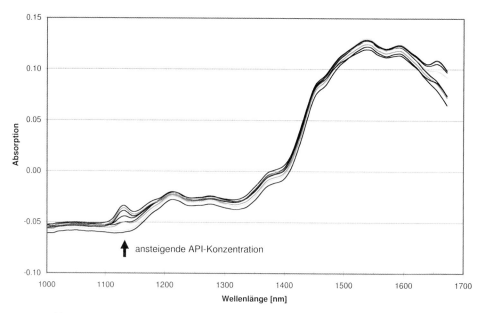

Abb. 3.5 NIR-Spektren gemessen in diffuser Reflexion von neun verschiedenen API-Konzentrationen in Cellactose.

Die Regressionsgleichungen lauten folgendermaßen:

- Kalibrierung API mit $A(1130\,\text{nm})$:
  $$\text{API-Konz [mg]} = 67{,}08 + 1122{,}5\,A(1130\,\text{nm}) \qquad (3.19\,\text{a})$$
- Kalibrierung API mit $A(1130\,\text{nm})$ und $A(1656\,\text{nm})$:
  $$\text{API-Konz. [mg]} = 44{,}94 + 946{,}92\,A(1130\,\text{nm}) + 150{,}95\,A(1656\,\text{nm}) \qquad (3.19\,\text{b})$$

Es ist prinzipiell möglich mit nur einer Wellenlänge die Kalibrierung durchzuführen. Wir erhalten eine kleine Verbesserung, wenn zwei Wellenlängen verwendet werden. Nun wollen wir mit Hilfe der PCR das gesamte Spektrum berücksichtigen und rechnen dazu eine PCR, wobei wir alle gemessenen Spektrenwerte im Wellenlängenbereich von 1000 bis 1670 nm verwenden.

3.8.2
Bestimmen des optimalen PCR-Modells

Wir berücksichtigen für die Kalibrierung acht Hauptkomponenten und werden prüfen müssen, ob diese Zahl an PCs zu wenig, zu viel oder angemessen ist. Die PCR liefert folgendes Ergebnis, das in den Abb. 3.6 bis 3.8 dargestellt ist.

In Abb. 3.6 sind die aus dem PCR-Modell berechneten API-Konzentrationen gegen die gemessenen Referenz-API-Konzentrationen aufgetragen. Der Korrelationskoeffizient r wird berechnet zu $r = 0{,}998$ und der Standardfehler der Kali-

3.8 Hauptkomponentenregression (Principal Component Regression – PCR)

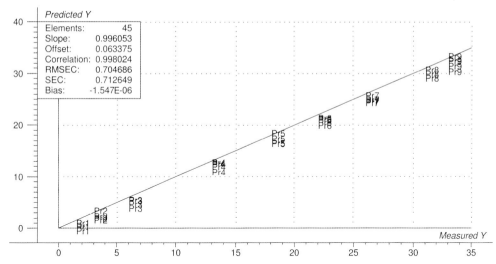

Abb. 3.6 Ergebnisse der PCR für die API-Kalibrierung aus NIR-Spektren im Wellenlängenbereich 1000 bis 1670 nm – vorhergesagte gegen gemessene API-Konzentration berechnet mit fünf Hauptkomponenten.

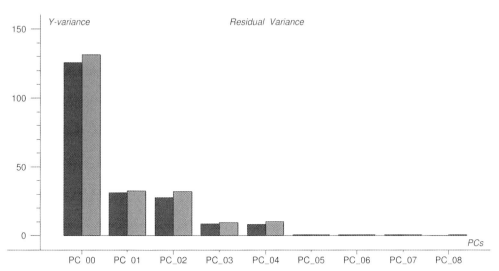

Abb. 3.7 Ergebnisse der PCR für die API-Kalibrierung aus NIR-Spektren im Wellenlängenbereich 1000 bis 1670 nm: Abnahme der Restvarianz der Y-Variablen (API-Konzentration) für die Kalibrierung (linke Balken) und die Validierung (rechte Balken).

Tabelle 3.3 Restvarianz und erklärte Varianz für die Zielgröße y in Abhängigkeit von der Anzahl der verwendeten Hauptkomponenten bei der PCR

Anzahl verwendeter PC	Restvarianz Kalibrierung API [mg]	Restvarianz Validierung API [mg]	Erklärte Varianz Kalibrierung [%]	Erklärte Varianz Validierung [%]
Mittenzentrierung	125,80	131,59	0,00	0,00
PC 1	31,13	32,79	75,25	75,08
PC 2	27,61	32,33	78,05	75,43
PC 3	8,44	9,70	93,29	92,63
PC 4	8,39	10,21	93,33	92,24
PC 5	0,50	0,68	99,61	99,48
PC 6	0,45	0,66	99,64	99,50
PC 7	0,44	0,73	99,65	99,45
PC 8	0,43	0,73	99,66	99,45

brierung ist SEC = 0,71 [mg]. Damit erhalten wir einen um den Faktor 4 kleineren Standardfehler als mit der MLR. Für diese Berechnungen wurden fünf Hauptkomponenten verwendet.

Abbildung 3.7 erklärt uns den Grund für die Verwendung von fünf Hauptkomponenten. Es ist die gesamte Restvarianz von y dargestellt, aufgetragen über der Anzahl der verwendeten Hauptkomponenten. Die Restvarianz berechnet man nach Gl. (3.5a) aus den Residuen, indem das berechnete Modell angewendet wird. Und zwar wird unterteilt in Restvarianz von y für die Kalibration (das sind die linken Balken) und Restvarianz von y für die Validierung (das sind die rechten Balken).

Auf die Validierung wird in Kapitel 4 noch ausführlich eingegangen, hier sei nur erwähnt, dass bei der Validierung das Kalibriermodell auf unbekannte Daten angewendet wird. Da wir bisher keine unbekannten Daten benutzt haben, wurde die Restvarianz der Validierung durch eine Kreuzvalidierung berechnet. Dazu werden so viele Kalibriermodelle erstellt, wie Proben vorhanden sind (hier also 45), wobei jede Probe einmal weggelassen wird und dann von diesem Modell vorhergesagt wird. Durch Vergleich mit dem Referenzwert erhält man wieder 45 Residuen. Daraus berechnet man die Restvarianz der Validierung.

Tabelle 3.3 gibt die Zahlenwerte für Abb. 3.7, wobei zusätzlich noch die erklärte Varianz angegeben ist. Unter Mittenzentrierung ist die Ausgangsvarianz nach der Mittenzentrierung der Daten angegeben. Man sieht, dass die Restvarianz der Kalibrierung mit jeder Hauptkomponente kleiner wird. Ab PC 5 ist sie kaum noch sichtbar bzw. beträgt nur noch 0,4% der ursprünglich vorhandenen Varianz. Bei der Validierung nimmt die Restvarianz nicht mit jeder Hauptkomponente ab, die Restvarianz bei PC4 und PC7 ist sogar ein wenig größer als die von PC3 bzw. PC6. Bei PC5 ist aber auch die Validierungsrestvarianz deutlich kleiner geworden, und bleibt dann „verschwunden". Damit ist die optimale Anzahl an Hauptkomponenten gefunden. Wir brauchen fünf Hauptkom-

Tabelle 3.4 Erklärte Varianz für die Spektrenwerte X in Abhängigkeit von der Anzahl der verwendeten Hauptkomponenten bei der Kalibrierung

Anzahl von PC	Restvarianz Kalibrierung [A]	Erklärte Varianz Kalibrierung [%]
Mittenzentrierung	2,32E-05	0,00
PC 1	6,00E-06	74,11
PC 2	1,50E-06	93,54
PC 3	1,95E-07	99,16
PC 4	6,50E-08	99,72
PC 5	2,00E-08	99,91
PC 6	8,33E-09	99,96
PC 7	3,41E-09	99,99
PC 8	1,70E-09	99,99

ponenten, um die API-Konzentration aus den NIR-Spektren vorherzusagen. Mehr Hauptkomponenten zu nehmen bringt keine Verbesserung.

In Tabelle 3.4 ist zum Vergleich die Restvarianz und die erklärte Varianz bei der Kalibrierung für die X-Variablen, also die Spektren, gezeigt.

Die Restvarianz ist in quadrierten Absorptionseinheiten angegeben, deshalb sind diese Werte so klein. Wir sehen an der erklärten Varianz, dass die Spektren bereits mit drei Hauptkomponenten zu 99,16% erklärt werden. Die restlichen zwei Hauptkomponenten, die für die PCR nötig sind, enthalten nur noch 0,75% der spektralen Information, trotzdem tragen sie zu 6,32% für die Erklärung der API-Konzentration bei wie Tabelle 3.3 zu entnehmen ist. Diese Sachlage tritt sehr häufig auf und hat schon viele wissenschaftliche Veröffentlichungen hervorgebracht, die Verfahren beschreiben, um die für die Regression wirklich wichtigen Hauptkomponenten zu finden. Für uns wird diese Tatsache die Motivation sein, uns mit einem weiteren Regressionsverfahren, der PLS, zu befassen, das im Anschluss an die PCR im Abschnitt 3.9 besprochen wird.

In Abb. 3.8 sind die Regressionskoeffizienten für jede Wellenlänge des Spektrums dargestellt. Wir sehen also die Regressionskoeffizienten b_i aus Gl. (3.17) (rechter Teil) bzw. Gl. (3.18). Der Koeffizient b_0 ist berechnet als $b_0 = 21,85$. Die anderen Regressionskoeffizienten b_1 bis b_{336} sind als Linienplot dargestellt, um den Zusammenhang mit den Wellenlängen zu verdeutlichen. Der erste Regressionskoeffizient b_1 gehört zur Absorption bei 1000 nm (erste gemessene Wellenlänge im Spektrum). Der zweite dann zu 1002 nm usw., da alle 2 nm ein Messwert aufgenommen wurde. Der letzte Regressionskoeffizient gehört damit zur Absorption bei 1670 nm, der letzten gemessenen Wellenlänge im Spektrum. Wir sehen, dass bei der Wellenlänge 1130 nm ein deutliches Maximum in den Regressionskoeffizienten erscheint. Diese und die benachbarten Wellenlängen sind für die Vorhersage der API-Konzentration aus den Spektren am wichtigsten. Alle anderen Regressionskoeffizienten sind viel kleiner. Es gibt auch negative Regressionskoeffizienten. Eine Absorption in diesem Bereich vermindert

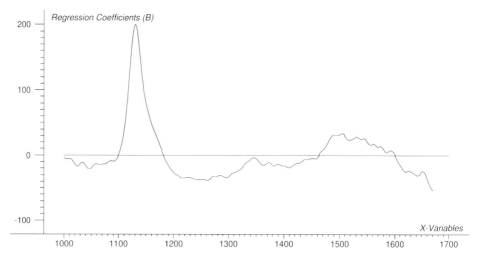

Abb. 3.8 Ergebnisse der PCR für die API-Kalibrierung aus NIR-Spektren im Wellenlängenbereich 1000 bis 1670 nm – Regressionskoeffizienten für die Originalspektren.

folglich die API-Konzentration, denn alle diese Regressionskoeffizienten werden mit dem zugehörigen gemessenen Absorptionswert multipliziert. Alle diese berechneten Produkte werden dann addiert, wobei ein negatives Vorzeichen den Gesamtwert verringert. Diese Gesamtsumme plus dem Regressionskoeffizienten b_0 ergibt die vorhergesagte API-Konzentration.

Fassen wir das Ergebnis der PCR zusammen:
- Es sind fünf Hauptkomponenten nötig, um die Vorhersagegenauigkeit zu optimieren.
- Der Standardfehler der Kalibrierung wird damit zu SEC = 0,71 und der Fehler der Kreuzvalidierung wird SECV = 0,83.
- In den Spektren liegt die Hauptinformation für die API-Konzentration im Wellenlängenbereich um 1130 nm. Dies erkennt man an den Regressionskoeffizienten.

3.8.3
Validierung mit unabhängigem Testset

Diese Kalibrierung soll nun mit einem unabhängigen Testset validiert werden. Dazu werden wieder die Reflexionsspektren von neun unterschiedlichen API-Konzentrationen gemessen. Die neun Validierkonzentrationen unterscheiden sich von den Kalibrierkonzentrationen. Von jeder hergestellten Validierkonzentration werden zwei Proben spektroskopisch untersucht, damit ergeben sich 18 Validierspektren. Auf diese 18 Validierspektren werden nun die drei erstellten

Tabelle 3.5 Validierungsergebnisse der MLR- und PCR-Modelle zur Vorhersage der API-Konzentration aus NIR-Spektren

Kalibriermodell	SEC	RMSEP	BIAS	SEP
MLR mit A(1130 nm)	3,20	3,14	–0,71	3,15
MLR mit A(1130 nm) und A(1656 nm)	3,06	3,40	–0,90	3,37
PCR mit A(1000 bis 1670 nm), 336 Variablen Modell mit fünf Hauptkomponenten	0,71	0,76	0,14	0,77

Modelle MLR mit A(1130 nm) aus Gl. (3.19a) und MLR mit A(1130 nm) und A(1656 nm) aus Gl. (3.19b) und das Modell der PCR mit 336 Wellenlängen angewendet. Das Ergebnis ist in Tabelle 3.5 zusammengefasst.

Man erkennt auch hier, dass die Ergebnisse der PCR um etwa den Faktor vier besser sind als die der MLR. Es ist interessant zu bemerken, dass die MLR mit zwei Variablen hier schlechter abschneidet als die MLR mit nur einer einzigen Variablen. Mit dem Wissen über die Regressionskoeffizienten aus der PCR ist das verständlich, denn die Absorption bei 1656 nm enthält keine überdurchschnittliche Information bezüglich der API-Konzentration; die Größe und damit Wichtigkeit der Regressionskoeffizienten ist durchschnittlich, damit erhöht diese Variable offensichtlich nur das Rauschen.

Die PCR ist eine gute Methode um Zusammenhänge zwischen vielen X-Variablen und einer Zielgröße y zu berechnen. Die X-Variablen dürfen auch kollinear sein ohne das Ergebnis zu verfälschen. Der Nachteil der Methode ist, dass bei der Zerlegung der X-Daten in die Hauptkomponenten mögliche Zusammenhänge zu den Y-Daten nicht berücksichtigt werden, denn bei der Zerlegung in die Hauptkomponenten ist ja die Zielgröße y noch gar nicht beteiligt. Erst die MLR mit den aus der PCA berechneten Scores bringt den Zusammenhang. Damit wird es häufiger vorkommen, dass die Information für y erst in den höheren Hauptkomponenten erscheint. In unserem Beispiel ist die Hauptinformation für y zwar in den ersten PCs enthalten, aber wie wir gesehen haben erklären 0,75% der spektralen Information, die in PC4 bis PC5 enthalten sind, immerhin noch 6,32% der Information in y. Dieser Nachteil soll mit der PLS-Regression behoben werden, indem bei der Ermittlung der Hauptkomponenten für die X-Daten bereits die Information von y mit eingeht.

3.9
Partial Least Square Regression (PLS-Regression)

Die Partial Least Square Regression hat in den letzten Jahren sehr stark an Bedeutung gewonnen und ist zum fast ausschließlich verwendeten Regressionsalgorithmus für die multivariate Regression geworden. Die richtige Abkürzung wäre eigentlich PLSR (Partial Least Square Regression), aber es hat sich sowohl in der Literatur als auch in den Handbüchern der Gerätehersteller der Begriff

PLS etabliert, deshalb wird auch in diesem Buch die Abkürzung PLS Verwendung finden.

3.9.1
Geschichte der PLS

Vor allem in der Spektroskopie wird die PLS-Regression zur Kalibrierung von chemischen oder auch physikalischen Eigenschaften aus Spektren verwendet und ist auf diesem Gebiet zur Standardmethode geworden. Aber auch in vielen anderen Fachgebieten, hier sei vor allem die Sensorik und damit verbunden die Lebensmittelchemie erwähnt, findet die PLS-Regression immer mehr Nutzer. Einzig die Statistiker konnten sich noch nicht richtig mit ihr anfreunden, da in ihren Augen die Frage der statistischen Fehlervorhersage noch nicht ausreichend geklärt werden konnte. Hier findet zur Zeit viel Forschungsarbeit statt. Harald Martens als einer der Hauptakteure an der Entwicklung und Verbreitung der PLS-Regression hat seine persönlichen Erfahrungen bei der Einführung der PLS in die Naturwissenschaften in sehr lesenswerter und amüsanter Form in [10] zusammengetragen.

Der „Vater" der PLS-Regression ist Herman Wold, der in den frühen 70er Jahren begann einen Algorithmus zu entwickeln um ökonomische Daten auszuwerten, den er 1974 in der Zeitschrift *„European Economic Review"* veröffentlichte [11]. Außerdem entwickelte er eine iterative Berechnungsvorschrift dazu, die er NIPALS (*Nonlinear Iterative Partial Least Square*) nannte [12]. Die erste chemische Anwendung der PLS-Regression wurde 1979 von Gerlach, Kowalski und Herman Wold veröffentlicht [13]. Ab den frühen 1980er Jahren begann Harald Martens gemeinsam mit Swante Wold, dem Sohn von Herman Wold, sich mit den bis dahin existierenden PLS-Formulierungen zu beschäftigen. Er fand eine Formulierung für die B-Koeffizienten, die heute üblicherweise benützt wird (siehe Gl. 3.21). Da er kein gelernter Mathematiker und Statistiker war, versuchte er, die Aussagen in allgemein verständlicher Form bekannt zu machen. Das brachte ihm viel Erfolg bei der Einführung der Methode in die Chemie, aber offensichtlich viel Kritik von Seiten der traditionellen Statistik. Zusammen mit seinem Kollegen Tormod Naes schrieb er 1989 ein immer noch sehr lesenswertes informatives Buch *„Multivariate Calibration"* [14] zur Theorie und Anwendung der PLS-Regression. Wer noch mehr Details über die Anfänge und den Weg in die Chemie erfahren möchte, sei auf den Artikel von Paul Geladi verwiesen [15], der dies in netter Weise beschreibt.

Seit Mitte der 80er Jahre häufen sich die Anwendungen der PLS in der Chemie. Vor allem die aufkommende NIR-Spektroskopie führte zur Verbreitung dieser Methode. Mit Hilfe der PLS wurde es möglich komplette NIR-Spektren mit Konzentrationen von chemischen Stoffen ohne große Mühe zu kalibrieren. Im Jahre 1985 kam mit dem Programm „The Unscrambler" der Fa. Camo die erste Software zur PLS auf den Markt, die auch für Nichtprogrammierer einfach zu bedienen war, auf einem Personal Computer lief (damals unter dem Betriebssystem DOS) und schon erstaunlich große Datenmengen verarbeiten konnte und die Ergebnisse als leicht interpretierbare Grafiken lieferte. Damit war die PLS-Regression jedem Wissenschaftler zugänglich. Bruce Kowalski und Edmund Malinowski [16] haben mit ihren Arbeiten ebenfalls sehr zur Verbreitung der PLS beigetragen.

Inzwischen greifen fast alle Wissenschaften zur Auswertung von komplexem Datenmaterial auf die PLS-Regression zurück. Auch in dem neuen Gebiet der Genanalyse wird zur Klassifizierung der Gene anhand von Microarray-Y-Daten die PLS-Regression eingesetzt. Sie wird dabei als Klassifizierungsmethode benutzt und zur Genselektion verwendet [17]. Und sogar im Marketingbereich findet die PLS-Regression zur Datenauswertung immer mehr Verwendung [18].

3.10
PLS-Regression für eine Y-Variable (PLS1)

Der wesentliche Unterschied zwischen der PLS-Regression und der PCR liegt darin, dass die PLS bei der Findung der Hauptkomponenten für die X-Daten bereits die Struktur der Y-Daten benützt. Damit wird häufig erreicht, dass weniger Hauptkomponenten nötig werden und diese außerdem leichter zu interpretieren sind.

Es gibt zwei Ansätze der PLS-Regression. Der erste einfachere Ansatz ist der PCR ähnlich und bestimmt den Zusammenhang zwischen einer einzigen Zielgröße y (z. B. der API-Gehalt) und vielen Messgrößen X (z. B. Spektren). Dieser PLS-Ansatz wird PLS1 genannt. Es ist aber auch möglich, ein gemeinsames Modell für viele Zielgrößen Y (z. B. Wirkstoff 1, Wirkstoff 2, Zusatzstoff 1 und Zusatzstoff 2, usw.) und viele Messgrößen X zu errechnen. Man nennt diese PLS-Methode PLS2. Eigentlich ist die PLS1-Methode im PLS2-Ansatz als Sonderfall enthalten. In Abb. 3.9 soll die Idee und die beteiligten Matrizen für den allgemeinen Fall der PLS2 vorgestellt werden.

Ausgangspunkt ist die Datenmatrix $\mathbf{X}$ der Dimension $(N \times M)$, mit N Objekten und M gemessenen Eigenschaften z. B. den M Spektrenwerten. Zu jedem Objekt i wird eine Zielgröße y_i gemessen $(i=1\ldots N)$, die den Vektor $\mathbf{y}$ bildet. Wer-

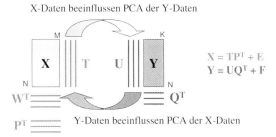

Abb. 3.9 Schematische Darstellung der PLS und der beteiligten Matrizen.

den zu jedem Objekt mehrere y_{ij}-Werte gemessen, so ergeben die verschiedenen $\mathbf{y}_j$-Vektoren die Matrix $\mathbf{Y}$ mit der Dimension $(N \times K)$, wobei K die Anzahl der $\mathbf{y}_j$-Zielgrößen ist $(j = 1 \ldots K)$.

Die Idee der PLS ist es, sowohl mit den X-Daten eine PCA zu machen als auch mit den Y-Daten, wobei aber beide voneinander wissen. In Abb. 3.9 ist dieser Informationsaustausch zwischen der X- und der Y-Seite als Pfeil angedeutet, wobei die PCA der X-Daten Information aus den Y-Daten erhält und die PCA der Y-Daten von den X-Daten beeinflusst wird.

Bevor auf die mathematische Herleitung der PLS eingegangen wird, hier eine kurze Erklärung, der in Abb. 3.9 dargestellten Matrizen. Aus den X-Daten werden über die PCA die Scores $\mathbf{T}$ und Loadings $\mathbf{P}$ berechnet. Als Zwischenschritt ist bei der PLS die $\mathbf{W}$-Matrix nötig. In der $\mathbf{W}$-Matrix steckt die Verbindung zu den Y-Daten. Für die Y-Daten wird ebenfalls eine PCA durchgeführt. Man erhält die $\mathbf{U}$-Matrix mit den Scores und die $\mathbf{Q}$-Matrix mit den Loadings für die Y-Daten. Bei der Berechnung der Hauptkomponenten auf der X- und Y-Seite wird Information ausgetauscht.

3.10.1
Berechnung der PLS1-Komponenten

Da PLS1 einfacher zu berechnen ist, weil nicht iterativ gearbeitet wird, soll diese Methode als erstes vorgestellt werden. Die Matrix $\mathbf{Y}$ reduziert sich damit auf den Vektor $\mathbf{y}$.

Die X-Variablen werden wenn nötig skaliert, damit die Varianz von der Größenordnung der Variablen unabhängig wird, genauso wie das bei der PCA nötig war.

Wie bei der PCA werden die X- und hier auch die y-Daten mittenzentriert.

Bevor die erste PLS-Komponente gesucht wird, werden die beteiligten Datensets mit einem Index versehen. Es sollen A_{max} PLS-Komponenten gefunden werden. Begonnen wird mit der PLS-Komponente 1:

Index Initialisierung: $\quad a = 1 \quad\quad \mathbf{X}_a = \mathbf{X} \quad\quad \mathbf{y}_a = \mathbf{y}$

Bei der PLS-Regression soll die Zerlegung der X-Daten mit Blick auf die zu regressierenden y-Daten erfolgen. Bei der PCA wurde für die erste Schätzung der Scores $\mathbf{t}_a$ die Spalte aus $\mathbf{X}$ mit der größten Varianz genommen. Um $\mathbf{y}$ mit den X-Daten zu verknüpfen ist es einleuchtend, dass nun für diese erste Schätzung die y-Werte genommen werden. Der $\mathbf{y}$-Vektor ist die erste Schätzung der $\mathbf{X}$-Scores $\mathbf{t}_a$.

Die nächsten sechs Schritte sind für jede PLS-Komponente durchzuführen. Sie werden mit 1 bis 6 durchnummeriert.

Die X-Daten werden auf den $\mathbf{y}$-Vektor regressiert, so dass die Kovarianz zwischen $\mathbf{y}_a$ und $\mathbf{X}_a \mathbf{w}_a$ maximal wird, was dasselbe ist wie den Fehler $\mathbf{E}$ des sog. lokalen Modells zu minimieren. Das lokale Modell wird folgendermaßen formuliert:

1 a. $\quad \mathbf{X}_a = \mathbf{y}_a \mathbf{w}_a^T + \mathbf{E}$

3.10 PLS-Regression für eine Y-Variable (PLS1)

In der PCA haben wir damit die Loadings **p** berechnet. Hier werden die sog. gewichteten Loadings **w** berechnet, da der Einfluss von **y** den **X**-Loadings eventuell eine andere Richtung gibt. Die gewichteten Loadings sind sozusagen die effektiven Loadings, die den Zusammenhang zwischen **X** und **y** ausdrücken.

Die gewichteten Loadings müssen die Nebenbedingung erfüllen, dass sie orthogonal zueinander sein sollen, so dass $\mathbf{w}_a^T\mathbf{w}_a = 1$ gilt. Die Least Square (LS)-Lösung für **w** lautet:

1 b. $\quad \mathbf{w}_a = c\mathbf{X}_a^T\mathbf{y}_a$

wobei **c** ein Skalierungsfaktor ist, der **w** auf die Länge 1 normiert. Man kann das ausführlich schreiben und erhält:

1 c. $\quad \mathbf{w}_a = \dfrac{\mathbf{X}_a^T\mathbf{y}_a}{\sqrt{(\mathbf{X}_a^T\mathbf{y}_a)(\mathbf{X}_a^T\mathbf{y}_a)^T}} \quad$ damit wird $\mathbf{w}_a$ auf den Betrag 1 normiert

Diese gewichteten Loadings **w** stellen das erste berechnete lokale PLS-Modell dar. Für dieses lokale Modell müssen nun die Scores für jedes Objekt gefunden werden, indem wieder eine Least Square-Lösung gesucht wird. Dazu werden die **X**-Daten auf die **w**-Loadings abgebildet.

2. $\quad \mathbf{X}_a = \mathbf{t}_a\mathbf{w}_a^T + \mathbf{E} \qquad$ ergibt LS-Lösung $\qquad \mathbf{t}_a = \mathbf{X}_a\mathbf{w}_a$

Im nächsten Schritt werden die **p**-Loadings berechnet, die nach dem Modell $\mathbf{X}_a = \mathbf{t}_a\mathbf{p}_a^T + \mathbf{E}$ ebenfalls **X** approximieren sollen. Das sind die Loadings die wir auch schon aus der PCA kennen. Zu den aus Schritt zwei bekannten $\mathbf{t}_a$-Scores werden mit einem Least Square-Verfahren die $\mathbf{p}_a$-Loadings berechnet. Man nennt die **p**-Loadings auch häufig spektrale Loadings, da hier die Information bezüglich **X** steckt, und die **X**-Daten sehr häufig spektraler Natur sind.

3. $\quad \mathbf{X}_a = \mathbf{t}_a\mathbf{p}_a^T + \mathbf{E} \qquad$ ergibt LS-Lösung $\qquad \mathbf{p}_a = \mathbf{X}_a^T\mathbf{t}_a/(\mathbf{t}_a^T\mathbf{t}_a)$

Nun wird die Information von der **X**-Seite auf die **y**-Seite gebracht, indem der **y**-Vektor auf die im Schritt zwei berechneten Scores $\mathbf{t}_a$ regressiert wird. Aus dem Ansatz $\mathbf{y}_a = \mathbf{t}_a\mathbf{q}_a$ berechnet man $\mathbf{q}_a$. Die Größe $\mathbf{q}_a$ wird auch als chemischer Loading bezeichnet, da die **y**-Daten sehr häufig chemischen Ursprungs sind.

4. $\quad \mathbf{y}_a = \mathbf{t}_a\mathbf{q}_a + \mathbf{f} \qquad$ ergibt LS-Lösung $\qquad \mathbf{q}_a = \mathbf{t}_a^T\mathbf{y}_a/(\mathbf{t}_a^T\mathbf{t}_a)$

Damit ist die erste PLS-Komponente berechnet und diese Information muss wieder wie bei der PCA aus den **X**-Daten und diesmal auch aus den **y**-Daten entfernt werden.

5. $\quad \mathbf{X}_{a+1} = \mathbf{X}_a - \mathbf{t}_a \mathbf{p}_a^T \quad$ und $\quad \mathbf{y}_{a+1} = \mathbf{y}_a - q_a \mathbf{t}_a$

Als nächstes wird der Index um eins erhöht (Schritt 6). Dann wird Schritt 1 bis 5 wiederholt, um eine weitere PLS-Komponente zu berechnen.

6. $\quad a = a + 1$

Wenn $a = A_{max}$ erreicht ist, sind alle PLS-Komponenten berechnet. Bei sehr inhomogenen Datensets kann A_{max} durchaus 20 erreichen, sehr häufig liegt A_{max} aber in der Größenordnung zwischen fünf und zehn.

Im letzten Schritt werden die Daten $\mathbf{X}_{Amax+1}$ bzw. $\mathbf{y}_{Amax+1}$, die nach Abzug der Information der letzten berechneten Hauptkomponente übrig bleiben, mit $\mathbf{E}$ bzw. $\mathbf{f}$ bezeichnet. Sie stellen die Restvarianz von $\mathbf{X}$ bzw. $\mathbf{y}$ dar.

7. $\quad \mathbf{E} = \mathbf{X}_{Amax+1} \quad$ und $\quad \mathbf{f} = \mathbf{y}_{Amax+1}$

Hier stellt sich genauso wie bei der PCR die Frage nach der richtigen Anzahl der PLS-Komponenten. Und wir werden A_{max} genauso wie bei der PCR über die Validierung bestimmen.

Ziel der PLS-Regression ist, genauso wie bei der PCR, die Vorhersage von Y-Werten aus den gemessenen X-Werten. Wir machen dazu wieder den Regressionsansatz (analog zu Gl. 3.11):

$$\mathbf{y} = \mathbf{1} b_0 + \mathbf{X} \mathbf{b} \tag{3.20}$$

Wenn man dies nach $\mathbf{b}$ auflöst und für $\mathbf{y}$ und $\mathbf{X}$ die entsprechenden Scores und Loadings einsetzt und die Regeln der Matrizenrechnung einhält, ergibt sich nach ein wenig Umformerei:

$$\mathbf{b} = \mathbf{W}(\mathbf{P}^T\mathbf{W})^{-1}\mathbf{q} \tag{3.21}$$

und

$$b_0 = \bar{y} - \bar{\mathbf{x}}^T \mathbf{b} \tag{3.22}$$

Will man dies auf unbekannte X-Werte für ein gemessenes Objekt anwenden, so kann man Gl. (3.20) pro Objekt formulieren als:

$$y_i = b_0 + \mathbf{x}_i^T \mathbf{b} \tag{3.23}$$

Mit dieser Gl. (3.23) kann die Zielgröße $\mathbf{y}$ bestimmt werden, indem für jedes Objekt die Messwerte $\mathbf{x}^T$ eingesetzt werden (z. B. ein gemessenes Spektrum). Die Regressionskoeffizienten $\mathbf{b}$ werden bei der Kalibration bestimmt und sind damit bei der Vorhersage bekannt.

3.10.2
Interpretation der P-Loadings und W-Loadings bei der PLS-Regression

Jede PLS-Kalibrierung berechnet zwei verschiedene Arten von **X**-Loadings. Die einen nennt man **P**-Loadings und die anderen werden als **W**-Loadings bezeichnet. Manchmal nennt man die **W**-Loadings auch Gewichts-Loadings oder PLS-Gewichte oder Wichtungsvektoren.

Die **P**-Loadings entsprechen eigentlich genau den Loadings, die wir von der PCA kennen. Sie drücken den Zusammenhang aus zwischen den **X**-Daten und deren **T**-Scores.

Die **W**-Loadings sind etwas anderes. Sie sind sozusagen die „effektiven" Ladungen, die die Beziehung zwischen den **X**-Daten und **y** darstellen. Sie sind so etwas wie „gekippte" **P**-Loadings. Je nachdem wie stark der Einfluss von **y** auf die **W**-Loadings ist, werden sich die **W**-Loadings mehr oder weniger stark von den **P**-Loadings unterscheiden. Bei Spektren ist es häufig interessant, den Einfluss grafisch darzustellen. Dazu kann man den jeweiligen **p**- und **w**-Loading in ein Liniendiagramm zeichnen. Man erkennt dann, an welcher Stelle im Spektrum für die Zielgröße **y** „gedreht" wurde.

Die **W**-Loadings werden mit der Nebenbedingung berechnet, dass sie zueinander orthogonal sind. Folglich sind auch die **T**-Scores orthogonal. Damit können wir auch wieder zweidimensionale Loadingsplots der **W**-Loadings und der **T**-Scores darstellen und in gleicher Weise interpretieren, wie wir das bei den Loadings- und Scoreplots der PCA getan haben. Die **P**-Loadings der PLS-Regression sind im Allgemeinen nicht orthogonal zueinander (nur im Sonderfall, wenn sich **P** und **W** nicht unterscheiden, was manchmal vorkommen kann).

Die berechneten Komponenten der PLS-Regression sind damit auch nicht dasselbe wie die Hauptkomponenten der PCA. Man sollte deshalb nicht von Hauptkomponenten sprechen, wenn man über PLS-Regression redet, sondern sie PLS-Komponenten nennen. Der Einfachheit halber wird diese Regel aber häufig durchbrochen. Die Programme zur PLS nennen die PLS-Komponenten auch einfach PCs (*Principal Components*), meistens geht aus dem Zusammenhang hervor, um welche Art von Komponenten es sich handelt.

Für das PLS-Regressionsmodell sind sowohl die **P**- als auch die **W**-Loadings wichtig. Sowohl die **P**- als auch die **W**-Loadings gehen laut Gl. (3.21) in die Berechnung der PLS-Regressionskoeffizienten **b** ein.

3.10.3
Beispiel zur PLS1 – Kalibrierung von NIR-Spektren

Die Vorgehensweise bei der PLS-Regression soll anhand desselben Beispiels deutlich gemacht werden, das schon bei der PCR zur Bestimmung der API-Konzentration aus NIR-Spektren verwendet wurde. Damit können wir die beiden Methoden direkt miteinander vergleichen und, falls die PLS unterschiedliche Ergebnisse im Vergleich zur PCR liefert, können wir versuchen, diese zu verstehen und zu erklären.

Zur Erinnerung kurz eine Zusammenfassung der Daten. Es handelt sich um NIR-Spektren im Wellenlängenbereich 1000 bis 1650 nm. Es wurden für unterschiedliche Konzentrationen (0,5 bis 32 mg) eines pharmazeutischen Wirkstoffs, der mit API bezeichnet wird und der mit Cellactose gemischt wurde, die Absorptionsspektren in diffuser Reflexion gemessen. Von den neun hergestellten Kalibriermischungen wurden jeweils fünf zufällige Proben spektroskopisch gemessen, d.h. für die Kalibration stehen 45 Einzelspektren zur Verfügung. Die Spektren wurden in Abb. 3.5 dargestellt.

3.10.4
Finden des optimalen PLS-Modells

Die PCR benötigte fünf Hauptkomponenten, um 99,6% der Gesamtvarianz der API-Zielgröße zu erklären. Das Ergebnis der PLS-Regression zeigen die Abb. 3.10 bis 3.12.

Abbildung 3.10 zeigt, dass die Kalibration der API-Konzentration aus den NIR-Spektren mit Hilfe der PLS-Regression fast identische RMSEC- und SEC-Werte liefert wie bei der PCR. Der Unterschied zur PCR besteht darin, dass nur vier PLS-Komponenten dazu verwendet wurden, anstatt fünf wie bei der PCR. Aus Abb. 3.11 geht hervor, dass die Restvarianzen der API-Konzentration für die Kalibrierung und auch der Validierung ab der vierten PLS-Komponente „verschwinden".

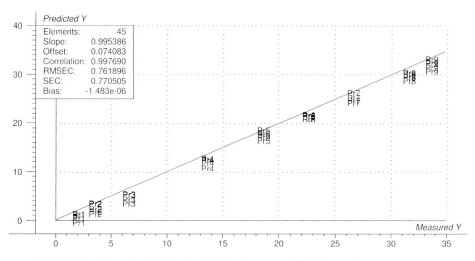

Abb. 3.10 Ergebnisse der PLS für die API-Kalibrierung aus NIR-Spektren im Wellenlängenbereich 1000 bis 1650 nm – vorhergesagte gegen gemessene API-Konzentration, berechnet aus vier Hauptkomponenten.

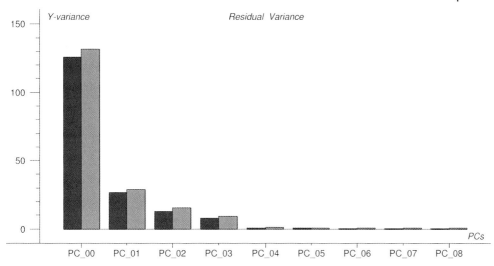

Abb. 3.11 Ergebnisse der PLS für die API-Kalibrierung aus NIR-Spektren im Wellenlängenbereich 1000 bis 1650 nm – Abnahme der Restvarianz der Y-Variablen (API-Konzentration) für die Kalibrierung (linke Balken) und die Validierung (rechte Balken).

In Tabelle 3.6 sind die Werte für die Restvarianzen und die daraus berechnete erklärte Varianz angegeben. Die vorhergesagten API-Konzentrationen werden mit vier PLS-Komponenten bereits zu 99,5% erklärt, weitere PLS-Komponenten verbessern diesen Wert nur unbedeutend. Schauen wir uns den Erklärungsanteil von der ersten und zweiten PLS-Komponente an. Die PLS hat die Richtung der ersten PLS-Komponente in Richtung API-Konzentration verschoben, denn diese PLS-Komponente erklärt nun 78,8% der API-Gesamtvarianz, wäh-

Tabelle 3.6 Restvarianz und erklärte Varianz für die Zielgröße y (API-Konzentration) in Abhängigkeit von der Anzahl der verwendeten PLS-Komponenten

Anzahl verwendeter PLS-Komponenten	Restvarianz Kalibrierung API [mg]	Restvarianz Validierung API [mg]	Erklärte Varianz Kalibrierung [%]	Erklärte Varianz Validierung [%]
Mittenzentrierung	125,80	131,59	0,00	0,00
PLS-PC_01	26,64	28,98	78,82	77,98
PLS-PC_02	12,90	15,39	89,75	88,31
PLS-PC_03	7,70	8,99	93,88	93,17
PLS-PC_04	0,58	0,92	99,54	99,30
PLS-PC_05	0,46	0,65	99,63	99,51
PLS-PC_06	0,43	0,68	99,66	99,48
PLS-PC_07	0,37	0,66	99,71	99,50
PLS-PC_08	0,28	0,59	99,78	99,56

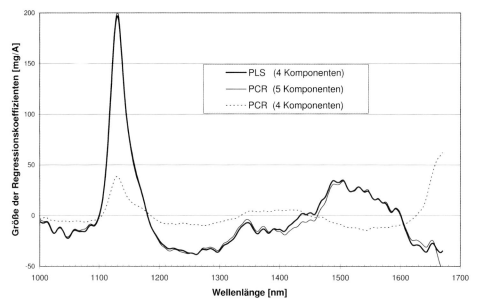

Abb. 3.12 Ergebnisse der PLS für die API-Kalibrierung aus NIR-Spektren im Wellenlängenbereich 1000 bis 1650 nm – Regressionskoeffizienten für die Originalspektren.

rend die erste Hauptkomponente der PCR nur 75,2% erklärt hat. Bei der zweiten Komponente wird es noch deutlicher, zwei PCR-Komponenten erklären 78%, bei der PLS entfallen bereits 89,8% der Gesamtvarianz auf die ersten beiden PLS-Komponenten.

Betrachten wir nun die Regressionskoeffizienten der PLS nach vier PLS-Komponenten. Abbildung 3.12 zeigt die Regressionskoeffizienten für alle Wellenlängen unter Berücksichtigung von vier PLS-Komponenten und vier bzw. fünf PCR-Komponenten. Die Regressionskoeffizienten für vier PLS- und fünf PCR-Komponenten unterscheiden sich nur sehr wenig und vorwiegend auf den Wellenlängen, die sowieso nicht viel beitragen, also betragsmäßig kleine Werte haben (z. B. zwischen 1400 und 1500 nm). In vier PLS-Komponenten ist also die gleiche Information enthalten wie in fünf PCR-Komponenten. Die **W**-Loadings „verdrehen" das Koordinatensystem in Richtung der gewünschten Zielgröße API-Konzentration. Zur Veranschaulichung, dass die Regressionskoeffizienten für nur vier PCR-Komponenten eine andere Information enthalten, sind diese ebenfalls im Diagramm eingezeichnet.

Auch die PLS-Kalibrierung soll nun mit dem unabhängigen Testset validiert werden.

3.10.5
Validierung des PLS-Modells mit unabhängigem Testset

Die Spektren des Validierungstestsets stammen von unabhängig hergestellten API-Konzentrationen. Wir verwenden dieselben 18 Validierspektren wie bei der PCR.

Der Standardfehler der Kalibrierung war bei der PLS mit vier Komponenten ein klein wenig schlechter (SEC = 0,77) als der SEC der PCR mit fünf Hauptkomponenten (SEC = 0,71) (siehe Tabelle 3.7). Trotzdem erhalten wir mit der PLS gleiche, beim SEP sogar leicht bessere Ergebnisse als bei der PCR. Die PLS-Regression berücksichtigt also tatsächlich den Zusammenhang zur Zielgröße (API-Konzentration) bei der Findung der PLS-Komponenten und damit sind bei der PLS weniger Komponenten nötig, um den Zusammenhang zwischen X-Daten und Y-Daten darzustellen. Betrachtet man die erklärte Varianz in den Spektren, so fällt auf, dass mit vier PLS-Komponenten 99,4% der X-Varianz erklärt wird, das ist weniger als bei der PCR mit vier Komponenten. Die PLS sortiert also in „y-relevante Information" und „y-unrelevante Information".

Zusammenfassend kann für dieses Beispiel aber festgestellt werden, dass die Information der API-Konzentration sehr deutlich in den Spektren enthalten ist, deshalb bringt die PLS keine signifikant bessere Regression zustande als die PCR. Das gilt für alle Situationen. Steckt die Information bezüglich Y in den X-Daten, wird die PLS sie in den wenigen ersten PLS-Komponenten herausfinden. Gibt es keinen Zusammenhang zwischen den X- und Y-Daten, dann kann ihn auch die PLS nicht finden, denn zaubern kann die PLS auch nicht.

Fassen wir das Ergebnis der PLS-Regression zusammen:

- Es sind nur vier PLS-Komponenten nötig, um die Vorhersagegenauigkeit zu optimieren.
- Der Standardfehler der Kalibrierung wird damit zu SEC = 0,77 und der Fehler der Kreuzvalidierung wird SECV = 0,97. (Beide Werte sind damit etwas höher als bei der PCR.)
- In den Spektren liegt die Hauptinformation für die API-Konzentration im Wellenlängenbereich um 1130 nm. Die Regressionskoeffizienten sind fast identisch zu den Koeffizienten der PCR mit fünf Hauptkomponenten.

Tabelle 3.7 Vergleich der Validierungsergebnisse des PCR- und PLS-Modells zur Vorhersage der API-Konzentration aus NIR-Spektren

Modell	SEC	RMSEP	BIAS	SEP
PCR mit A (1000 bis 1670 nm), 336 Variablen, Modell mit fünf Hauptkomponenten	0,71	0,76	0,14	0,77
PLS mit A (1000 bis 1670 nm), 336 Variablen, Modell mit vier PLS-Komponenten	0,77	0,75	0,30	0,71

3.10.6
Variablenselektion – Finden der optimalen X-Variablen

In einem weiteren Beispiel zur PLS-Regression soll die Vorgehensweise gezeigt werden, wie der optimale Kalibrierbereich herausgefunden werden kann, der in diesem Beispiel ein spektraler Bereich ist.

Bei diesem Beispiel handelt es sich um die Bestimmung der Oktanzahl ROZ (Research-Oktanzahl) von Benzinmischungen (Ottokraftstoffen) aus NIR-Spektren. Die Oktanzahl ist ein Maß für die Klopffestigkeit von Benzinen. Viele Raffinerien wenden die NIR-Spektroskopie zur Onlinekontrolle der Oktanzahl bei der Produktion inzwischen an. Für dieses Beispiel wurden von insgesamt 180 Ottokraftstoffgemischen die Oktanzahlen nach üblicher Vorschrift DIN 51756 (DIN-Normen für Mineralöl) bestimmt, wobei ein besonderer Einzylinder-Prüfstandsmotor verwendet wurde, der je nach Arbeitsbedingungen die ROZ (Research-Methode) oder die MOZ (Motor-Methode) liefert. Die ROZ ist in Deutschland durch die Norm DIN EN 228 (Ottokraftstoff) für Normalbenzin auf mindestens 91, für Superbenzin auf mindestens 95 und für SuperPlus auf mindestens 98 festgelegt. Die Bestimmung der Oktanzahl in diesem Motorprüfstand ist zeitaufwendig, kompliziert und nur von gut ausgebildetem Bedienpersonal durchzuführen, deshalb besteht von Seiten der Mineralölindustrie ein starkes Bedürfnis nach einem zuverlässigen, billigeren und vor allem schnelleren Ersatz. Die NIR-Spektroskopie bietet hier eine optimale Lösung,

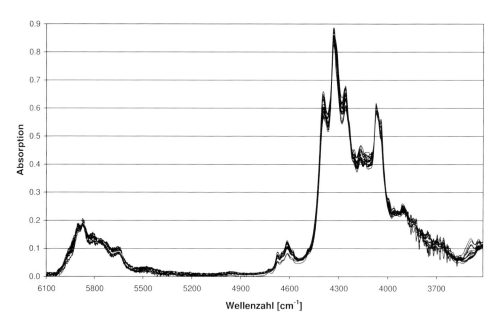

Abb. 3.13 NIR-MIR-Spektren von Benzinen mit ROZ zwischen 95 und 100.

denn im Wellenlängenbereich der NIR sind die CH-Schwingungen der Erdölprodukte sehr intensiv und damit gut messbar. Zudem wird nicht nur die CH-Bindung erfasst, sondern auch primäre, sekundäre und tertiäre CH-Bindungen und es können Aromaten unterschieden werden, die für das Klopfverhalten maßgebend sind.

Für jedes dieser 180 Kraftstoffgemische wurde zusätzlich zur Oktanzahl das NIR-Spektrum in Transmission mit einem NIR-MIR-Spektrometer im Wellenlängenbereich von 1600 bis 3000 nm gemessen. Dieser Wellenlängenbereich liegt schon im mittleren Infrarotbereich. Er wurde deshalb gewählt, da zwischen 2800 und 3000 nm die aliphatischen CH-Schwingungen auftreten, die für die Charakterisierung der Benzine wichtig sein können. Da das Spektrometer ein NIR-MIR-Spektrometer ist, werden die Spektren in Wellenzahlen [cm^{-1}] und nicht in Wellenlängen [nm] angegeben, denn im MIR-Bereich ist das die übliche Schreibweise. Die Spektren beginnen bei 6100 cm^{-1} (das sind 1640 nm) und enden bei 3410 cm^{-1} (das sind 2933 nm). Abbildung 3.13 zeigt einige der Spektren für Oktanzahlen zwischen 95 und 100. Die Spektren sind Originalspektren ohne Vorbehandlung und zum Teil sehr verrauscht.

Die vorhandenen 180 Spektren sind ausreichend, um das Dataset in zwei Hälften mit je 90 Spektren einzuteilen, wobei darauf zu achten ist, dass der Oktanzahlbereich in beiden Hälften etwa gleich verteilt ist. Die erste Hälfte der Spektren wird zum Kalibrieren genommen und mit der zweiten Hälfte wird das berechnete Kalibriermodell validiert. Somit wird die Kreuzvalidierung durch eine Testsetvalidierung ersetzt.

Die Angabe der optimalen Anzahl an PLS-Komponenten ist nicht so eindeutig, wie man das gerne hätte. Nach drei PLS-Komponenten verschwindet die Restvarianz s_R^2 fast ganz, aber bei genauerem Hinsehen erkennt man, dass sie weiterhin mit jeder zusätzlichen PLS-Komponente abnimmt. Rechtfertigt diese geringe Abnahme der Restvarianz das Hinzunehmen weiterer PLS-Komponenten. Wir wissen, dass in den höheren PLS-Komponenten das Rauschen enthalten ist, mit mehr Komponenten wird die Kalibrierung also rauschanfälliger. Im Zweifelsfall ist es immer besser, man entscheidet sich für das Modell mit weni-

Tabelle 3.8 Veränderung der Restvarianz, erklärte Varianz und mittlerer quadratischer Fehler bei der Validierung des ROZ-Modells mit den Testdaten, Verwendung des gesamten Wellenzahlbereichs

Anzahl der PLS-Komponenten	Restvarianz s_R^2	Erklärte Gesamtvarianz	RMSEP
Mittenzentriert	7,72	0	–
1	0,60	92,2	0,78
2	0,50	93,6	0,71
3	0,23	97,1	0,48
4	0,22	97,2	0,47
5	0,15	98,0	0,39
6	0,15	98,1	0,38

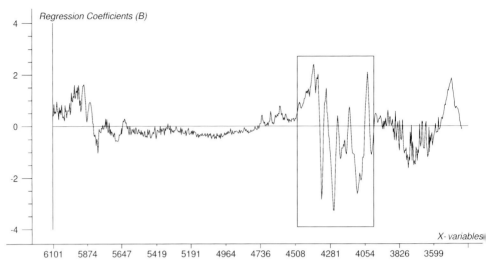

Abb. 3.14 Regressionskoeffizienten für drei PLS-Komponenten für den gesamten spektralen Bereich der Benzinspektren. Bereich mit großen Regressionskoeffizienten ist markiert.

ger PLS-Komponenten. Die Vorhersagegenauigkeit in Abhängigkeit von der verwendeten PLS-Komponentenzahl im Kalibriermodell ist in Tabelle 3.8 angeführt. Wir erkennen, dass ab der dritten Komponente nicht viel mehr Varianz erklärt wird. Für die erste Erprobungsphase ist es deshalb ratsam, das Modell auf drei Hauptkomponenten zu beschränken.

Die Spektren sind sehr verrauscht. Eine Datenvorverarbeitung wäre also sicher empfehlenswert, aber man kann auch allein durch die richtige Wahl des Kalibrierbereichs, also der Wellenzahlen, die ins PLS-Modell eingehen, das Rauschen in gewisser Weise „unterdrücken". Dazu betrachten wir die Regressionskoeffizienten, die aus drei PLS-Komponenten berechnet werden (Abb. 3.14).

Die Regressionskoeffizienten sehen aus wie ein „Gartenzaun" mit ziemlich schwankenden Werten. An diesen Koeffizienten erkennt man deutlich, dass bereits in diesen drei PLS-Komponenten recht viel Rauschen enthalten ist, denn das Gezappel ist Rauschen. Jede zusätzliche PLS-Komponente vergrößert auch tatsächlich diesen Zappelausschlag, aber an der prinzipiellen Form ändert sich nichts mehr. Nun gibt es zwischen 4500 und 4000 Wellenzahlen einen Bereich der Regressionskoeffizienten, in dem starke Ausschläge mit wenig kleineren überlagerten Ausschlägen vorkommen. Wir wissen, dass betragsmäßig große Regressionskoeffizienten einen großen Beitrag zur Zielgröße leisten, also ist dieser Bereich für die Vorhersage der ROZ besonders wichtig.

Um die Vorhersage robuster zu machen, beschränken wir den Wellenzahlbereich deshalb auf den in Abb. 3.13 umrahmten Bereich von 4500 bis 4000 cm^{-1} und rechnen erneut eine PLS-Regression mit exakt denselben Kalibrier- und Validierspektren. Das Ergebnis zeigt Tabelle 3.9.

Tabelle 3.9 Veränderung der Restvarianz, erklärte Varianz und mittlerer quadratischer Fehler bei der Validierung des ROZ-Modells mit den Testdaten bei Verwendung des reduzierten Wellenzahlbereichs (4000–4500 cm^{-1}).

Anzahl der PLS-Komponenten	Restvarianz s_R^2	Erklärte Gesamtvarianz	RMSEP
Mittenzentriert	7,72	0	–
1	0,66	91,5	0,81
2	0,51	93,4	0,71
3	0,29	96,2	0,54
4	0,14	98,2	0,37
5	0,14	98,2	0,37
6	0,14	98,2	0,37

Ab der vierten PLS-Komponente ändert sich die Restvarianz und damit auch die erklärte Varianz und RMSEP nicht mehr. Das bedeutet, dass vier PLS-Komponenten optimal sind. Wenn wir den RMSEP für den reduzierten Wellenzahlbereich (Tabelle 3.9) vergleichen mit dem gesamten Wellenzahlbereich (Tabelle 3.8), so stellen wir fest, dass der reduzierte Bereich bessere Vorhersagen liefert. Es macht also keinen Sinn, Variablen in das Modell einzubeziehen, die keinen Beitrag zur Zielgröße leisten und nur das Rauschen erhöhen.

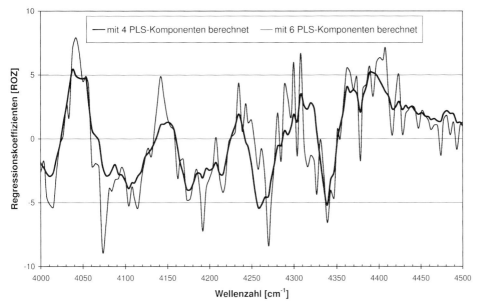

Abb. 3.15 Regressionskoeffizienten für reduzierten Wellenzahlbereich zur Vorhersage der ROZ aus Benzinspektren.

Abbildung 3.15 zeigt die Regressionskoeffizienten für den Wellenzahlbereich 4500–4000 cm^{-1} für vier und sechs PLS-Komponenten. Man erkennt sehr deutlich, dass nach der vierten PLS-Komponente das Rauschen verstärkt wird.

Eine gute Möglichkeit, die gemessenen Werte mit den vorhergesagten Werten zu vergleichen, zeigt Abb. 3.16, in der beide Werte, sortiert nach steigender Oktanzahl ROZ, eingetragen sind. Die linken Proben sind die Kalibrierproben, die rechten die Validierproben. Die durchgezogene Linie gibt die Referenzwerte wieder. Man erkennt, dass die Vorhersagegenauigkeit bei den Validierproben bei hohen Oktanzahlen nicht ganz so gut ist wie bei den niederen und mittleren ROZ-Werten.

Zum Schluss wollen wir die Ergebnisse für die Vorhersage der Oktanzahl ROZ aus NIR-MIR-Spektren von Benzinen zusammenfassen:

- Es sind nur vier PLS-Komponenten nötig, um die Vorhersagegenauigkeit zu optimieren. Weitere PLS-Komponenten erhöhen den Rauschanteil. An den Regressionskoeffizienten wird dies ersichtlich.
- Das Modell ist robuster, wenn der Variablenbereich der Spektren auf 4500–4000 Wellenzahlen eingeschränkt wird. Der restliche Wellenzahlbereich trägt ebenfalls nur zum Rauschen bei.
- Eine Vorhersage der Oktanzahl wird aus dem unabhängigen Testset mit einem mittleren Fehler von RMSEP = 0,37 ROZ berechnet.

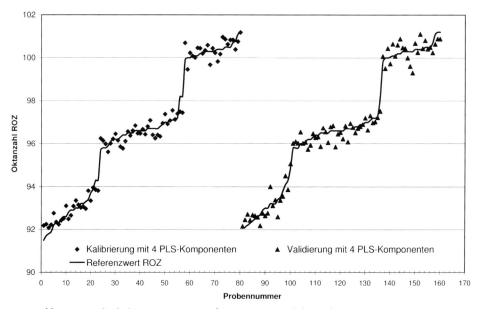

Abb. 3.16 Vergleich der gemessenen (Referenz-) Werte und der vorhergesagten Werte für die Kalibrierung und die Validierung.

3.11
PLS-Regression für mehrere Y-Variablen (PLS2)

Bei der Besprechung der PLS-Regression mit einer Y-Variablen wurde bereits erwähnt, dass die PLS-Regression auch ein Modell für mehrere Y-Variablen gleichzeitig berechnen kann. Dazu wird auch auf der y-Seite eine PCA-Zerlegung der Y-Variablen vorgenommen. In Abb. 3.9 wurde dies schon schematisch dargestellt. Das ist ein ganz großer Vorteil der PLS2, denn es ermöglicht viele X- und Y-Daten in einem gemeinsamen Modell zu erfassen und damit alle Korrelationen zwischen X und Y zu berücksichtigen. Alle bisher besprochenen Verfahren erfassen immer nur die Korrelation zu einer einzigen Y-Variablen.

Die Modifizierung des PLS1-Verfahrens zur gleichzeitigen Bearbeitung von mehreren Y-Variablen ist verhältnismäßig einfach. Die Vektoren **y**, **f** und **q** beim PLS1-Modell werden durch die Matrizen **Y**, **F** und **Q** ersetzt und durch die Scorematrix **U** der Y-Werte ergänzt. Die Y-Matrix hat genauso viele Zeilen N wie die X-Matrix, denn für jedes Objekt in **X** müssen Zielgrößen in **Y** vorhanden sein. Die Spaltenzahl K kann beliebig groß sein, je nachdem wie viel Zielgrößen für jedes Objekt gemessen werden. **Y** hat also die Dimension ($N \times K$). Die Matrix **F** hat die gleiche Dimension wie **Y**, denn sie enthält die Residuen nach der Hauptkomponentenzerlegung, und entspricht der Matrix **E** auf der X-Seite. Die Matrix $\mathbf{Q}^T$ hat genau so viele Spalten K wie die Matrix **Y** und so viele Zeilen A_{max} wie PLS2-Komponenten berechnet werden, also ist ($K \times A_{max}$) die Dimension von **Q**. Die Matrix **U** enthält die Scorewerte, die aus der PCA-Zerlegung der Y-Daten berechnet werden. Die Dimension ist folglich ($N \times A_{max}$).

3.11.1
Berechnung der PLS2-Komponenten

Wir beginnen wieder mit der Berechnung der ersten PLS2-Komponente, indem wir die beteiligten Datensets mit einem Index versehen. Auch hier wollen wir $a = 1 \ldots A_{max}$ PLS2-Komponenten finden. Sowohl die **X**- als auch die **Y**-Matrix werden mittenzentriert. Die erste PLS-Komponente bekommt den Index 1:

Index Initialisierung:
$a = 1$
$\mathbf{X}_a = \mathbf{X}$ (mittenzentriert)
$\mathbf{Y}_a = \mathbf{Y}$ (mittenzentriert)
$\mathbf{u}_a = \max|\mathbf{Y}_i|$

Bei der PLS1 wurden für die erste Schätzung der Scores $\mathbf{t}_a$ die y-Werte genommen. Bei der PLS2 könnte als Anfangswert irgendeine Spalte aus **Y** genommen werden, zweckmäßigerweise verwendet man aber den y-Vektor mit dem größten Betrag $\max|\mathbf{Y}_i|$. Wir nennen ihn $\mathbf{u}_a$ und wird die erste Schätzung der **X**-Scores $\mathbf{t}_a$.

Nun müssen wie bei der PLS1 die gewichteten Loadings $\mathbf{w}_a$ für $\mathbf{X}_a$ bestimmt werden. Man sucht dazu über ein Least Square-Verfahren (LS) die Lösung für:

1 a. $\quad \mathbf{X}_a = \mathbf{u}_a \mathbf{w}_a^T + \mathbf{E}$

und erhält als LS-Lösung, wobei der gefundene PLS2-Loading $\mathbf{w}_a$ ebenfalls auf die Länge eins normiert wird:

1 b. $\quad \mathbf{w}_a = \dfrac{\mathbf{X}_a^T \mathbf{u}_a}{\sqrt{(\mathbf{X}_a^T \mathbf{u}_a)(\mathbf{X}_a^T \mathbf{u}_a)^T}} \qquad \mathbf{w}_a$ ist auf den Betrag 1 normiert

Mit diesen gewichteten Loadings $\mathbf{w}$ ist wieder das erste sog. lokale PLS-Modell gefunden. Nun werden dazu die Scores für jedes Objekt wieder als Least Square-Lösung aus dem lokalen Modell berechnet:

2. $\quad \mathbf{X}_a = \mathbf{t}_a \mathbf{w}_a^T + \mathbf{E} \qquad$ LS-Lösung ergibt $\qquad \mathbf{t}_a = \mathbf{X}_a \mathbf{w}_a$

Zu den nun bekannten $\mathbf{t}_a$-Scores werden die $\mathbf{p}_a$-Loadings berechnet:

3. $\quad \mathbf{X}_a = \mathbf{t}_a \mathbf{p}_a^T + \mathbf{E} \qquad$ LS-Lösung ergibt $\qquad \mathbf{p}_a = \mathbf{X}_a^T \mathbf{t}_a / (\mathbf{t}_a^T \mathbf{t}_a)$

Nun wird die Information von der *X*-Seite auf die *Y*-Seite gebracht, indem die *Y*-Daten auf die im Schritt zwei berechneten Scores $\mathbf{t}_a$ regressiert werden:

4. $\quad \mathbf{Y}_a = \mathbf{t}_a \mathbf{q}_a + \mathbf{F} \qquad$ LS-Lösung ergibt $\qquad \mathbf{q}_a = \mathbf{t}_a^T \mathbf{Y}_a / (\mathbf{t}_a^T \mathbf{t}_a)$

Nun kommt bei der PLS2 ein zusätzlicher Schritt im Vergleich zur PLS1 hinzu. Es muss getestet werden, ob sich die $\mathbf{t}_a$-Scores, die in Schritt 2 berechnet werden, von den $\mathbf{t}_a$-Scores aus dem vorangehenden Iterationsschritt unterscheiden oder nicht. (Beim ersten Rechendurchgang werden die $\mathbf{t}_a$-Scores folglich mit dem $\mathbf{u}_a$-Vektor verglichen.) Man nennt diesen Schritt Konvergenztest. Der Wert, ab dem Konvergenz stattgefunden hat, wird sehr häufig mit 10^{-6} vorgegeben. Wenn sich die Scores noch unterscheiden, also noch keine Konvergenz erreicht wurde, dann müssen die aktuellen **u**-Scores auf die in Schritt 4 berechneten **q**-Loadings angepasst werden:

5. $\quad \mathbf{Y}_a = \mathbf{u}_a \mathbf{q}_a^T + \mathbf{F} \qquad$ LS-Lösung ergibt $\qquad \mathbf{u}_a = \mathbf{Y}_a \mathbf{q}_a / (\mathbf{q}_a^T \mathbf{q}_a)$

Nun wird dieser neue $\mathbf{u}_a$-Vektor als Schätzwert für die $\mathbf{t}_a$-Scores eingesetzt und wieder mit Schritt 1 a. begonnen.

Wenn Konvergenz erreicht wurde, ist die erste PLS2-Komponente berechnet, und diese Information wird von den *X*- und den *Y*-Daten entfernt.

6. $\quad \mathbf{X}_{a+1} = \mathbf{X}_a - \mathbf{t}_a \mathbf{p}_a^T \qquad$ und $\qquad \mathbf{Y}_{a+1} = \mathbf{Y}_a - \mathbf{t}_a \mathbf{q}_a^T$

Um eine weitere PLS-Komponente zu berechnen, wird der Index um eins erhöht.

7. $a = a + 1$

Nun wird Schritt 1 bis 6 wiederholt. Wenn $a = A_{max}$ erreicht ist, sind alle PLS-Komponenten berechnet.

Im nächsten Schritt werden die Daten $\mathbf{X}_{Amax+1}$ bzw. $\mathbf{y}_{Amax+1}$, die nach Abzug der Information der letzten berechneten Hauptkomponente übrig bleiben, mit $\mathbf{E}$ bzw. $\mathbf{F}$ bezeichnet. Sie stellen die Restvarianz von $\mathbf{X}$ bzw. $\mathbf{Y}$ dar.

8. $\mathbf{E} = \mathbf{X}_{Amax+1}$ und $\mathbf{F} = \mathbf{Y}_{Amax+1}$

Zuletzt werden, analog zu Gl. (3.21) bei der PLS1, die Regressionskoeffizienten für die X-Variablen berechnet. Der einzige Unterschied liegt darin, dass für jede Spalte k in den Y-Daten ein Regressionsvektor $\mathbf{b}_k$ berechnet wird. Damit ergibt sich eine Regressionskoeffizientenmatrix der Dimension ($N \times K$).

$$\mathbf{B} = \mathbf{W}(\mathbf{P}^T\mathbf{W})^{-1}\mathbf{Q}^T \tag{3.24}$$

und

$$\mathbf{b}_0 = \bar{\mathbf{y}}^T - \bar{\mathbf{x}}^T \mathbf{B} \tag{3.25}$$

Wendet man diese Regressionskoeffizientenmatrix auf die Messwerte $\mathbf{x}_i$ an, die für ein neues Objekt i gemessen wurden, errechnet sich die Zielgröße $\mathbf{y}_k$ entsprechend Gl. (3.25):

$$y_i k = b_0 + \mathbf{x}_i^T \mathbf{b}_k \tag{3.25}$$

Das bedeutet, für jede Zielgröße $\mathbf{y}_k$ gibt es spezifische Regressionskoeffizienten. Trotzdem handelt es sich um ein einziges Modell für alle X- und Y-Daten, denn die W- und P-Loadings werden aus allen X- und Y-Daten bestimmt und sind für alle Zielgrößen gleich. Die unterschiedlichen Regressionskoeffizienten für jede Zielgröße werden von der Matrix $\mathbf{Q}$ verursacht, in ihr stecken die individuellen Zielgrößen $\mathbf{y}_k$.

3.11.2
Wahl des Modells: PLS1 oder PLS2?

Wir kennen nun die Theorie der PLS1- und der PLS2-Regression. Es stellt sich die Frage, welche dieser beiden Möglichkeiten als Modell zu wählen ist. Welches liefert bessere Ergebnisse? Ein Entscheidungskriterium ist schnell gefunden: Haben wir nur eine Zielgröße y, die uns interessiert, dann kommt nur ein PLS1-Modell in Frage (X-Werte können beliebig viele vorhanden sein). Interessieren uns für die gleichen X-Variablen aber mehrere Zielgrößen y_1 bis y_K, so können wir entweder K PLS1-Modelle berechnen oder ein einziges PLS2-Modell.

Die PLS2 liefert ein Modell mit einem Satz Loadings und Scores für die X-Seite (**T**, **W** und **P**) und einem Satz Loadings und Scores für die Y-Seite (**U** und **Q**). Die PLS1 dagegen rechnet für jede Zielgröße y_i ein eigenes Modell mit einem eigenen Satz Loadings und Scores. Bei K Zielgrößen erhält man also K Modelle, die voneinander nichts wissen. Damit kann die PLS1 viel individueller auf jede Zielgröße eingehen. In der Praxis hat sich auch tatsächlich herausgestellt, dass in der Regel viele nacheinander berechnete PLS1-Modelle bessere Vorhersagen liefern als ein gleichzeitig berechnetes PLS2-Modell. Vor allem, wenn die y-Zielgrößen unkorreliert sind, sind viele PLS1-Modelle auf jeden Fall einem PLS2-Modell vorzuziehen.

Wo liegen dann die Vorteile der PLS2-Methode? Sinnvoll ist es, sie in der sog. Screening-Phase anzuwenden. Da es die PLS2 erlaubt beliebig viele X-Variablen mit beliebig vielen Y-Variablen zu modellieren, kann man mit der PLS2 herausfinden, welche der vielen y-Zielgrößen eine Beziehung zu den X-Daten aufweisen. Für diese kann man dann eine PLS1 berechnen. Diese Vorgehensweise spart bei großen Y-Datensätzen Zeit.

Die PLS2 ist im Vorteil, wenn die Y-Zielgrößen untereinander stark korreliert sind und eventuell Lücken im Y-Datensatz sind. Die PLS1 lässt diese Werte und damit die Objekte einfach weg, die PLS2 kann mit den anderen korrelierten Größen weiterrechnen und wird nicht zu sehr eingeschränkt durch die fehlenden Werte (wenn sich die Zahl der Lücken im Rahmen hält!).

Ebenfalls vorteilhaft ist die PLS2 bei korrelierten Y-Zielgrößen, die unterschiedliche und große Fehler aufweisen. Der Einfluss des zufälligen Fehlers wird durch die vielen Y-Zielgrößen reduziert.

Auch die Auswertung von Versuchsplänen zur Optimierung mehrerer Zielgrößen ist mit der PLS2 schneller erledigt als mit vielen PLS1-Modellen. Man erkennt leichter das Auftreten von Wechselwirkungen und deren Beziehung zu den Zielgrößen. Wir werden diesen Fall im nächsten Beispiel ausführlich besprechen.

3.11.3
Beispiel PLS2: Bestimmung von Gaskonzentrationen in der Verfahrenstechnik

Das erste Beispiel für die PLS2-Regression stammt aus der Prozessanalysentechnik. In einer verfahrenstechnischen Anlage werden an vier verschiedenen Messstellen die Gaskonzentrationen der Gase A und B gemessen. In dem Abgasstrom kommen die Gase A und B vor, außerdem kann ein Störgas C mit maximaler Konzentration von 10% auftreten. Alle drei Gase addieren sich zu 100%. Das Gas C stört die Messung der Gase A und B. Es ist aber nicht möglich, das Gas C direkt zu messen. Das gemessene Signal für Gas A und Gas B wird also durch die Anwesenheit von Gas C verändert, aber man weiß nicht, wann C vorhanden ist und wann nicht. Nun soll mit Hilfe der PLS2 ein

Tabelle 3.10 Einstellungen der zu kalibrierenden Gase A, B und C
(Ist-Werte) und die dazu gemessenen Werte der vier Gasanalysatoren
für Gas A und Gas B für einige ausgewählte Versuche

Messung Nr.	Gas A Ist	Gas B Ist	Gas C Ist	Analysator A1	Analysator A2	Analysator A3	Analysator A4	Analysator B1	Analysator B2	Analysator B3	Analysator B4
1 a	100	0	0	100,0	100,0	100,1	100,1	0,0	0,0	0,1	0,0
2 a	90	10	0	90,1	90,4	90,1	90,1	10,0	10,0	10,1	10,0
3 a	80	20	0	79,9	80,3	79,9	79,9	20,1	20,1	20,2	20,1
12	90	5	5	86,8	87,7	87,4	87,5	5,7	5,7	5,8	5,7
13	80	15	5	77,2	77,9	77,6	77,7	15,7	15,7	15,8	15,7
14	70	25	5	67,6	68,1	67,8	67,9	25,8	25,7	25,8	25,7
21	90	0	10	84,9	85,2	84,9	85,0	1,4	1,3	1,5	1,3
22	80	10	10	75,4	75,6	75,3	75,4	11,4	11,3	11,5	11,3
23	70	20	10	65,7	65,9	65,6	65,7	21,6	21,5	21,7	21,4

Regressionsmodell aufgestellt werden, das aus den Messungen für Gas A und Gas B deren wahre Konzentration bestimmt, und womit sich dann auch die wahre Konzentration des Gases C bestimmen lässt. Um das Kalibrationsmodell aufzustellen, wurden insgesamt 41 Messungen durchgeführt, wobei die Gaskonzentration A und B jeweils in 10er-Gaskonzentrationsschritten verändert wurde. Bei 20 Versuchen war zusätzlich das Gas C anwesend, zehnmal in einer Konzentration von 5% und zehnmal mit einer Konzentration von 10%. Da mehr als ausreichend Kalibrierproben gemessen wurden, konnte das Datenset in ein Kalibrierset mit 21 Proben und ein Validierset mit 20 unterschiedlichen Proben aufgeteilt werden. Das Kalibrierset enthält die Proben 1, 3, 5, usw. mit ungerader Probennummer, das Validierset die Proben 2, 4, 6, usw. mit gerader Probennummer. Die Daten wurden mit Gasanalysatoren der Fa. Rheinhold & Mahla Industrieservice Höchst GmbH gemessen und freundlicherweise zur Verfügung gestellt[1]. Die vollständige Tabelle befindet sich im Anhang B.

Einige ausgewählte Versuche sind mit den eingestellten und gemessenen Gaswerten in der Tabelle 3.10 aufgeführt.

Befindet sich nur Gas A und B in der Anlage, so liefern alle acht Analysatoren richtige und fast identische Ergebnisse. Je mehr Gas C vorhanden ist, weichen die angezeigten Werte vom wahren Konzentrationsgehalt immer mehr ab. Schauen wir uns die Werte für einen Gehalt an Gas A von 90% an. Wird 5% von Gas C zugegeben, so messen die Analysatoren A1 bis A4 nur noch im Mittel 87,4%, bei Zugabe von 10% Gas C sogar im Mittel nur noch 85%.

---

[1] Mein besonderer Dank gilt Herrn Dr. Christian Lauer für die Überlassung der Daten und die fachliche Unterstützung.

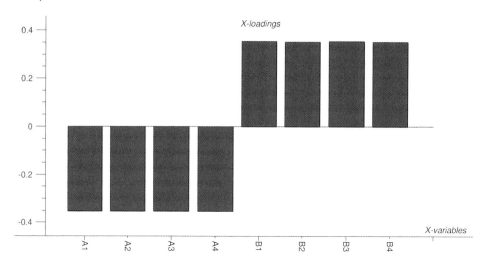

Abb. 3.17 Ergebnisse der PCA berechnet aus den Messwerten der acht Gasanalysatoren – Loadingsplot für PC1, Gas A hat negative Loadings, Gas B hat positive Loadings. Erklärungsanteil: PC1 99%.

Das Messsignal der Analysatoren für Gas B wird durch das Gas C zwar nicht so stark aber doch auch merklich verändert. So zeigen die Analysatoren für Gas B bei Messung Nummer 21 (Zugabe von 10% Gas C) im Mittel den Wert 1,4%, obwohl gar kein Gas B bei dieser Messung vorhanden ist.

Man kann nun für jedes der drei Gase A, B und C ein PLS1-Modell erstellen, wobei die Messsignale der acht Analysatoren als X-Eingangsgrößen genommen werden. Diese drei Modelle liefern auch in der Tat befriedigende Lösungen. Aber wir wollen mit diesem Beispiel die Möglichkeiten der PLS2 näher kennen lernen und werden deshalb alle drei Gase zusammen in einem einzigen PLS2-Modell kalibrieren.

Bevor wir die PLS2 beginnen, ist es sinnvoll eine PCA der acht Messwerte zu machen, um herauszufinden, ob die Information für das Gas C in einer systematischen Weise, also nicht zufällig, in den Messwerten zu erkennen ist. Es wurden alle 41 Proben verwendet. Man erkennt aus den Loadings, die in Abb. 3.17 gezeigt sind, dass die Gase A und B entgegengesetzt korreliert sind, wobei das Gas A negative Loadings aufweist. PC1 beinhaltet die Konzentration des Gases A und B und erklärt 99% der Gesamtvarianz. Abbildung 3.18 zeigt den Scoreplot für PC1 und PC2 dieser PCA. In diesem Scoreplot sind die Proben mit hohem Anteil an Gas A links und die mit hohem Gas-B-Anteil rechts. Außerdem sieht man, dass die Hauptkomponente PC2 die Proben in drei deutliche Gruppen einteilt. Die Markierung der Proben in der Grafik gibt die bei diesem Versuch vorhandene Menge des Gases C an. Wir erkennen also, dass PC2 die Konzentration des Gases C wiedergibt.

Schauen wir uns die Scorewerte für PC2 noch etwas mehr im Detail an. Die oberste Reihe enthält kein Gas C, die mittlere 5% und die unterste 10%. Den-

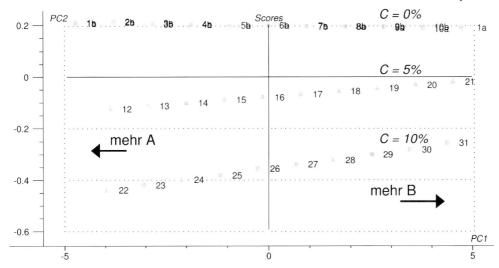

Abb. 3.18 Ergebnisse der PCA berechnet aus den Messwerten der acht Gasanalysatoren – PC1-PC2-Scoreplot, die prozentuale Zugabe des Gases C ist vermerkt.

ken wir uns die einzelnen Messpunkte mit Linien verbunden, dann erkennen wir, dass diese Linien nicht parallel zueinander laufen. Hätte nur Gas A bzw. B und Gas C unabhängig voneinander Einfluss auf die Werte der Analysatoren, müssten diese Linien parallel sein. Ein uns noch unbekannter Einflussfaktor „stört" die Parallelität. Da außer Gas A, B und C nichts geändert wurde und auch die Temperatur und Druck konstant gehalten wurde, kann dieser „Störfaktor" nur durch eine Wechselwirkung des Gases C mit A oder B begründet werden. Diese Wechselwirkung sollten wir bei der Kalibration berücksichtigen.

Aus Tabelle 3.10 erkennen wir, dass der Einfluss des Gases C auf das Gas A viel größer ist als auf das Gas B, deshalb beginnen wir mit dem Hinzufügen der Wechselwirkung AC. Dazu multiplizieren wir wieder, wie wir das bereits bei dem Beispiel der MLR in Abschnitt 3.7 gemacht haben, die Konzentration des Gases A mit der des Gases C und erhalten eine zusätzliche Einstellgröße, die wir WW AC nennen.

Zum Test, ob diese Wechselwirkung tatsächlich eine Verbesserung bringt, machen wir zuerst eine umgekehrte PLS2 ohne die Wechselwirkung AC. Dabei werden die drei Gase A, B und C als X-Werte genommen und die Messwerte der Analysatoren als Y-Werte. Alle beteiligten Variablen werden standardisiert, damit die unterschiedlichen Größenordnungen keine Rolle spielen. Das Ergebnis für Analysator A1 zeigt Abb. 3.19. Die Ergebnisse der anderen sieben Analysatoren sind im Prinzip identisch.

Mit zwei PLS-Komponenten werden 99,97% der Y-Daten erklärt. Man erkennt anhand des W-Loadingsplots, dass die erste PLS-Komponente durch die Gaskonzentrationen A (positiv) und B (negativ) bestimmt wird. In der zweiten PLS-

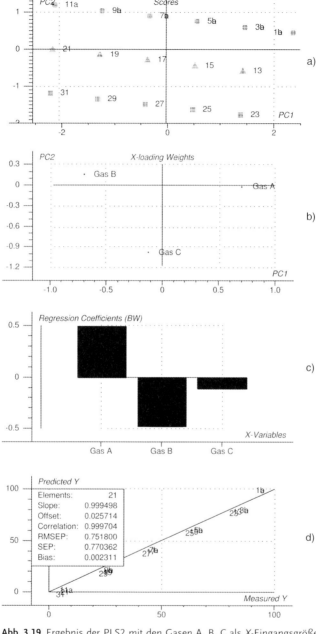

Abb. 3.19 Ergebnis der PLS2 mit den Gasen A, B, C als X-Eingangsgrößen und den Messwerten der acht Gasanalysatoren als Y-Werte: (a) Scorewerte (T-Scores) der 21 Kalibrierproben; (b) W-Loadings; (c) Regressionskoeffizienten gerechnet aus zwei PLS-Komponenten; (d) Ergebnis der Kreuzvalidierung für ein Modell mit zwei PLS-Komponenten; dargestellt für y1 = Analysator A1.

Komponente steckt die Konzentration des Gases C. Der Soreplot spiegelt genau unsere Einstellungen wieder, die Proben auf der rechten Seite haben hohe A-Konzentration (Probe 1, 13 und 23), die Proben links hohe B-Konzentration (Probe 11, 21 und 31). Die Proben oben enthalten kein Gas C, die Proben unten haben 10% von Gas C. Wechselwirkungen zwischen A, B und C kann man keine erkennen, die drei gedachten Linien durch die Gruppen laufen parallel. Das ist so richtig, denn im Modell waren keine Wechselwirkungen enthalten. Wie gut kann dieses Modell die gemessenen Werte beschreiben? Am rechten unteren Bild erkennen wir, dass der SECV, berechnet aus der Kreuzvalidierung, SECV=0,77 beträgt. Die Hinzunahme einer weiteren PLS-Komponente bringt keine Verbesserung. In die Regressionskoeffizienten geht vor allem A und B mit unterschiedlichen Vorzeichen ein, aber auch C geht in das Regressionsmodell mit negativem Vorzeichen ein (Abb. 3.19 unten links). Das bedeutet, die Anwesenheit von C verringert das Signal von A und erhöht das von B. So sehen wir es auch tatsächlich an den Messwerten.

Zum Vergleich machen wir wieder eine umgekehrte PLS2, aber diesmal mit den *X*-Eingangsgrößen A, B, C und zusätzlich der WW AC. Das Ergebnis ist in Abb. 3.20 wieder exemplarisch für den Analysator A1 dargestellt.

Diesmal sind drei PLS-Komponenten nötig, um 99,99% der Gesamtvarianz der *Y*-Daten zu erklären. Die erste PLS-Komponente zeigt ebenfalls in die Richtung des Gases A und B. Sie ist nicht noch einmal dargestellt. Dafür zeigt die Abb. 3.20 oben rechts die **W**-Loadings für PLS-Komponente 3 (X-Achse) und 2 (Y-Achse). In beiden PLS-Komponenten spielt sowohl die Konzentration des Gases C eine wichtige Rolle als auch die Wechselwirkung AC. Der Fehler der Kreuzvalidierung reduziert sich bei drei PLS-Komponenten auf SECV=0,38 und ist damit halb so groß wie bei der Rechnung ohne die Wechselwirkung. Die Regressionskoeffizienten (Abb. 3.20 unten links) sind ähnlich zur vorigen Berechnung. Gas A und B haben den größten Einfluss mit umgekehrtem Vorzeichen, auch C ist wichtig und wirkt in die gleiche Richtung wie B. Diesmal kommt noch der Einfluss von Wechselwirkung AC dazu, der zwar gering ist, aber immerhin den SECV halbiert. Der Scoreplot (Abb. 3.20 oben links) zeigt deutlich die Wechselwirkung AC, die in PC2 enthalten ist.

Die Zusammenfassung der beiden umgekehrten PLS2-Berechnungen, ohne bzw. mit Wechselwirkung, lautet:

- Die PLS berücksichtigt die Wechselwirkung AC im Modell und der Vorhersagefehler reduziert sich auf die Hälfte.
- Damit ist es gerechtfertigt, und auch sinnvoll, diese Wechselwirkung AC in das Modell mit einzubeziehen.

Dieses Wissen werden wir nun berücksichtigen, wenn wir die Kalibrierung in der „richtigen" Richtung durchführen, denn später sollen die gemessenen Gasanalysatorwerte in das Modell eingegeben werden und dann sollen die Konzentrationen der Gase A, B und wenn möglich C vom Modell berechnet werden. Das bedeutet, die *X*- und *Y*-Variablen tauschen die Plätze. Da die Beziehung der *Y*-Daten in die Berechnung der **X**-Scores und -Loadings eingeht, wird das Mo-

136 | 3 Multivariate Regressionsmethoden

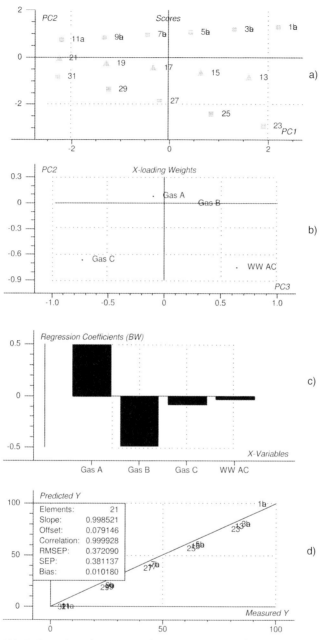

Abb. 3.20 Ergebnis der PLS2 mit den Gasen A, B, C und der Wechselwirkung AC als Eingangsgrößen und den Messwerten der acht Gasanalysatoren als Y-Werte: (a) Scorewerte (T-Scores) der 21 Kalibrierproben; (b) W-Loadings; (c) Regressionskoeffizienten gerechnet aus drei PLS-Komponenten; (d) Ergebnis der Kreuzvalidierung für ein Modell mit drei PLS-Komponenten; dargestellt für y1 = Analysator A1.

dell im Vergleich zu vorher nur umgekehrt ausgedrückt, in der Aussage ändert sich nichts. Wir benützen wieder die 21 Kalibrierproben (ungerade Probennummern) zur Erstellung des Kalibriermodells und validieren mit den 20 Validierproben (gerade Probennummern). Die Messsignale der acht Gasanalysatoren A1 bis A4 und B1 bis B4 bilden die *X*-Variablen und die eingestellten Gaskonzentrationen der Gase A, B, C und die Wechselwirkung AC werden als *Y*-Variablen für die Kalibrierung verwendet. Alle Variablen sollten standardisiert werden.

Abbildung 3.21 zeigt die berechneten Loadings auf der *X*- und *Y*-Seite. In der oberen Reihe finden wir die **Y**-Loadings für PLS-Komponente 1, 2 und 3. Wir erkennen, dass die **Y**-Loadings identisch zu den gewichteten **X**-Loadings aus der vorherigen PLS2-Berechnung sind. Die Gase A und B bestimmen die erste PLS-Komponente, die zweite und dritte PLS-Komponente enthält das Gas C und die Wechselwirkung AC. In den Grafiken der unteren Reihe sind die gewichteten Loadings der *X*-Seite, also die Messwerte der Analysatoren, dargestellt. Die erste PLS-Komponente auf der *X*-Seite beschreibt die Gase A und B. Alle A- bzw. B-Analysatoren haben auf dieser PLS-Komponente gleiche Loadings. Die zweite PLS-Komponente unterscheidet etwas zwischen den Sensoren B1, B3 und B2, B4. Die dritte PLS-Komponente lässt leichte Unterschiede zwischen den Sensoren A1 und A2 erkennen. Hier stecken die Wechselwirkungen. Viel Varianz steckt nicht in den PLS-Komponenten zwei und drei, trotzdem verbessern sie die Vorhersage deutlich.

Die Frage bleibt, wie viel PLS-Komponenten zu berücksichtigen sind. Technisch möglich wären acht, da wir mit acht *X*-Variablen rechnen. Wir betrachten die Restvarianz der Kreuzvalidierung unserer 21 Kalibrierproben. Sie ist in Abb. 3.22 grafisch dargestellt. Die Restvarianz nimmt drastisch nach der zweiten PLS-Komponente ab, wird bei der dritten eine Idee größer und nimmt dann leicht ab, um bei PLS-Komponente sieben erneut ein Minimum zu erreichen. Nur aus der Kreuzvalidierung mit den Kalibrierproben müsste man sich für sieben PLS-Komponenten entscheiden.

Wir wissen, dass so viele Einflussgrößen nicht beteiligt sind, deshalb sollten wir die Entscheidung für die Anzahl der PLS-Komponenten nicht aufgrund der Kreuzvalidierung treffen. Dazu wurde das Testset mit 20 unabhängigen Proben bereitgestellt, mit denen die Validierung durchgeführt wird.

Für die 20 Proben des Testsets werden die Gaskonzentrationen für die Gase A, B und C mit dem erstellten Kalibriermodell nacheinander für eine bis vier PLS-Komponenten berechnet. Außerdem wird für jede Anzahl der verwendeten PLS-Komponenten die Standardabweichung der Residuen (SEP) bestimmt. Die Ergebnisse sind in Tabelle 3.11 aufgelistet.

Eine PLS-Komponente ist ganz offensichtlich zu wenig. Die Verbesserung zwischen der dritten und vierten Komponente ist noch erkennbar und sogar noch signifikant, wenn man von einer Standardabweichung bei der Messgenauigkeit der Gasanalysatoren von 0,1 ausgeht. Eine weitere Hinzunahme von PLS-Komponenten bringt keine Verbesserung für die Validierdaten. Damit entscheiden wir uns für ein Modell mit drei PLS-Komponenten, da die geringe Änderung des SEP keine weitere PLS-Komponente rechtfertigt.

138 | *3 Multivariate Regressionsmethoden*

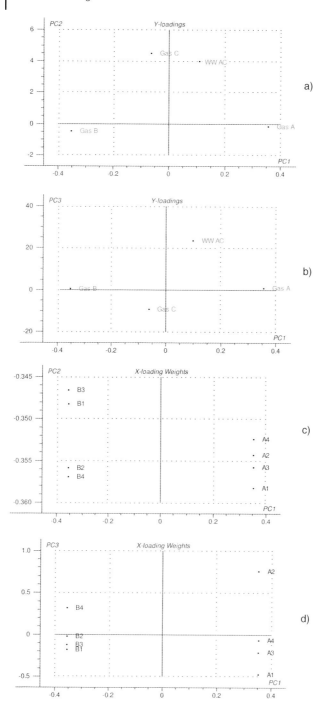

Abb. 3.21 (Legende siehe S. 139).

3.11 PLS-Regression für mehrere Y-Variablen (PLS2) | 139

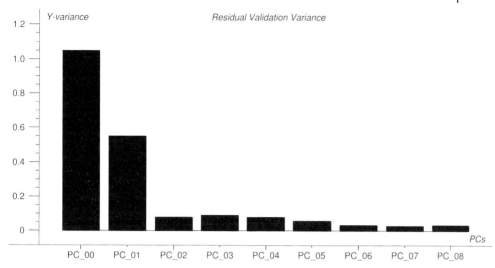

Abb. 3.22 Restvarianz in Abhängigkeit der verwendeten Anzahl PLS-Komponenten.

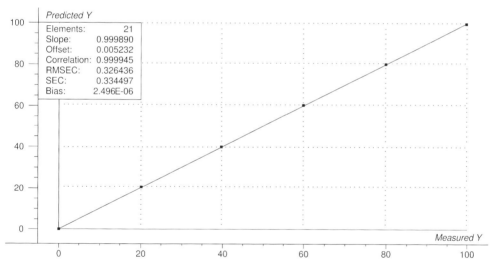

Abb. 3.23 Vorhergesagte gegen gemessene Werte des Gases A für drei PLS-Komponenten bei der Kalibrierung.

Abb. 3.21 PLS2 für die Messwerte der acht Gasanalysatoren (X) und die eingestellten Gaskonzentrationen (Y); Vergleich der Y-Loadings (Q-Loadings) und der gewichteten X-Loadings (W-Loadings); (a) Y-Loadings für PLS-Komponente 1 und 2; (b) PLS-Komponente 1 und 3; (c) gewichtete X-Loadings für PLS-Komponente 1 und 2; (d) und PLS-Komponente 1 und 3. Erklärte Varianzen in X: PC1 99%, PC2 ~1%, PC3 <1%; in Y: PC1 52%, PC2 42%, PC3 <1%.

Tabelle 3.11 Standardabweichung der Residuen (SEP) für die Validierproben bei unterschiedlicher Anzahl verwendeter PLS-Komponenten

Anzahl der verwendeten PLS-Komponenten	SEP Gas A	SEP Gas B	SEP Gas C
1	1,15	3,22	4,23
2	0,37	0,16	0,50
3	0,34	0,16	0,46
4	0,33	0,15	0,45

Tabelle 3.12 Vorhergesagte Konzentrationen für die Gase A, B und C aus den Messwerten der Analysatoren A1 bis A4 und B1 bis B4 für ein PLS-Modell mit drei PLS-Komponenten

Proben-nummer	Gas A		Gas B		Gas C	
	Referenz A	Vorhergesagt A	Referenz B	Vorhergesagt B	Referenz C	Vorhergesagt C
12	90	89,9	5	4,9	5	5,1
14	70	69,9	25	24,9	5	5,1
16	50	49,9	45	45,0	5	5,1
18	30	29,9	65	65,0	5	5,1
20	10	9,9	85	85,1	5	5,1
22	90	89,2	0	−0,4	10	11,2
24	70	69,5	20	19,9	10	10,6
26	50	50,0	40	40,0	10	10,0
28	30	30,3	60	60,0	10	9,6
30	10	10,5	80	80,4	10	9,1

Die Vorhersagewerte für die Konzentrationen aller drei Gase für die Proben mit 5%- und 10%-Anteil an Gas C sind in Tabelle 3.12 für die Validierproben angegeben, wobei das Kalibriermodell mit drei PLS-Komponenten verwendet wurde.

Die Übereinstimmung mit den Referenzwerten ist sehr gut. Sogar die Konzentration des Gases C wird gut wiedergegeben, obwohl nur Messwerte von Gasanalysatoren für das Gas A und B in die Kalibrierung eingingen.

Die PLS-Regression ermöglicht es, aus den acht hoch korrelierten Messwerten der Gasanalysatoren die Beiträge der Einzelkomponenten A, B und C zu errechnen.

Die MLR bietet zwar die Möglichkeit den funktionalen Zusammenhang zwischen den Konzentrationen der Einzelgase A, B und C und auch die Wechselwirkung für jeden der acht beteiligten Gasanalysatoren zu kalibrieren. Aber es ist nicht möglich das Modell umzukehren und aus einem gemessenen Wert oder dem Mittelwert über die vier Analysatoren die Konzentration der Gase A, B und C zu berechnen. Hier ist die PLS-Regression der MLR eindeutig überlegen.

3.11.4
Beispiel 2 zur PLS2: Berechnung der Konzentrationen von Einzelkomponenten aus Mischungsspektren

Es wurden drei Farbstoffe Grün (Supranol Cyaningrün), Orange (Supranol Echtorange) und Blau (Supranol Brillantblau) in Wasser gelöst und aus diesen drei Farben Mischungen mit unterschiedlichen Konzentrationen der einzelnen Farbstoffe hergestellt. Von den reinen Farben und den Mischungen wurden kleine Mengen in eine 10-mm-Quarzglasküvette gefüllt und die Absorptionsspektren im UV- und VIS-Bereich von 250 bis 800 nm mit einem Perkin-Elmer-Gitterspektrometer Lambda 9 in Transmission gemessen, wobei Wasser als Referenz verwendet wurde. Abbildung 3.24 zeigt die Absorptionsspektren der reinen Farben Grün, Orange und Blau in der Konzentration von 10 ppm. Abbildung 3.25 zeigt die Absorptionsspektren ausgewählter Mischungen dieser drei Farben mit jeweils großen Anteilen an Grün bzw. Blau oder Orange. Abbildung 3.26 zeigt die Absorptionsspektren aller 32 hergestellten Mischungen.[2]

Die Mischungen wurden so gewählt, dass der Mischungsraum, der bei drei Komponenten ein zweidimensionaler Simplexraum ist, möglichst gleichmäßig abgedeckt wurde. Wenn uns die Verteilung der Proben in diesem Simplex-Mischungsraum interessiert, können wir eine PCA mit den Konzentrationen der Farben machen, der PC1-PC2-Scoreplot zeigt dann genau diesen Simplexraum

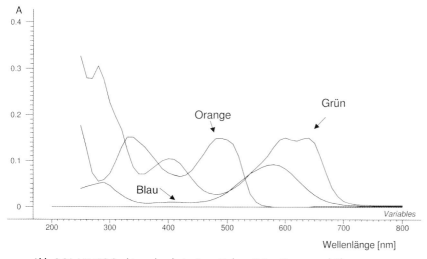

Abb. 3.24 UV-VIS-Spektren der drei reinen Farben Grün, Orange und Blau.

2) Die Daten in diesem Beispiel sind auf der beiliegenden CD in der Datei Kapitel3_Farben.00D.

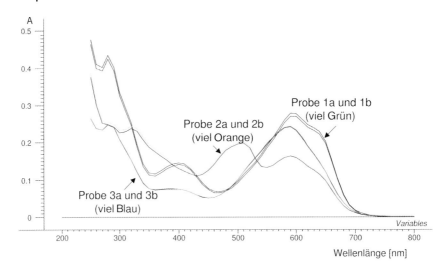

Abb. 3.25 UV-VIS-Spektren der Mischungen aus den Farben Grün, Orange und Blau mit großem Anteil an Grün, Orange bzw. Blau.

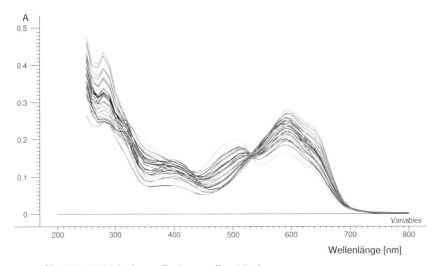

Abb. 3.26 UV-VIS-Spektren aller hergestellten Mischungen.

und die Verteilung der Proben darin und mit Hilfe des PC1-PC2-Loadingsplots kann man diesem Raum die entsprechenden Farben zuordnen. Mehr zu Mischungsversuchsplänen und den Simplexräumen findet man recht anschaulich in [7] und ausführlicher – was die Mathematik angeht – in [19].

In diesem Beispiel soll mit Hilfe der PLS2-Regression eine Kalibrierungsfunktion erstellt werden, mit der die Konzentrationen der einzelnen Farben aus den Absorptionsspektren der Mischungen bestimmt werden können. Dazu wählen wir zuerst aus den vorhandenen 32 Mischungen ein geeignetes Kalibrierset,

Tabelle 3.13 Zusammenstellung der Kalibrierproben mit den darin enthaltenen Konzentrationen der Farbstoffe Grün, Orange und Blau

Lfd. Nummer	Probe	Konzentrationen der einzelnen Farben		
		Grün [ppm]	Orange [ppm]	Blau [ppm]
1	P_01	13	2	10
2	P_02	5	10	10
3	P_03	5	2	18
4	P_07	10	5	10
5	P_08	8	7	10
6	P_09	10	2	13
7	P_10	8	2	15
8	P_11	5	7	13
9	P_12	5	5	15
10	P_13	8	5	13
11	P_14	10	3	12
12	P_15	6	7	12
13	P_16	6	3	16
14	P_17	8	6	11
15	P_20	6	5	14
16	P_22	9	3	13

das den Versuchsraum möglichst optimal aufspannt. In Tabelle 3.13 sind die Probennummern und verwendeten Konzentrationen der einzelnen Farben in der Mischung angegeben, die wir für die Kalibrierung verwenden werden. Die Konzentration bei Grün variiert zwischen 5 und 13 ppm, bei Orange zwischen 2 und 10 ppm und bei Blau zwischen 10 und 18 ppm. Sie wurden so gewählt, um bei allen drei Farben etwa die gleiche Farbsättigung zu erreichen.

Wir verwenden die Absorptionsspektren dieser 16 Proben als X-Werte und die zugehörigen drei Konzentrationswerte als Y-Werte und berechnen eine PLS2-Regression. Das Ergebnis zeigt Abb. 3.27.

Obwohl es sich um einen zweidimensionalen Simplexraum handelt, sind zwei PLS-Komponenten nicht ausreichend. Mit zwei Komponenten werden nur 98% der Gesamtvarianz in Y erklärt, erst mit der dritten PLS-Komponente erreichen wir annähernd 100% erklärte Y-Varianz bei der Kalibrierung bzw. ein Verschwinden der Restvarianz. In Abb. 3.27c ist die Restvarianz der Kalibrierung (Residual Calibration Variance) dargestellt. Der Scoreplot (Abb. 3.27a) zeigt einen zweidimensionalen Simplexraum für die Proben, der sich aus den Spektren ergibt. Die erste PLS-Komponente beschreibt das Verhältnis von Grün (Probe P01 mit negativem PLS1-Score) zu Orange (Probe P02 mit positivem PLS1-Score), die zweite PLS-Komponente enthält die Konzentration der Farbe Blau (Probe P03 mit positivem PLS2-Score). Aber wir sehen in diesem Scoreplot Abweichungen vom idealen Simplexraum, denn Probe P08 liegt unterhalb einer gedachten Verbindungslinie von Probe P01 (maximal Grün, minimal Blau) und

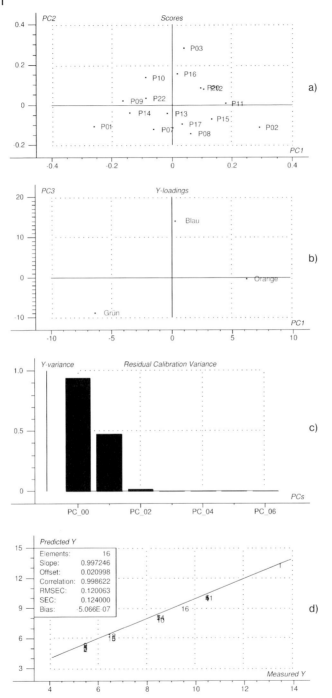

Abb. 3.27 Ergebnis der PLS2-Kalibrierung: Bestimmung der Farbkonzentration aus den Absorptionsspektren. Erklärte Varianzen in X: PC1 57%, PC2 42%, PC3 6%; in Y: PC1 49%, PC2 49%.

Probe P02 (maximal Orange, minimal Blau) und enthielte damit weniger von der Komponente Blau als die Proben P01 und P02. In Wirklichkeit enthalten aber alle drei Proben die gleiche minimale Konzentration der Farbe Blau. Die dritte PLS-Komponente korrigiert das Verhältnis von Blau und Grün. Die zugehörigen Y-Loadings für die PLS-Komponente 1 und 3 sind in Abb. 3.27 b zu sehen. Die Farbe Orange ist in der dritten PLS-Komponente nicht mehr beteiligt.

In Abb. 3.27 d sind die gemessenen (eingewogenen) Konzentrationen für Grün gegen die mit einem PLS2-Modell berechneten Konzentrationen für Grün bei der Verwendung von drei PLS-Komponenten dargestellt.

Der mittlere Fehler der Kalibrierung RMSEC ist für die drei Farbkonzentrationen unterschiedlich. Wir erhalten für Orange den kleinsten Kalibrierfehler. In Tabelle 3.14 sind die Kalibrierfehler für die drei Farben angegeben, wobei PLS2-Modelle mit einer bis sechs PLS-Komponenten verwendet wurden.

Der kleine Fehler für die Farbe Grün und Orange ist verständlich, wenn man die Spektren der drei Farben anschaut. Das Absorptionsspektrum von Orange unterscheidet sich sehr deutlich von Grün und Blau. Es gibt bei Orange allein stehende Absorptionsmaxima bei 340 und 490 nm, während bei Grün und Blau die Absorptionsmaxima sowohl bei 280–290 nm als auch bei 580–600 nm überlappen. Nur die Absorptionsmaxima bei 410 nm und 650 nm sind für die Farbe Grün nicht von einem Maximum einer anderen Farbe überlagert. Die PLS sucht nach solchen „Alleinstellungsmerkmalen" und packt deshalb in die erste PLS-Komponente die Information „Orange" und „Grün". In Abb. 3.28 ist der gewichtete Loading dieser ersten PLS-Komponente dargestellt. Man erkennt deutlich die spektrale Information „Grün" und „Orange", die in dieser Komponente steckt. Die zweite PLS-Komponente ergänzt die Information „Blau", die aber auf Grund der Überlappungen von „Grün" und „Blau" noch mit einer dritten PLS-Komponente korrigiert werden muss.

Die Abb. 3.29 und 3.30 zeigen die gewichteten Loadings für PLS-Komponente zwei und drei. PLS-Komponente zwei ergänzt die erste Komponente durch Hervorheben der Information für „Blau". Die dritte PLS-Komponente ist sehr ähnlich zur zweiten und korrigiert nur noch das Verhältnis von „Grün" und „Blau".

Tabelle 3.14 Mittlerer Fehler der Kalibrierung (RMSEC) für die Konzentrationen der Farben Grün, Orange und Blau

	RMSEC Grün [ppm]	RMSEC Orange [ppm]	RMSEC Blau [ppm]
PC_01	1,06	1,26	2,30
PC_02	0,31	0,09	0,46
PC_03	0,12	0,09	0,13
PC_04	0,05	0,07	0,13
PC_05	0,05	0,07	0,07
PC_06	0,04	0,07	0,04

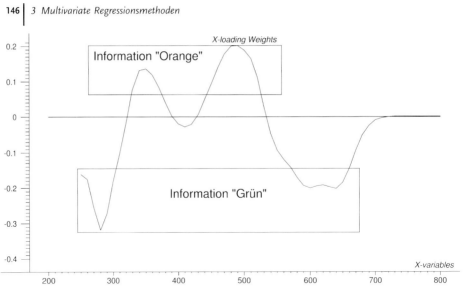

Abb. 3.28 Gewichtete Loadings der ersten PLS-Komponente.

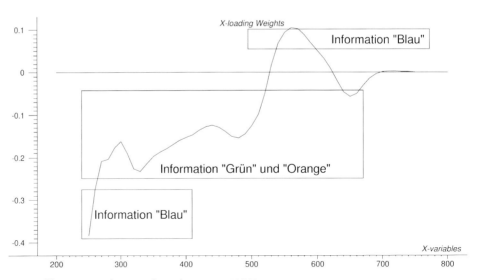

Abb. 3.29 Gewichtete Loadings der zweiten PLS-Komponente.

Die PLS-Scores und PLS-Loadings sind für alle drei Farbkonzentrationen identisch, denn sie bilden ja ein gemeinsames PLS2-Modell. Dagegen werden die Regressionskoeffizienten für jede Farbe unterschiedlich sein. Mit den Regressionskoeffizienten wird der Zusammenhang zwischen den **X**-Loadings des PLS2-Modells und der Zielgröße y_j hergestellt. In diesem Beispiel haben wir drei Zielgrößen y_j, nämlich die Konzentrationen der Farbe Grün, Orange und Blau.

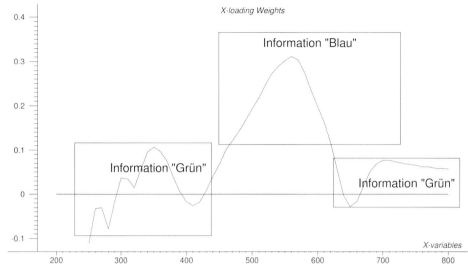

Abb. 3.30 Gewichtete Loadings der dritten PLS-Komponente.

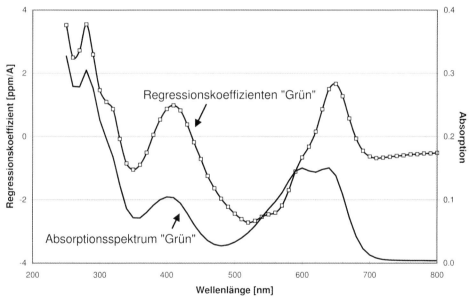

Abb. 3.31 Regressionskoeffizienten und Absorptionsspektren der Reinfarbe Grün zur Berechnung der Konzentrationen. Die Regressionskoeffizienten wurden mit drei PLS-Komponenten berechnet.

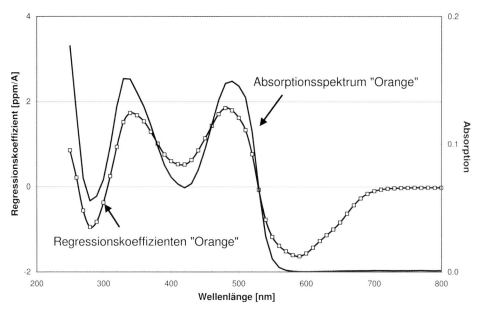

Abb. 3.32 Regressionskoeffizienten und Absorptionsspektren der Reinfarbe Orange zur Berechnung der Konzentrationen. Die Regressionskoeffizienten wurden mit drei PLS-Komponenten berechnet.

In den Abb. 3.31 bis 3.33 sind die Regressionskoeffizienten zur Berechnung der Konzentrationen aus den Mischungsabsorptionsspektren für die drei Farben Grün, Orange und Blau dargestellt. Abbildung 3.31 zeigt wie erwartet, dass für die Regression von Grün vor allem die charakteristischen nicht überlappenden Absorptionsmaxima bei 280, 410 und 650 nm wichtig sind. Für die Farbe Orange ist das noch viel ausgeprägter, denn wie wir schon festgestellt haben, gibt es hier kaum Überlappungen und damit sind die Regressionskoeffizienten fast identisch zum Absorptionsspektrum der reinen Farbe Orange (Abb. 3.32).

Bei der Farbe Blau sind alle Absorptionsmaxima sehr ähnlich zur Farbe Grün. Um die Farbe Blau aus der Mischung herauszuarbeiten, sind vor allem die Absorptionswerte unter 280 nm wichtig und im Bereich von 500 bis 600 nm, wie in Abb. 3.33 zu sehen ist.

Nun muss das Kalibriermodell noch mit dem unabhängigen Validierdatensatz getestet werden. Dazu werden die 20 Mischungsspektren, die nicht in die Kalibrierung eingegangen sind, mit den Regressionskoeffizienten jeder Farbe multipliziert. Die Summe der einzelnen Terme plus der Regressionskoeffizient b_0 ergibt die Konzentration für die jeweilige Farbe. Man erhält folgende Vorhersagen für die 20 Validierproben (Tabelle 3.15). Der mittlere Fehler für die Vorhersage von Grün beträgt 0,18 ppm, für Orange nur 0,1 ppm. Die Vorhersage für Blau ist am schlechtesten mit einem mittleren Fehler von 0,22 ppm. Diese Validierungsfehler sind damit kaum größer als die Kalibrierungsfehler. Die größte Ab-

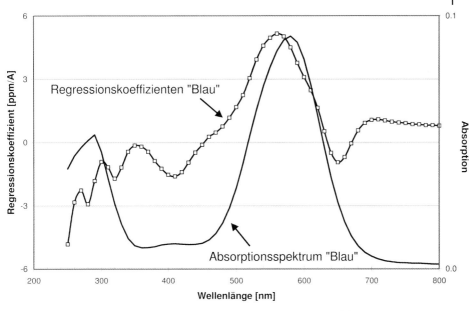

Abb. 3.33 Regressionskoeffizienten und Absorptionsspektren der Reinfarbe Blau zur Berechnung der Konzentrationen. Die Regressionskoeffizienten wurden mit drei PLS-Komponenten berechnet.

weichung hat Probe 24 mit geschätzten 15,62 ppm Blau anstatt eingewogenen 16 ppm Blau und Probe 28, für die ebenfalls nur 9,63 ppm Blau geschätzt wird anstatt der eingewogenen 10 ppm.

Zum Schluss stellt sich die Frage, ob es sinnvoll ist, nur *ein* PLS2-Modell zu berechnen anstatt *drei* PLS1-Modelle für die drei Farbkonzentrationen. Da die Y-Werte über die Beziehung:

Konzentration Grün + Konzentration Orange + Konzentration Blau = konstant

miteinander verknüpft sind, ist es durchaus angebracht auch hier eine PLS2-Regression anzuwenden. Allerdings ergeben sich keine besseren Vorhersageergebnisse im Vergleich zu drei individuellen PLS1-Modellen, die für jede Farbe getrennt bestimmt werden, wie leicht nachzuprüfen ist.

Eventuell wird mit dem PLS2-Modell eine größere Robustheit gegenüber Schwankungen erreicht, die in nur einer der Y-Variablen auftreten. Ein Fehler in einer Y-Variablen wird sozusagen „gemittelt" über die **Q**-Loadings (**Y**-Loadings), die auf der Y-Seite aus allen vorhandenen Variablen bestimmt werden, und die diese Schwankung dann eventuell nicht haben.

In diesem Beispiel geben die PLS2 und die PLS1 fast identische Ergebnisse. In der Regel wird ein für jede Y-Zielgröße individuell erstelltes PLS1-Modell bessere Ergebnisse erzielen als ein gemeinsames PLS2-Modell für alle Variablen, wenn die Korrelationen zwischen den Y-Variablen nicht sehr hoch sind.

Tabelle 3.15 Vorhersagen und Referenzwerte (Einwaage) für die Validierproben, berechnet aus Regressionskoeffizienten

Probe	Einwaage Grün [ppm]	Einwaage Orange [ppm]	Einwaage Blau [ppm]	Vorhersage Grün [ppm]	Vorhersage Orange [ppm]	Vorhersage Blau [ppm]
P_1B	13	2	10	13,23	2,05	9,83
P_2B	5	10	10	4,93	10,08	9,99
P_3B	5	2	18	4,85	1,98	18,14
P_04	9	6	10	8,81	5,94	10,13
P_05	9	2	14	8,98	2,05	14,07
P_06	5	6	14	4,95	6,08	13,83
P_11B	5	7	13	4,84	6,97	13,16
P_18	8	3	14	7,87	3,04	14,16
P_19	6	6	13	5,97	5,97	13,16
P_21	9	5	11	8,87	4,96	11,16
P_23	11	2	12	11,28	2,11	11,66
P_24	7	2	16	7,24	2,16	15,62
P_25	5	4	16	5,20	4,07	15,73
P_26	5	8	12	5,15	7,96	11,79
P_27	7	8	10	7,15	8,08	9,80
P_28	11	4	10	11,31	4,14	9,63
P_29	7	5	13	7,11	5,23	12,82
P_30	9	4	12	9,25	4,13	11,71
P_31	8	5	12	8,13	5,10	11,87
P_32	8	4	13	8,18	4,05	12,71
Mittlerer Fehler (RMSEP)				0,18	0,10	0,22

Zusammenfassung der Ergebnisse aus der PLS2:

- Es ist möglich aus den Spektren der Mischungen eine Kalibrierung für die einzelnen Konzentrationen der Farben Grün, Orange und Blau zu berechnen, ohne dass die Spektren der Reinkomponenten bekannt sein müssen.
- Die Regressionskoeffizienten zeigen, welche Bereiche im Spektrum wichtig sind für die Vorhersage der zugehörigen Y-Variablen, in diesem Beispiel die Konzentrationen der Farben Grün, Orange oder Blau.
- Die gewichteten Loadingswerte der einzelnen PLS-Komponenten lassen erkennen, welche Information in den PLS-Komponenten verarbeitet wurde. Wie wir erkannt haben, wurde in die erste PLS-Komponente die Information „Grün" und „Orange" hineingesteckt.
- In den PLS-Scores erkennt man den Simplex-Mischungsraum.
- Die Vorhersage der Farbkonzentrationen aus den Spektren ist für die Farbe Orange am besten und für Blau am schlechtesten, was daran liegt, dass bei Blau alle Absorptionsmaxima mit denen des Grün überlappen.

- Es ist für diesen Fall sinnvoll ein PLS2-Modell zu berechnen, da die Y-Werte über die Nebenbedingung, dass die Summe der Konzentrationen pro Mischung konstant ist, miteinander verknüpft sind. Aber auch drei PLS1-Modelle für jeweils eine Farbkonzentration gerechnet ergeben identische, eventuell sogar leicht bessere Ergebnisse.

Literatur

1 T. Naes, T. Isaksson, T. Fearn and T. Davies, Multivariate Calibration and Classification. NIR Publications, Chichester, 2002
2 R. Henrion und G. Henrion, Multivariate Datenanalyse. Springer, Berlin, 1995
3 P.C. Meier and R.E. Zünd, Statistical Methods in Analytical Chemistry. John Wiley & Sons, New York, 1993
4 K. Backhaus, B. Erichson, W. Plinke und R. Weiber, Multivariate Analysenmethoden, Springer, Berlin, 1996
5 J.N. Miller and J.C. Miller, Statistics and Chemometrics for Analytical Chemistry, Person Education Ltd, Harlow, 2000
6 C. Weihs und J. Jessenberger, Statistische Methoden zur Qualitätssicherung und -optimierung. Wiley-VCH, Weinheim, 1999
7 R.G. Brereton, Chemometrics. Wiley & Sons, Chichester, 2003
8 G. Box, S. Hunter and W. Hunter, Statistics for Experimenters. Wiley & Sons, 2005
9 R.L. Tranter (ed.) Design and Analysis in Chemical Research. Sheffield Academic Press, 2000
10 H. Martens, Reliable and Relevant Modelling of Real World Data: A Personal Account of the Development of PLS Regression. Chemometrics Intell Lab. Syst. (2001) 58, 85–95
11 H. Wold, Causal flows with latent variables. European Economic Review (1974) 5, 67–86
12 H. Wold, Path models with latent variables: The NIPALS approach, in Quantitative Sociology: International perspectives on mathematical and statistical model building, eds. H.M. Blalock et al. Academic Press, NY, 1975, 307–357
13 R.W. Gerlach, B.R. Kowalski and H. Wold, Partial least squares path modelling with latent variables, Anal. Chim. Acta (1979) 112, 417–421
14 H. Martens and T. Naes, Multivariate Calibration. Wiley, Chichester, 1989
15 P. Geladi, Notes on the history and nature of Partial least squares (PLS) modelling. Journal of chemometrics (1988) 2, 231–246
16 E.R. Malinowski, Factor Analysis in Chemistry, 3rd edn. Wiley-VCH, Weinheim, 2002
17 A. Boulesteix, PLS analyses for genomics – The plsgenomics Package Version 1.1, 2005. http://cran.r-project.org/src/contrib/Descriptions/plsgenomics.html

18 S. Albers, PLS and Success Factor Studies in Marketing, in eds. T. Aluja, J. Casanovas, V. E. Vinzi, A. Morineau and M. Tenenhaus, PLS and Related Methods, Proceedings of the PLS'05 International Symposium, SPAD, Barcelona, 2005, 13–22

19 D.C. Montgomery and R.H. Myers, Response Surface Methodology: Process and Product Optimization Using Designed Experiments. Wiley & Sons, 2002

4
Kalibrieren, Validieren, Vorhersagen

Wie bereits zu Beginn des Kapitels 3 erwähnt, muss jedes Kalibriermodell validiert werden, um die Güte des Kalibriermodells für spätere Vorhersagen zu bestimmen. Außerdem haben wir die Validierung bereits benutzt, um die optimale Anzahl an Hauptkomponenten bzw. an PLS-Komponenten für das multivariate Regressionsmodell zu ermitteln. Diese Vorgehensweise ist nötig, um das Problem des Überfittens, im Englischen mit *„Overfitting"* bezeichnet, bzw. des Unterfittens, englisch *„Underfitting"*, zu vermeiden.

Man erkennt das Über- bzw. Unterfitten eines Modells am Vorhersagefehler. Dieser setzt sich aus zwei Anteilen zusammen, dem Modellfehler, den man auch den Kalibrierfehler nennt, und dem Schätzfehler, der entsteht, weil das Kalibriermodell zufällige Veränderungen, also Rauschen, modelliert (Abb. 4.1).

Ein multivariates Regressionsmodell, das zu wenige Hauptkomponenten enthält, wird bei der Kalibrierung genauso wie bei der Vorhersage unbekannter Daten ein viel schlechteres Ergebnis erzielen, als theoretisch aufgrund des Datenmaterials möglich wäre. Der Modell- oder Kalibrierfehler wird mit jeder zusätzlichen Komponente kleiner.

Ein Modell, das zu viele Hauptkomponenten verwendet, wird sich aber in der Praxis nicht bewähren, da das Modell versucht, aufgrund des Überfittens, das Rauschen in den Daten zu beschreiben. Da das Rauschen aber zufällig ist, wird der Fehler bei der Vorhersage unbekannter Daten größer sein als der berechnete Kalibrierfehler. Der Schätzfehler wird durch zufällige Veränderungen in den Daten erzeugt, er steigt mit jeder Komponente an.

In der Praxis wird der Kalibrierfehler bei den ersten Hauptkomponenten sehr schnell abnehmen und der Schätzfehler wird dann nur sehr gering zunehmen, vor allem wenn ausreichend Daten zur Verfügung stehen, in denen relevante Information enthalten ist. Es bildet sich dann keine so deutliche „Badewannenkurve" für den Vorhersagefehler wie in Abb. 4.1.

Wir werden in diesem Kapitel die wichtigsten Validierungsverfahren mit ihren Vor- und Nachteilen besprechen, um die optimale Anzahl an Hauptkomponenten zu bestimmen. Damit wird es uns möglich, das optimale Modell mit dem kleinsten Vorhersagefehler zu finden, der aber so realistisch sein muss, dass er den Anforderungen der Praxis standhält.

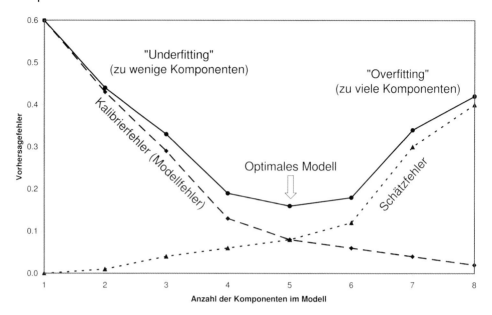

Abb. 4.1 Prinzipielle Zusammensetzung des Validierfehlers bei der multivariaten Kalibration in Abhängigkeit von der Modellkomplexizität (Anzahl der verwendeten Komponenten). Beim optimalen Modell ist der Vorhersagefehler minimal.

4.1
Zusammenfassung der Kalibrierschritte – Kalibrierfehler

Zuerst wurde aus den vorhandenen Daten eine ausreichende Anzahl an Objekten ausgewählt, die möglichst repräsentativ sein sollen und den Datenraum möglichst vollständig und gleichmäßig abdecken sollen. Es ist sehr wichtig, dass der Kalibrierdatenraum auch wirklich den Datenraum abdeckt, in dem später die Messungen stattfinden, für die das Kalibriermodell gelten soll. Eine gute Datengenerierung ist hier unerlässlich. Wenn möglich sollte ein Versuchsplan durchgeführt werden, der mit den Regeln der statistischen Versuchsplanung erstellt wurde.

Bei der Kalibrierung gibt es zwei Datensätze, die X-Daten (Messwerte, z.B. Spektren, X_{cal}) und die Y-Daten (Referenzwerte, z.B. Konzentrationen, Y_{cal}). Die minimale Anzahl der Kalibrierproben sollte (Pi mal Daumen) die zu erwartende Anzahl der Hauptkomponenten multipliziert mit vier nicht unterschreiten.

Mit den X_{cal}- und Y_{cal}-Daten wird das Kalibriermodell erstellt. Das kann ein MLR-, ein PCR- oder ein PLS-Modell sein. Bei einem PCR- oder PLS-Modell geben wir die maximal zu berechnende Anzahl A der Komponenten vor, und es werden dann A Modelle erstellt, also ein Modell mit nur einer Hauptkomponente, dann ein Modell mit zwei Hauptkomponenten usw.

Nun werden alle berechneten Modelle auf die X_{cal}-Daten angewandt und damit die zugehörigen Y-Werte vorhergesagt. Wir kennzeichnen diese berechneten Y-Werte mit $\hat{Y}_{cal}$.

Für jedes Objekt i wird für jedes Modell ein $\hat{y}_{cal,i}$ vorhergesagt. Die Differenz zum Referenzwert y_i ergibt nach Gl. (3.2) die Residuen. Wir erhalten also pro Objekt A Residuen. Für jedes Modell wird nach Gl. (3.5 a) die Restvarianz der Kalibrierung bzw. entsprechend Gl. (3.5 b) der mittlere Kalibrierfehler RMSEC berechnet. Die Restvarianz und der Kalibrierfehler werden mit jeder hinzugefügten Hauptkomponente kleiner werden. Sehr häufig werden die ersten Komponenten den Kalibrierfehler stark verkleinern, dann wird die Änderung mit jeder weiteren Komponente immer kleiner ausfallen.

Zusätzlich zur Restvarianz oder zum mittleren Kalibrierfehler ist es sinnvoll, sich die Residuen in einem Residuenplot anzuschauen. Die Residuen sollten zufällig verteilt oder statistisch ausgedrückt normalverteilt sein. Ist die Verteilung der Residuen nicht normalverteilt, weist dies auf irgendwelche Fehler hin. Man erkennt z. B. ob die Varianzen für große und kleine Werte gleich sind (Homoskedastizität) oder ob eventuell eine Nichtlinearität vorliegt. Auch Kalibrierproben, die nicht gut ins Modell passen und ein großes Residuum zeigen, werden damit erkennbar. Für diese Proben entsteht eventuell Handlungsbedarf, denn es sollte herausgefunden werden, warum sie nicht ins Modell passen. Wurde falsch gemessen, dann müssen sie aus der Kalibrierung entfernt werden und eventuell durch neue richtige Proben ersetzt werden. Kann auch nach gründlichem Nachprüfen kein Grund für die Abweichung gefunden werden und handelt es sich nur um eine oder zwei Proben, so kann man sie bei der Kalibrierung weglassen und diese Proben dann bei der Validierung verwenden. Man sollte sich aber bewusst bleiben, dass Proben weggelassen wurden. Vielleicht sind die weggelassenen Proben ein Hinweis auf weitere Einflussgrößen, die bisher noch nicht erkannt wurden. Wir müssen beim Einsatz des Kalibriermodells diese Möglichkeit immer in Betracht ziehen, deshalb werden wir auch den Eingabedatenraum laufend überprüfen.

4.2
Möglichkeiten der Validierung

Schließlich muss das erstellte Kalibriermodell validiert werden. Dazu werden Daten verwendet, die nicht an der Kalibrierung beteiligt waren. Man kann dies erreichen durch eine sog. interne Validierung oder eine externe Validierung.

Interne Validierung:
- Kreuzvalidierung (*Cross Validation*)
- Einfluss-Korrektur (*Leverage Correction*)

Externe Validierung:
- separates Testdatenset

Die externe Validierung ist der internen Validierung vorzuziehen, allerdings benötigt sie mehr Proben als die interne Validierung und das Testdatenset muss repräsentativ für den untersuchten Datenraum sein, sonst kann auch die externe Validierung zu irreführenden Ergebnissen führen. Die interne Validierung verwendet das gleiche Datenset zur Kalibrierung und Validierung. Jedes Objekt nimmt sowohl an der Kalibrierung als auch an der Validierung teil.

4.2.1
Kreuzvalidierung (Cross Validation)

Die Kreuzvalidierung ist sicher die am häufigsten benutzte Methode zur Validierung. Sie hat den Vorteil, dass die Daten sehr effizient eingesetzt werden, da jedes Objekt sowohl zur Kalibrierung als auch zur Validierung herangezogen wird, allerdings in getrennten Schritten. Dazu werden von den Kalibrierdaten einige Objekte weggelassen, ohne diese wird ein Kalibriermodell erstellt, anschließend werden die weggelassenen Objekte mit dem ohne sie erstellten Kalibriermodell vorhergesagt und dann die Residuen bestimmt. Das macht man mehrmals hintereinander, bis alle Objekte einmal ausgelassen wurden und mit dem Kalibriermodell der anderen Objekte vorhergesagt wurden. Für alle vorhergesagten Objekte wird aus der Differenz des vorhergesagten Y-Werts mit dem gemessenen Y-Wert das Residuum berechnet und analog zur Kalibrierung wird nach den Gl. (3.5a) und (3.5b) die Restvarianz bzw. der mittlere Validierfehler berechnet, den man nun zur Unterscheidung vom Kalibrierfehler RMSECV nennt.

Es gibt verschiedene Möglichkeiten, die auszulassenden Proben zu bestimmen. Bei der vollständigen Kreuzvalidierung (*Full Cross Validation*) wird jede Probe genau einmal weggelassen. Wenn also 100 Proben vorhanden sind, werden 100 Kalibriermodelle erstellt, wobei jedes Mal nur eine einzige Probe weggelassen wird. Bei großen Datensets kann die Rechenzeit dafür durchaus länger werden. Deshalb werden bei großen Datensets häufig gleich mehrere Objekte auf einmal weggelassen. Man kann bei den Softwareprogrammen meistens angeben, wie viele Validierungssegmente verwendet werden sollen. Wird bei 100 Proben mit 20 Validierungssegmenten gerechnet, werden 20 Kalibriermodelle erstellt und die jeweils ausgelassenen fünf Proben vorhergesagt. Es ist sicherzustellen, dass jede Probe nur einmal ausgelassen wird. Die Wahl der Proben für jedes Segment kann zufällig oder systematisch erfolgen. Das hängt vom Datenset ab. Wenn z. B. drei Wiederholmessungen pro Probe im Datenset enthalten sind, dann macht es keinen Sinn, bei der Kreuzvalidierung jeweils nur eine der drei Wiederholproben auszulassen. Das würde nur den Kalibrierfehler neu berechnen, also eine zu optimistische Schätzung der Vorhersagegenauigkeit abgeben. In solch einem Fall sollten systematisch alle drei Messungen ausgelassen werden.

Eine kritische Situation für die Kreuzvalidierung ergibt sich für Daten, die Teil eines Versuchsplans darstellen. Sinn eines Versuchsplans ist es, den Datenraum mit möglichst wenig Versuchen möglichst vollständig abzudecken. Jeder Versuch hat damit einen starken Einfluss auf das Modell. Wird nun ein Versuch weggelassen und das Kalibriermodell nur aus den verbleibenden gerechnet, ist es sehr wahrscheinlich, dass der weggelassene Versuch durch die anderen nicht gut, eventuell gar nicht beschrieben wird und der Fehler der Kreuzvalidierung viel größer wird, als dies in der Praxis bei Anwendung des vollständigen Modells der Fall sein würde. Bei Daten, die aus der Versuchsplanung stammen, sollte man die Kreuzvalidierung nur anwenden, wenn ausreichend Versuche zur Verfügung stehen, also mindestens vollständige Versuchspläne gemacht wurden, oder deutlich mehr Versuche gemacht wurden, als für den Versuchsplan nötig sind.

4.2.2
Fehlerabschätzung aufgrund des Einflusses der Datenpunkte (Leverage Korrektur)

Bei dieser Fehlerabschätzung wird der Einfluss eines Objektes auf den zukünftigen Fehler abgeschätzt aus der Entfernung des Objekts zum Modellmittelpunkt. In der multiplen linearen Regression ist diese Methode der Fehlerabschätzung der übliche Weg, die Vorhersagegenauigkeit zu bestimmen. In [1] wird darauf ausführlich eingegangen. Mit der Berechnung des Einflusses (*Leverage*), den ein Objekt auf das Kalibriermodell hat, wird dessen Beitrag zum Modell angegeben. Ein Objekt mit geringem Beitrag, Leverage nahe null, beeinflusst das Kalibriermodell nur wenig, während durch ein Objekt mit hohem Beitrag, Leverage nahe eins, das Kalibriermodell stark verändert wird. In der MLR wird für das Objekt i dessen Beitrag h_i (Leverage) zum Gesamtkalibriermodell entsprechend Gl. (4.1) berechnet, wobei N die Anzahl der Kalibrierproben angibt.

$$h_i = \frac{1}{N} + \mathbf{x}_i^T(\mathbf{X}^T\mathbf{X})^{-1}\mathbf{x}_i \qquad i = 1\ldots N \tag{4.1}$$

Für die PCA, PCR oder PLS ersetzt man die *X*-Daten durch die entsprechenden Scorewerte für die gewünschte Anzahl an Komponenten. Da die Scorewerte orthogonal zueinander sind und damit $\mathbf{T}^T\mathbf{T}$ eine Diagonalmatrix wird, vereinfacht sich Gl. (4.1) zu

$$h_i = \frac{1}{N} + \sum_{a=1}^{A} \left(\frac{t_{ia}^2}{\mathbf{t}_a^T\mathbf{t}_a} \right) \qquad i = 1\ldots N \tag{4.2}$$

Man kann den Beitrag h_i aus Gl. (4.2) auch als „abgeschnittenen" Mahalanobis-Abstand betrachten, bei dem die kleinen und unsicheren Variabilitäten in den *X*-Daten weggelassen werden.

Der Wertebereich von h_i liegt bei der Kalibrierung zwischen $1/N$ und 1, wobei der Term $1/N$ nur für Kalibrierproben hinzugenommen wird. Er steht für den

Beitrag des Achsenabschnitts. Bei Validierproben, die nicht an der Kalibrierung beteiligt waren, entfällt er. Bei solchen neuen Proben kann der Wert für h_i größer als eins werden. Diese Proben unterscheiden sich dann sehr von den Kalibrierproben. Damit vereinfacht sich Gl. (4.2) für Validierproben oder allgemein neue Proben noch weiter zu Gl. (4.3):

$$h_i = \sum_{a=1}^{A} \left(\frac{t_{ia}^2}{t_a^T t_a} \right) \tag{4.3}$$

Bei der Berechnung des Vorhersagefehlers mit Hilfe der Leverage-Korrektur wird nun jedes Residuum mit dem Beitrag des Objekts zum Kalibriermodell korrigiert. Hat das Objekt starken Einfluss (großen Leverage), wird sich ein Fehler bei diesem Objekt stärker auf die zukünftige Vorhersage auswirken als bei einem Objekt mit geringem Einfluss (kleinem Leverage). Die y-Residuen der Kalibrierproben werden nach Gl. (4.4) so gewichtet, dass ein hoher Einfluss den Fehler erhöht.

$$e_{i,\text{leverage}} = \frac{e_i}{(1 - h_i)} \tag{4.4}$$

Die Gl. (4.4) wird quadriert. Dies wird für alle Proben gemacht, dann wird alles summiert und durch die Anzahl der Objekte dividiert. Damit erhält man die Einfluss-korrigierte Validierungsrestvarianz (*Leverage Corrected Residual Validation Variance*). Um den mittleren Vorhersagefehler zu berechnen, muss noch durch die Anzahl der Proben geteilt werden und die Wurzel gezogen werden.

Mittlerer Fehler der Vorhersage berechnet mit Einfluss-Korrektur (*Leverage Correction*):

$$\text{RMSELC} = \sqrt{\frac{\sum_{i=1}^{N} e_i^2}{N \left(1 - \sum_{a=1}^{A} \left(\frac{t_{ia}^2}{t_a^T t_a} \right)\right)^2}} \tag{4.5}$$

Der Vorhersagefehler, der auf diese Weise berechnet wird, ist schnell zu rechnen. Das ist der Vorteil dieses Verfahrens, aber es liefert in der Regel zu optimistische Vorhersagen. Man sollte sich bei der PCR und vor allem bei der PLS auf diesen RMSELC nicht verlassen. Zum Testen, ob überhaupt eine Kalibrierung möglich ist, kann das Verfahren aber ohne weiteres eingesetzt werden. Man spart, vor allem bei großen Datenmengen, viel Zeit gegenüber einer Kreuzvalidierung.

4.2.3
Externe Validierung mit separatem Testset

Die externe Validierung verwendet zwei gänzlich getrennte Datensets zur Kalibrierung und Validierung. Es ist im Prinzip die beste Methode, um den später zu erwartenden Vorhersagefehler zu bestimmen, allerdings trifft dies nur zu, wenn das Testdatenset genauso repräsentativ ist für den zu untersuchenden Datenraum wie das Kalibrierdatenset. Hier liegt die Schwierigkeit der externen Validierung. Ein Validierdatenset muss genauso sorgfältig gewählt werden wie die Kalibrierdaten und die Folge davon ist, dass mehr Proben benötigt werden als für die Kreuzvalidierung.

Bei der Kreuzvalidierung wurde schon angemerkt, dass Kalibrierdaten aus Versuchsplänen nicht kreuzvalidiert werden sollen. In diesem Fall müssen wieder mit Hilfe der Versuchsplanung oder mit Hilfe von ausreichend zufällig erzeugten Daten im Datenraum die Validierproben erstellt werden.

Es kommt sehr häufig vor, dass tatsächlich viele Daten für die Kalibrierung zur Verfügung stehen, bei denen es sich aber um sog. historische Daten handelt, im Englischen auch mit *„Happenstance Data"* bezeichnet. Es sind Daten, auf deren Erzeugung man nur bedingt Einfluss hat, weil sie z. B. der laufenden Produktion entnommen wurden oder Naturprodukte sind, für die eine Qualitätsgröße bestimmt wurde (Protein in Weizen, Ölgehalt von Raps, Fettgehalt von Milch o. Ä.), für die man nun eine Kalibrierung durchführen muss. Solche Fälle bieten mehr Schwierigkeiten als allgemein angenommen wird, da die Datenfülle die Probleme häufig verschleiert:

- Problem Nummer eins: Man hat zwar viele Proben, aber sind diese wirklich repräsentativ? Hat man nicht in der Regel sehr viele Proben für den „Normalfall" und nur sehr wenige für die „abnormalen" Fälle, die aber genauso wichtig für die Kalibrierung sind, denn das Modell soll später ja auch solche Proben richtig vorhersagen?
- Problem Nummer zwei: Wie teilt man in Kalibrier- und Validierdaten auf?
- Problem Nummer drei: Wie überprüft man, ob sich bei Anwendung des Modells der Eingangsdatenraum verändert gegenüber dem Kalibrierdatenraum? (Dies hängt sehr stark mit Problem eins zusammen.) Vielleicht wurde der Zulieferer für ein Grundmaterial geändert, vielleicht war das Klima im Jahr der Kalibrierung anders als im Jahr darauf, dies kann Einfluss auf die Messgrößen haben. Problem Nummer drei fällt auch unter das Stichwort „Modellpflege" und „Online-Validierung". In Abschnitt 4.5 wird darauf eingegangen.

Problem eins und zwei löst man gemeinsam. Hat man die repräsentativen Kalibrierproben herausgefunden, kann man den Rest der vorhandenen Proben zur Validierung nehmen oder daraus wieder ein repräsentatives Set herausarbeiten. Um repräsentative Kalibrierproben zu finden, sucht man aus den vielen vorhandenen Daten diejenigen aus, die den X-Raum aufspannen und macht nur mit diesen eine Kalibration. Der Vorteil dieser Methode ist, dass man damit auch die Anzahl der *Y*-Referenzwerte stark reduzieren kann, denn man braucht nur für die ausgewählten Kalibrierproben die *Y*-Referenzwerte zu bestimmen. Wenn die Referenzanalytik sehr teuer ist, spart dies viel Geld.

Die Kalibrierproben zu finden, die den *X*-Raum aufspannen, ist auf zweierlei Arten möglich. Man kann entweder mit Hilfe einer Clusteranalyse die Gruppen in den *X*-Daten herausfinden, dann aus jeder Gruppe zwei oder drei Objekte zur Kalibrierung heranziehen und entsprechend ein oder zwei zur Validierung oder man findet diese Gruppenbildung nur mit den Scorewerten der wichtigen Hauptkomponenten, die man zuvor mit einer PCA berechnet hat anstatt mit allen *X*-Daten. Man sucht also zuerst die Gruppen (Cluster) in den *X*-Daten und kalibriert dann mit einem repräsentativen Vertreter jeder Gruppe. Sind die *Y*-Referenzwerte teuer oder schwierig zu bestimmen, sucht man auf die gleiche Weise die Daten für das Validierset, die der gleichen Gruppe entstammen sollen, aber möglichst nicht direkt benachbart sein sollen. Ist die Referenzanalytik nicht problematisch, kann das Validierdatenset auch aus all den anderen vorhandenen Daten im Datenset bestehen. In solch einem Fall kann es also durchaus vorkommen, dass nur mit einem Drittel der Daten kalibriert wird und mit zwei Dritteln validiert. Diese Vorgehensweise ist ausführlich in [2, 3] beschrieben und in Abschnitt 4.3 wird noch ausführlich darauf eingegangen.

Anstatt die Kalibrierproben über eine Clusteranalyse zu suchen, kann man auch den Faktorenansatz verwenden. Das setzt allerdings eine homogene und lineare Beziehung zwischen den *X*- und *Y*-Daten voraus. Dazu macht man mit den *X*-Daten eine PCA und sucht dann für die wichtigen Hauptkomponenten jeweils die zwei oder drei Proben mit den größten Scorewerten und entsprechend die zwei oder drei Proben mit den kleinsten Scorewerten aus. Zusätzlich sollten immer noch einige durchschnittliche Proben gewählt werden, mit denen die Linearität überprüft werden kann. Die ausgesuchten Proben spannen den *X*-Datenraum auf. Die Validierproben werden auf die gleiche Art gewählt, wobei aber nicht mehr die Proben mit maximalen bzw. minimalen Scorewerten ausgesucht werden, sondern möglichst gleich verteilt dazwischen. Man kann aber genauso gut alle übrigen Proben zur Validierung heranziehen, wenn die *Y*-Referenzwerte vorhanden sind.

Wenn ein Kalibriermodell zum Einsatz kommt und über einen längeren Zeitraum benützt wird, muss es in regelmäßigen Abständen überprüft werden. Es muss sozusagen eine Qualitätskontrolle der Modellgültigkeit stattfinden. Dazu muss in regelmäßigen Abständen eine Referenzprobe nach der bisher verwendeten Referenzmethode bestimmt werden und mit der Modellvorhersage verglichen werden. Sollten sich Abweichungen ergeben, ist nach dem Grund zu suchen und eventuell eine Neukalibrierung nötig. Auf diese Art und Weise kann ein Modell über die Zeit verbessert werden und robuster gegenüber ungewollten Einflüssen werden.

Ein weiterer wichtiger Punkt ist die Überprüfung des *X*-Datenraums der Proben, die mit dem Kalibriermodell vorhergesagt werden. Wir werden diesen Punkt in einem eigenen Beispiel besprechen.

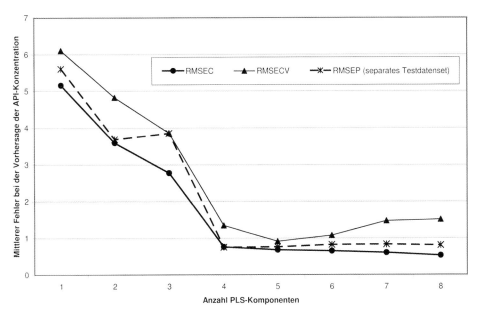

Abb. 4.2 Fehler der Vorhersage in Abhängigkeit der PLS-Modellkomplexität für die unterschiedlichen Validierungsmethoden. Bei der Kalibrierung nimmt der Fehler mit jeder PLS-Komponente ab. Bei der Kreuzvalidierung und der Validierung mit separatem Testset erhält man ein Minimum des Vorhersagefehlers. (API-Konzentrationen aus den NIR-Spektren gerechnet).

Zusammenfassung der Validierungsmethoden:

- Die Validierung über die Abschätzung des Einflusses (Leverage-Korrektur) eines jeden Objekts auf den Fehler kann für die MLR angewendet werden. Bei der PCR und PLS erhält man zu optimistische Fehlerabschätzungen.
- Die Kreuzvalidierung berechnet den durchschnittlichen Vorhersagefehler für das verwendete Kalibriermodell und die vorhandenen Kalibrierdaten. Das Risiko, anhand des minimalen Kreuzvalidierungsfehlers ein zu großes oder zu kleines Modell zu wählen, ist gegeben.
- Die externe Validierung mit einem unabhängigen Testset berechnet einen speziellen Vorhersagefehler für das verwendete Kalibriermodell, der je nach Daten sowohl größer als auch kleiner als der durchschnittliche Fehler der Kreuzvalidierung sein kann. Je repräsentativer der Testdatensatz ist, desto näher wird der Validierfehler an die unbekannte Wahrheit herankommen.

In Abb. 4.2 werden für die Kalibrierung der API-Konzentration aus den NIR-Absorptionsspektren die verschiedenen Validierungen miteinander verglichen. Man sieht, dass bei der Kalibrierung der Fehler für jede zusätzliche PLS-Komponente geringer wird.

Bei der Kreuzvalidierung, die hier mit neun Segmenten zu je fünf Proben durchgeführt wurde, wobei jeweils alle fünf Wiederholungen weggelassen wurden, erhält man bei fünf PLS-Komponenten den minimalen Vorhersagefehler. Aufgrund der Kreuzvalidierung würde man sich also für ein Modell mit fünf PLS-Komponenten entscheiden.

Verwendet man ein unabhängiges Testdatenset, das hier allein aufgrund der y-Werte also der API-Konzentration ausgesucht wurde, erhält man den minimalen Vorhersagefehler bereits bei vier PLS-Komponenten. Damit würde man sich auf ein Modell mit vier PLS-Komponenten festlegen.

Schon bei diesem einfachen Beispiel wird deutlich, dass die Kreuzvalidierung größere Modelle vorschlägt und damit zum Überfitten neigt. Die optimale Anzahl an Komponenten, die von der Kreuzvalidierung vorgeschlagen werden, sollte daher immer kritisch überprüft werden mit den Mitteln, die wir bereits kennen gelernt haben: man schaut sich die Regressionskoeffizienten an und die gewichteten Loadings und versucht zu verstehen, ab welcher Komponenten Rauschen in das Regressionsmodell eingeht und man untersucht den Unterschied der Vorhersagefehler für die unterschiedlichen Modelle auf Signifikanz.

4.3
Bestimmen des Kalibrier- und Validierdatensets

Anhand eines Beispiels aus der Lebensmittelüberwachung soll gezeigt werden, wie aus vielen zufällig gesammelten Daten ein geeignetes Kalibrier- und Validierdatenset gefunden wird. Außerdem wird darauf eingegangen, wie eventuelle Ausreißer entdeckt werden können. Auch die Überprüfung des Modells während des Einsatzes wird angesprochen und eine Modellanpassung wird vorgenommen, die nötig wird, weil der später benutzte Datenraum nicht mehr dem Kalibrierdatenraum entspricht.

Die Daten stammen vom Chemischen und Veterinäruntersuchungsamt Karlsruhe[1]. Es handelt sich im ersten Teil des Beispiels um IR-Spektren von verschiedenen Biersorten und im zweiten Teil werden noch einige IR-Spektren von verschiedenen Steinobstbränden dazu genommen. Insgesamt wurden 128 verschiedene Biere und einige unterschiedliche Steinobstbrände IR-spektroskopisch untersucht. Die Proben wurden mit einem Foss Winescan FT 120 Spektrometer in Transmission im Wellenzahlbereich von 926 bis 5012 cm^{-1} (1060 Datenpunkte) gemessen. Als Referenz wurde Wasser verwendet. Für jede Probe wurde nach der amtlichen Methode mit einem Biegeschwinger-Refraktometer-Messsystem der Alkoholgehalt bestimmt. Für Pilsener Bier beträgt die in einem Ringversuch ermittelte Wiederholbarkeit dieser Referenzmethode 0,05 ± 0,016 Vol%, die Vergleichbarkeit 0,20 ± 0,069 Vol%. Die zu kontrollierende, nach europäischem Lebensmittelrecht maximal zulässige Abweichung bei der Angabe des Alkoholge-

---

[1] Mein besonderer Dank gilt Herrn Dr. Dirk Lachenmeier für die Überlassung der Daten und die freundliche fachkundige Unterstützung bei der Auswertung.

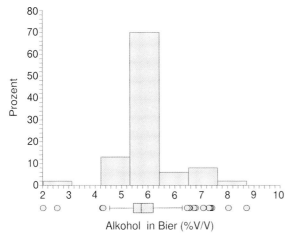

Abb. 4.3 Verteilung der Bierproben über den gemessenen Alkoholgehalt. Biere mit einem Alkoholgehalt von 5–6 Vol% sind überdurchschnittlich häufig vertreten. Der Box-Plot mit Kennzeichnung der Werte außerhalb des 95%-Bereichs ist unter dem Histogramm angegeben.

haltes beträgt ±0,5 Vol% für Biere mit einem Alkoholgehalt bis zu 5,5 Vol% und ±1,0 Vol% für Biere mit einem Alkoholgehalt von mehr als 5,5 Vol%.

Die Biere und Brände wurden zufällig aus dem vorhandenen Warensortiment ausgewählt und dann untersucht. Folglich gibt es überdurchschnittlich viele Biere mit „normalem" Alkoholgehalt zwischen 5 und 6 Volumenprozent (Vol%). In Abb. 4.3 sieht man die Verteilung der Bierproben über den Alkoholgehalt. Die normalen Biere haben einen Alkoholgehalt um die 5–6 Vol% und sind deshalb überdurchschnittlich häufig im Datenset vertreten. Es gibt auch zwei Proben alkoholfreies Bier (unter 0,2 Vol%) und zwei Proben alkoholreduziertes Bier mit nur ca. 2 Vol%. In der Grafik ist auch der Box-Plot dargestellt. Alle Alkoholgehalte außerhalb der 95%-Verteilung sind mit einem Kreis markiert.

Die Biersorten sind ebenfalls ganz beliebig. Von hellem Vollbier, Weizenbier, englischem Stout, Pils, Altbier, irischem dunklen Bier bis zu Bockbier ist alles vertreten. Näheres zu den durchgeführten Versuchen findet sich in [4].

Aus diesen sehr ungleich verteilten Proben soll nun ein Kalibrierdatenset zusammengestellt werden, das die unterschiedlichen Alkoholgehalte etwa gleichmäßig enthält, aber auch die Variation innerhalb der Proben enthält, also die verschiedenen Biersorten.[2]

Um zu zeigen, wie sich eine für die Kalibration unbekannte Probe in der Vorhersage verhält, werden wir das Modell zuerst nur für die Biere innerhalb des Alkoholbereichs von ca. 4 Vol% bis knapp 9 Vol% erstellen. Die alkoholfreien und alkoholreduzierten Biere lassen wir fürs Erste weg.

---

[2] Die Daten sind auf der beiliegenden CD in der Datei Kapitel4_Biere.00D.

4.3.1
Kalibrierdatenset repräsentativ für Y-Datenraum

Als erstes machen wir eine Kalibrierung, bei der die Kalibrierproben nur anhand des Y-Datenbereichs gewählt werden. Wir wollen den Y-Datenbereich gleichmäßig abdecken, und wählen deshalb 18 Kalibrierproben mit unterschiedlichen etwa äquidistanten Alkoholgehalten aus dem Probenset aus. Wir beginnen mit einem Alkoholgehalt von 4 Vol% und suchen Proben in Schritten von ca. 0,25 Vol% (soweit Proben dafür vorhanden sind). Dieser Weg entspricht dem der univariaten Kalibrierung, um den Y-Datenbereich möglichst gleichmäßig abzudecken. Man muss aber hier mahnend erwähnen, dass man bei der univariaten Kalibrierung, wenn man es richtig macht, gar nicht den Y-Datenbereich gleichmäßig abdecken will sondern sich um den X-Datenbereich kümmern sollte.

Eine Kreuzvalidierung für diese Proben schlägt uns zwei PLS-Komponenten vor. Der Fehler der Kalibrierung beträgt dafür RMSEC = 0,38 Vol%. Die nicht zur Kalibrierung verwendeten 106 Proben nehmen wir als Validierproben und erhalten bei zwei PLS-Komponenten einen Vorhersagefehler von RMSEP = 0,36 Vol%. Wenn wir nun aber die Anzahl der PLS-Komponenten erhöhen, verringert sich der Validierfehler bis auf ein Minimum von RMSEP = 0,31 Vol% bei vier PLS-Komponenten. Das bedeutet, die Kreuzvalidierung würde uns bei diesen Kalibrierproben ein Modell vorschlagen, das eindeutig unterfittet wäre. Der Grund dafür liegt darin, dass die Kalibrierproben zwar recht repräsentativ für den Y-Datenbereich sind, dies aber offenbar nicht für den X-Datenbereich zutrifft.

4.3.2
Kalibrierdatenset repräsentativ für X-Datenraum

Um diesen Mangel zu beheben, werden wir nun anhand des X-Datenbereichs die Kalibrierproben wählen. Dazu machen wir aus allen Daten (wieder ohne die alkoholfreien und alkoholreduzierten Biere) eine PCA. Um zu zeigen, dass eine Kalibrierung mit sehr wenig Proben funktioniert, wenn man die Proben repräsentativ wählt, suchen wir nur 20 Proben aus. Wir wählen dazu im Scoreplot für die erste bis vierte Hauptkomponente die Proben aus, die den Scoreraum möglichst optimal aufspannen, also jeweils die Proben mit den Maximal- und Minimalscorewerten für jede PC und möglichst gleichmäßig verteilt Proben zwischen diesen Werten. Abbildung 4.4 zeigt, welche zehn Proben für die erste und zweite Hauptkomponente ausgesucht werden. Für Hauptkomponente drei und vier sucht man auf die gleiche Weise zehn Proben aus. Mehr PCs beachten wir in diesem Fall nicht, man könnte aber ohne Weiteres mit den nächsten PCs weitere Proben aussuchen. Mit vier PCs werden in diesem Fall 99,38% der Gesamtvarianz in den Spektren erklärt. Nun berechnen wir mit den ausgewählten 20 Proben eine PLS-Regression. Die Kreuzvalidierung schlägt uns in diesem Fall vier PLS-Komponenten für das optimale Modell vor. Der Kalibrierungsfehler beträgt dabei RMSEC = 0,27 Vol%.

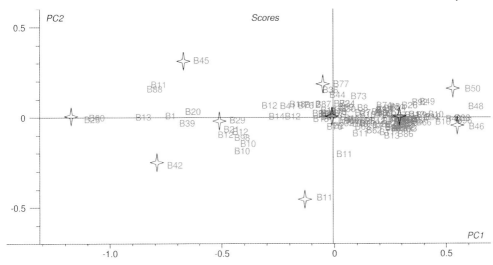

Abb. 4.4 PC1-PC2-Scoreraum berechnet aus den IR-Spektren von Bieren. Ausgewählt werden 10 Proben, die den Scoreraum möglichst optimal aufspannen und abdecken.

Auf die restlichen 104 Proben wenden wir nun das Kalibriermodell an und erhalten bei Verwendung von vier PLS-Komponenten einen RMSEP = 0,30 Vol%. Erhöhen wir die verwendeten PLS-Komponenten auf fünf, so sinkt der Vorhersagefehler sogar noch auf RMSEP = 0,29 Vol%, allerdings ergibt eine Signifikanzprüfung keinen signifikanten Unterschied. Also käme hier auf Grund der externen Validierung mit dem Testset ebenfalls ein Modell mit vier PLS-Komponenten in Frage. Wir haben mit der Auswahl dieser Kalibrierproben den Datenraum also tatsächlich bedeutend besser abgedeckt als mit dem vorherigen Kalibrierset. Die Kreuzvalidierung liefert uns hier die optimale Anzahl an PLS-Komponenten für das Modell und das Kalibriermodell beschreibt die Daten besser, denn auch der Validierfehler wird kleiner.

4.3.3
Vergleich der Kalibriermodelle

Dieses Beispiel sollte zeigen, mit man wie wenigen Kalibrierproben bereits eine sehr gute Kalibrierung erzielen kann, wenn man die Kalibrierproben richtig wählt. Für die Praxis bedeutet dies, dass man den Datenraum, wenn irgend möglich, mit Hilfe der statistischen Versuchsplanung aufspannen sollte. Wenn das nicht geht, sollte man anhand der Scores, wie hier gezeigt, den PCA-Raum mit den Kalibrierproben aufspannen. Verwendet man alle Proben zur Kalibrierung und macht eine vollständige Kreuzvalidierung, ist es sehr schwer zu erkennen, wie viele PLS-Komponenten optimal sind. Die Abb. 4.5 bis 4.7 zeigen

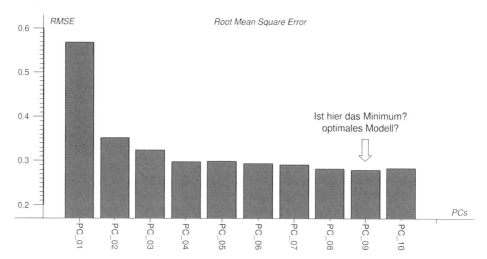

Abb. 4.5 Änderung des mittleren Fehlers berechnet aus der Kreuzvalidierung (RMSECV) – alle 106 Proben werden zur Kalibrierung herangezogen, volle Kreuzvalidierung; kein eindeutiges Minimum.

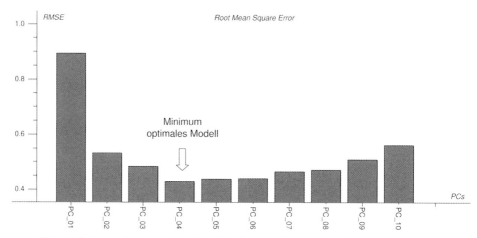

Abb. 4.6 Änderung des mittleren Fehlers berechnet aus der Kreuzvalidierung (RMSECV) – 40 repräsentative Proben werden zur Kalibrierung herangezogen; Minimum deutlicher.

die Änderung des Validierungsfehlers, wobei dieser über die volle Kreuzvalidierung berechnet wurde.

Die Kalibrierung in Abb. 4.5 wurde mit allen vorhandenen 124 Proben gemacht, die Validierung war eine vollständige Kreuzvalidierung. Man erkennt, dass der Validierfehler mit jeder PLS-Komponenten abnimmt, so wie man das beim Kalibrierfehler erwarten würde. Die Kreuzvalidierung berechnet den

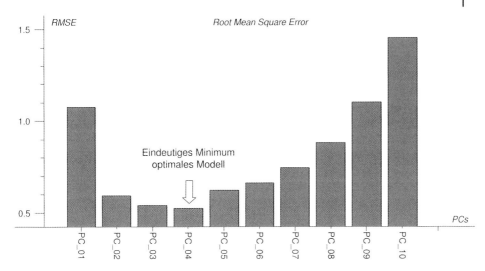

Abb. 4.7 Änderung des mittleren Fehlers berechnet aus der Kreuzvalidierung (RMSECV) für unterschiedliche Anzahl an Kalibrierproben – nur 20 repräsentative Proben werden zur Kalibrierung herangezogen; Minimum sehr deutlich.

durchschnittlichen Fehler für die vorhandenen Kalibrierdaten, der aufgrund der großen Häufung durchschnittlicher Proben statistisch gesehen kleiner werden muss, wenn mehr PLS-Komponenten dazu genommen werden.

Kalibriert man nur mit 40 Proben, die so ausgewählt wurden, dass sie den PCA-Scoreraum möglichst homogen abdecken, erhält man bei der Kreuzvalidierung ein eindeutiges Minimum bei vier PLS-Komponenten (Abb. 4.6). Die Kreuzvalidierung gibt also bei guter Wahl der Kalibrierdaten durchaus brauchbare Ergebnisse.

Dasselbe ist in Abb. 4.7 noch betonter zu sehen. Hier wurden nur 20 Kalibrierproben, die den Scoreraum abdecken, verwendet. Das Minimum bei vier PLS-Komponenten wird sehr deutlich.

Die Ergebnisse können wir folgendermaßen zusammenfassen:

- Die Wahl des Kalibriersets beeinflusst das Ergebnis der Kreuzvalidierung.
- Bei falscher Wahl der Kalibrierdaten kann eventuell ein zu kleines Modell gewählt werden, in der Regel wird es aber zu groß sein.
- Verwendet man ein repräsentatives Kalibrierset, liefert die Kreuzvalidierung die richtige Anzahl an PLS-Komponenten für das Modell.
- Ein repräsentatives Kalibrierset kann mit Hilfe des Scoreraums der PCA bestimmt werden.
- Ein externes Validierset erleichtert das Finden der optimalen Anzahl an PLS-Komponenten für das Kalibriermodell.

- Das Validierset sollte ebenfalls repräsentativ sein. Hat man sehr viele ungleichmäßig verteilte, also gehäuft auftretende Proben, sind diese auch als Validierset geeignet.

4.4
Ausreißer

Ein weiteres wichtiges Thema ist das Finden von ungewöhnlichen Proben, die häufig als Ausreißer bezeichnet werden und leider auch oftmals nur zu leichtfertig weggelassen werden. Solche ungewöhnlichen Proben können sowohl unterschiedliche *X*-Daten als auch *Y*-Daten im Vergleich zu den anderen Proben haben.

Wenn gemessen wird, können in der Tat manche Dinge schief gehen. Es fängt damit an, dass Proben falsch abgefüllt, falsch etikettiert oder einfach nur aus Versehen vertauscht werden. Auch Übertragungsfehler beim Eingeben der Ergebnisse wie Kommafehler oder Zahlendreher treten häufiger auf, als uns lieb ist. Das Erste, was mit den Daten gemacht werden sollte, ist deshalb eine Plausibilitätsprüfung. Dazu benutzt man die Hilfsmittel, die schon im ersten Kapitel angesprochen wurden wie Histogramme, Wahrscheinlichkeitsplots und Box-Plots.

Werden abnorme Werte entdeckt, muss der Grund dafür herausgefunden werden. Findet man einen der oben genannten Gründe, wird der Wert entsprechend korrigiert und der „Ausreißer" ist verschwunden. Ist aus irgendeinem Grund eine Korrektur nicht möglich, weil z. B. herausgefunden wurde, dass das Messgerät an diesem Tag falsch eingestellt war, eine Nachmessung aber nicht möglich ist, da die Probe nicht mehr vorhanden ist, kann dieser Wert weggelassen werden. In solch einem Fall handelt es sich um einen „echten" Ausreißer. Wir wissen, dass der Wert falsch ist und kennen den Grund dafür, können aber nachträglich nichts ändern. Also lassen wir ihn guten Gewissens weg und sorgen dafür, dass es nicht wieder passiert.

Nun gibt es aber auch sog. „unechte" Ausreißer. Auch hier stellen wir ungewöhnliche Werte fest, finden aber keinen Grund dafür, so sehr wir uns auch bemühen. Solche Werte einfach wegzulassen ist „gefährlich" und sollte wenn möglich vermieden werden. Einfach aus Gründen der Statistik ist es zum einen möglich, ab und zu vom Mittel stark abweichende Werte zu messen. Die Wahrscheinlichkeit ist zwar gering, aber in Betracht zu ziehen. Zum anderen kann es sich bei dem ungewöhnlichen Wert um eine Einflussgröße handeln, die bisher nicht in die Untersuchung miteinbezogen wurde, die aber offensichtlich die Messung beeinflusst.

Ein Paradebeispiel für eine Eliminierung von angeblichen Ausreißern geschah bei der Messung des Ozons über dem Südpol. Die vom Satelliten ab dem Jahr 1978 übermittelten Daten enthielten immer wieder ungewöhnliche Werte, die aber nicht berücksichtigt wurden, da eine automatische Ausreißereliminierung implementiert war. Die gemessenen Werte lagen außerhalb der natürlichen erwarteten Schwankungsbreite und wurden verworfen. Der Fehler wurde erst 1985 also nach sieben Jahren aufgedeckt, weil mit Messungen von der Erde verglichen wurde, die nicht ausreißerkorrigiert wurden. Spätere Vergleiche mit den vorhandenen Daten ab dem Jahr 1978 zeigten, dass das Ozonloch bereits zu dieser Zeit regelmäßig aufgetreten ist. Näheres zur Entwicklung des Ozonlochs findet sich in [5]. Die Geschichte der späten Entdeckung wird in [6] beschrieben.

Ein gangbarer Weg im Fall eines „unverständlichen" abnormalen Werts ist tatsächlich das Weglassen dieser Probe aus der Kalibration. Aber zusätzlich sollte bei der Verwendung dieses Kalibrationsmodells darauf geachtet werden, dass überprüft wird, ob die gerade gemessene Probe eventuell dem weggelassenen „Ausreißer" sehr ähnelt. Treten solche Werte nämlich später noch häufiger auf, ist das ein Indiz auf einen eventuellen systematischen Fehler oder eine bisher unbekannte Einflussgröße.

4.4.1
Finden von Ausreißern in den *X*-Kalibrierdaten

Bevor eine Kalibration gemacht wird, sollten die Daten auf Plausibilität geprüft werden. Fangen wir mit den *X*-Daten an. Bei Spektren ist das eine relativ einfache Sache, denn ein Plot der Spektren lässt schnell erkennen, welche Proben vom normalen spektralen Verhalten abweichen. Abbildung 4.8 zeigt die IR-Spektren der Biere. Man erkennt deutlich zwei Spektren mit unterdurchschnittlichen Absorptionswerten. Bei diesen beiden Bieren handelt es sich um die alkoholfreien Biere. Ein Spektrum zeigt fast überall überdurchschnittliche Ab-

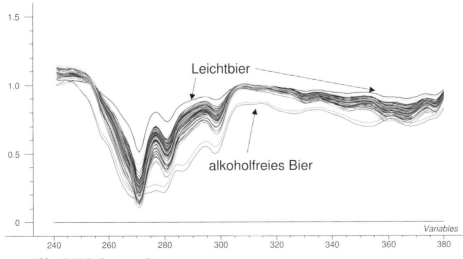

Abb. 4.8 IR-Spektren von Bieren.

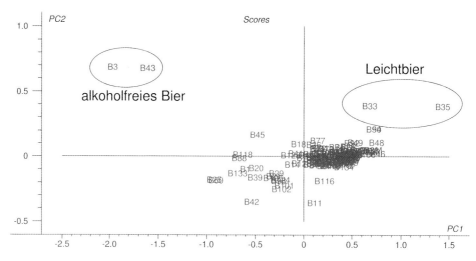

Abb. 4.9 Scoreplot von PC1 und PC2 berechnet aus den IR-Spektren der Biere. Erklärte Varianz: PC1 89%, PC2 8%.

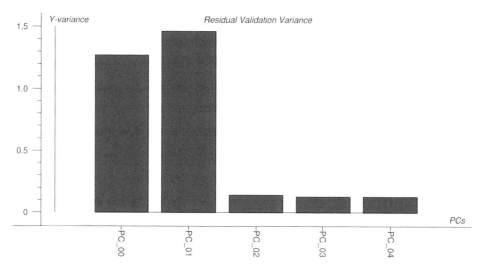

Abb. 4.10 Restvarianz bei der Kreuzvalidierung mit den alkoholfreien Bieren.

sorptionswerte, dies ist eines der Leichtbiere. Damit haben wir die ersten „Ausreißer" schon erkannt. Bei unseren bisherigen Modellen haben wir uns entschlossen, diese Bierproben nicht in die Kalibration einzubeziehen; die Spektren zeigen uns, dass dies wahrscheinlich eine gute Entscheidung war, denn die Spektren sind deutlich unterschiedlich zu den Bieren mit mehr Alkohol.

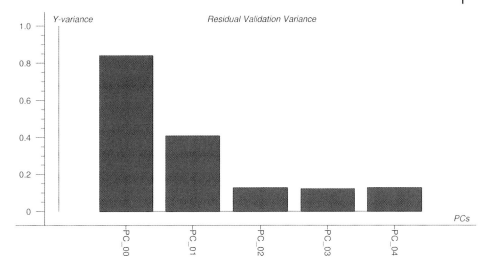

Abb. 4.11 Restvarianz bei der Kreuzvalidierung ohne alkoholfreie Biere.

Wir machen nun noch eine PCA der Spektren und erwarten auch hier eine deutliche Unterscheidbarkeit dieser vier Biere (B3 und B43 sind alkoholfrei und B33 und B35 sind Leichtbiere).

Abbildung 4.9 zeigt beide alkoholfreien Biere weit entfernt bezüglich PC1 und PC2 von allen anderen Bieren. Die beiden Leichtbiere befinden sich ebenfalls von den anderen entfernt, aber erstaunlicherweise auf der positiven Seite der PC1-Achse. In PC1 steckt also wohl nicht in erster Linie der Alkoholgehalt. Anhand des Scoreplots erkennen wir Probe B3 und B43 deutlich als „andersartig".

Um zu sehen, wie sich solche andersartigen Proben auf die Kalibrierung auswirken, wird wieder eine PCR durchgeführt, denn dabei erkennt man den Einfluss deutlicher als bei der PLS. Zuerst werden alle 128 Proben in die Kalibrierung hinein genommen, dann werden die Proben der alkoholfreien Biere weggelassen. Die Kalibrierung gelingt mit den alkoholfreien Bieren und ohne die alkoholfreien Biere etwa gleich gut. Nach vier Hauptkomponenten (wir wissen inzwischen von den vorangegangenen Kalibrierungen, dass vier Hauptkomponenten nötig sind) ergibt sich ein RMSEC=0,33 für beide Kalibriermodelle. Der Weg dorthin zeigt aber sehr deutliche Unterschiede im Vorhersagefehler der Kreuzvalidierung. Dies ist in den Abb. 4.10 und 4.11 anhand der Restvarianz dargestellt.

Die Restvarianz bei der Kalibrierung mit den alkoholfreien Bieren nimmt im Vergleich zur Gesamtvarianz nach der Mittenzentrierung erstaunlicherweise mit der ersten verwendeten Hauptkomponente zu.

Sind aber diese beiden Proben nicht an der Kalibrierung beteiligt, nimmt die Restvarianz bereits mit der ersten PC ab, wie das auch zu erwarten wäre (Abb. 4.11). Steigt die Restvarianz mit der ersten Hauptkomponente an, ist das ein recht eindeutiges Zeichen, dass es Proben im Kalibrierset gibt, die nicht zu den anderen passen. Mit den Leichtbieren gibt es offensichtlich keine großen Probleme bei der Kalibrierung.

4.4.2
Grafische Darstellung der Einflüsse auf die Kalibrierung

4.4.2.1 Einfluss-Grafik: Influence Plot mit Leverage und Restvarianz

Der Einfluss der alkoholfreien Biere auf das Kalibriermodell ist also, wie wir soeben bemerkt haben, stärker als der Einfluss der Leichtbiere. Man kann dies in einem kombinierten Plot aus Einfluss (Leverage) der Probe auf die Kalibrierung und Restvarianz der Probe nach Einbeziehung einer bestimmten Anzahl A von verwendeten PLS- oder PCR-Komponenten zeigen. Es wird der Einfluss der Probe auf das Modell (Leverage) entsprechend Gl. (4.2) berechnet und für die gleiche Anzahl an Hauptkomponenten berechnet man dann nach Gl. (3.2) die Residuen für jedes Objekt. Die Restvarianz für jedes Objekt erhält man, indem die Residuen quadriert werden, entsprechend Gl. (3.5a), wobei $N=1$ ist. Auf der X-Achse trägt man nun für jedes Objekt den Einflusswert (Leverage) ein und auf der Y-Achse den zugehörigen Restvarianzwert.

Für die PCR-Kalibration mit der ersten Hauptkomponente ist dies in Abb. 4.12 dargestellt.

Eine Probe, die genau in der Mitte des PCA-Modells liegt, hat den Einfluss $1/N$, bei 128 Proben ist das weniger als 0,01. Die Proben B3 und B43 der alkoholfreien Biere haben einen Leverage von 0,141 (B43) und 0,196 (B3) und somit einen etwa 15- bzw. 20-mal stärkeren Einfluss auf das Modell mit einer Hauptkomponente als eine Durchschnittsprobe. Zusätzlich werden diese beiden Proben nicht gut mit der Regressionsgleichung beschrieben, die mit dieser einen Hauptkomponente berechnet wurde. Sie haben ein hohes Residuum und damit eine hohe Y-Restvarianz. In der Grafik befinden sie sich im rechten oberen Viertel.

Nimmt man noch eine zweite Hauptkomponente hinzu (Abb. 4.13), rutschen die Proben B3 und B43 nahe an die X-Achse, aber die Einflusswerte erhöhen sich weiter auf über 0,4, also 40fachen Einfluss für Probe B3. Das bedeutet, auch die zweite Hauptkomponente wird sehr stark von diesen beiden Proben beeinflusst, aber diese PC beschreibt die Proben gut. Zusätzlich gewinnt die Probe B35, also ein Leichtbier, Einfluss auf das Modell. Ihr Einfluss hat den Wert von knapp 0,14, also auch etwa 14-mal überdurchschnittlich. Die Proben im linken oberen Viertel (B116, B7, B41, B88 und B60) werden mit diesem Modell nicht gut beschrieben, aber ihr Einfluss auf das Modell ist nicht übermäßig stark.

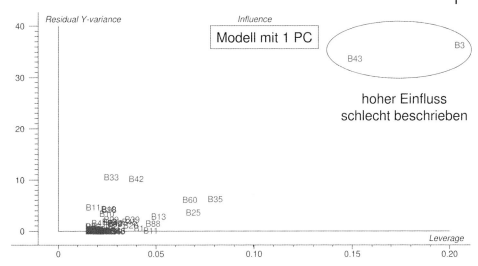

Abb. 4.12 Grafische Darstellung des Einflusses jedes Objekts auf das Kalibriermodell durch den Leverage auf der X-Achse und dessen unerklärtem Anteil der Restvarianz auf der Y-Achse – Modell mit einer Hauptkomponente.

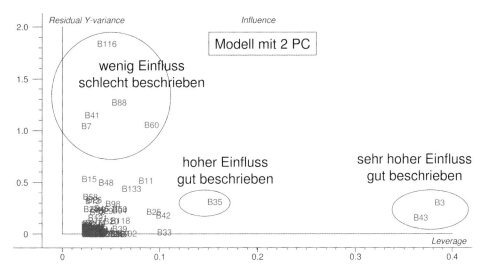

Abb. 4.13 Grafische Darstellung des Einflusses jedes Objekts auf das Kalibriermodell durch den Leverage auf der X-Achse und dessen unerklärtem Anteil der Restvarianz auf der Y-Achse – Modell mit zwei Hauptkomponenten.

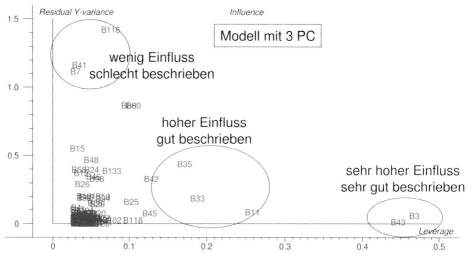

Abb. 4.14 Grafische Darstellung des Einflusses jedes Objekts auf das Kalibriermodell durch den Leverage auf der X-Achse und dessen unerklärtem Anteil der Restvarianz auf der Y-Achse – Modell mit drei Hauptkomponenten.

In Abb. 4.14 ist die dritte Hauptkomponente mit berücksichtigt. Der Einfluss der alkoholfreien Proben B3 und B43 steigt weiter, also verändern sie durch ihre Anwesenheit sogar noch diese dritte Hauptkomponente. Aber immerhin werden sie jetzt sehr gut mit diesem Modell beschrieben, ihre Y-Restvarianz wird fast null. Die Proben der Leichtbiere (B33 und B35) und die Probe B11 gewinnen an Einfluss. Sie werden auch akzeptabel gut durch das Modell beschrieben.

Mit Hilfe dieser grafischen Darstellung bekommt man einen sehr guten Überblick über den Einfluss der einzelnen Proben auf das Kalibriermodell und über ihre Modellierbarkeit mit den Modellen. Die Aussage hier wurde mit einem PCR-Modell getroffen, für ein PLS-Modell gelten dieselben Argumentationen. Allerdings wird ein PLS-Modell einflussreiche Proben in der Regel besser in die erste PLS-Komponente einbeziehen. Man erhält bei einem PLS-Modell selten Proben, die hohen Einfluss und hohe Restvarianz haben.

4.4.2.2 Residuenplots

Eine weitere Möglichkeit zur grafischen Überprüfung der Kalibrierproben sind die Residuenplots, die schon in Abschnitt 3.5 besprochen wurden. Proben mit großen Residuen werden vom Modell nicht richtig erfasst. Auch hier sollte man nach dem Grund für das große Residuum suchen: liegt es an den X-Daten, den Y-Daten oder passen nur beide nicht zusammen, weil vielleicht etwas aus Versehen vertauscht wurde. Die Residuenplots weisen auf ungewöhnliche Dinge hin, auch Nichtlinearitäten können mit den Residuenplots erkannt werden, wie wir in Abschnitt 3.7 bereits gesehen haben.

4.5
Vorhersagebereich der vorhergesagten Y-Daten

Mit Hilfe der bisher besprochenen Methoden können die ungewöhnlichen Werte bei der Kalibrierung recht einfach entdeckt werden. Wie sieht es aber aus, wenn wir das Kalibriermodell erstellt haben und nun auf unbekannte Proben anwenden? Auch hier sollten wir eine Möglichkeit haben, die Güte unserer Vorhersage anzugeben.

Man mag nun einwenden, dass die Güte der Vorhersage durch den Vorhersagefehler der Validierung bestimmt wird. Das ist nur bedingt richtig. Schauen wir uns die Vorhersagegenauigkeit bei der klassischen Kalibrierung mit nur einer X- und einer Y-Variablen an.

Der Vorhersagefehler F_y für eine unbekannte Probe berechnet sich bei der linearen Regression $y = b_0 + b_1 x$ aus:

- der Anzahl der verwendeten Kalibrierproben N (F_y fällt mit steigendem N),
- dem Kalibrierfehler s_y (vergleichbar mit dem RMSEC),
- der Entfernung der unbekannten Probe $\hat{x}$ und dem Mittelpunkt $\hat{x}$ der Kalibrierdaten,
- der statistischen Unsicherheit ausgedrückt durch den t-Wert der t-Verteilung mit Freiheitsgrad $N-k$, wobei k = Anzahl der Regressionsparameter (hier $k=2$) und einer Wahrscheinlichkeit p, die das Signifikanzniveau bestimmt.

Aus diesen Größen wird das sog. Vertrauensintervall für die Vorhersage berechnet. Für den gesamten Kalibrierbereich ergeben sich daraus die Vertrauensbänder, die um den Mittelwert am schmälsten sind und an den Rändern breiter werden. Ähnliches sollten wir auch für die Vorhersagen aus den multivariaten Kalibriermodellen angeben, also eine Aussage in der Form:

$$\hat{y}_i = y_{i,\text{pred}} \pm \Delta y_i \qquad (4.6)$$

wobei:

$\hat{y}_i$ den unteren bzw. oberen Wert des Vertrauensintervalls darstellt
$y_{i,\text{pred}}$ der vorhergesagte Wert aus der Kalibriergleichung
Δy_i das Vertrauensintervall für den vorhergesagten Wert

Da in das Vertrauensintervall der Freiheitsgrad eingeht, dieser bei der multivariaten Regression aber unbekannt ist, werden wir anstelle des Begriffs Vertrauensintervall, den Begriff Vorhersageintervall benutzen.

In das Vorhersageintervall sollten analog zur klassischen Kalibration der Kalibrierfehler und die Entfernung der unbekannten Probe zum Kalibriermittelpunkt mit eingehen. In der Literatur werden zur Zeit einige Vorschläge für dieses Vorgehen diskutiert. Hoy und Martens schlagen in [7] eine Berechnung vor, die im Programm „The Unscrambler" implementiert ist. Da diesem Buch eine Demo-CD dieses Programms beiliegt, wird auf dieses Verfahren ausführlicher eingegangen.

Um die Schreibweise zu verkürzen, wird im Folgenden nur die Formel für das Vorhersageintervall angegeben, und in Analogie zum „Unscrambler", der es y-Deviation nennt, werden wir es yDev abkürzen, also ist yDev=Vorhersageintervall=Δy_i.

Die einfachste Form der Berechnung des Vorhersageintervalls yDev findet sich im *Book of Standards* der Amerikanischen Gesellschaft für Untersuchungen und Materialien [8]. Dazu wird der Vorhersagefehler, der während der Kalibration berechnet wird, um den Einfluss der Probe korrigiert. Es wird also eine Leverage-Korrektur des Fehlers analog zur klassischen MLR durchgeführt. Die Formel dazu lautet folgendermaßen:

$$yDev = \text{RMSEC} \cdot \sqrt{(1 + h)} \quad (4.7)$$

Der Term h ist der Leverage aus Gl. (4.3). Je weiter die Probe vom Modellmittelpunkt entfernt ist, desto größer wird h und damit die Ungenauigkeit der Vorhersage. Diese Methode ist leicht anwendbar, berücksichtigt aber noch nicht die Freiheitsgrade und die Genauigkeit der Referenzmethode. Faber hat sich sehr viel mit diesem Thema beschäftigt und bezieht in [9, 10] noch die Ungenauigkeit der Referenzmethode mit ein, weshalb ein Korrekturterm zu Gl. (4.7) hinzugefügt wird.

Die von Hoy und Martens in [7] beschriebene Berechnung des Vorhersageintervalls für den Vorhersagefehler berücksichtigt diese Freiheitsgrade, und zusätzlich wird der nicht vom PCR- oder PLS-Modell erklärte Anteil (Restvarianz) der X-Daten in die Berechnung mit einbezogen. Die Berechnung der Vorhersageungenauigkeit yDev für die Probe i geschieht mit folgender Formel:

$$yDev_i = \sqrt{\text{MSE}(y_{\text{val}}) \left(\underbrace{\frac{1}{N_{\text{cal}}} + h_i}_{A} + \underbrace{\frac{R_i(x_{\text{val}})}{R_{\text{Gesamt}}(X_{\text{val}})}}_{B} \right) \left(1 - \frac{A + 1}{N_{\text{cal}}} \right)} \quad (4.8)$$

Der Term $\text{MSE}(y_{\text{val}})$ in Gl. (4.8) ist der mittlere quadratische Fehler, auch als Restvarianz bezeichnet, der aus den Validierproben berechnet wird, mit denen man die Kalibrierung überprüft.

(Nebenbemerkung: Wer bei der Kalibrierung mit dem „Unscrambler" eine Kreuzvalidierung macht und erst später mit einem separaten Testset validiert, erhält von „Unscrambler" den Fehler der Kreuzvalidierung bei der Vorhersage in die Gl. (4.8) eingesetzt. Es ist also notwendig, für die Kalibrierung, die man abspeichert um sie für die Validierung heranzuziehen, das richtige Validierset zu verwenden, das auch ein separates sein darf.)

Der Term A berücksichtigt die Anzahl der Kalibrierproben und den Abstand der Probe zum Modellmittelpunkt des Kalibriermodells. Dieser Teil entspricht Gl. (4.2) und der Korrektur in Gl. (4.7). In diesen Teil gehen die Scores der Probe ein.

Im Term *B* wird der Anteil der *X*-Daten erfasst, die nicht vom Kalibriermodell beschrieben werden. Es ist die Restvarianz der Probe im Verhältnis zur Gesamtrestvarianz der Validierproben. Hier geht indirekt also auch die Anzahl der verwendeten PLS-Komponenten ein. Bei einer Probe, die von den PLS-Komponenten gut beschrieben wird, aber zusätzlich ein hohes Rauschen hat, also eine hohe Restvarianz in den *X*-Variablen zeigt, wird dieser Term größer sein als bei einer Probe mit weniger Rauschanteil. Die Vorhersage für zwei solcher Proben kann identisch sein, aber die Vorhersageunsicherheit wird bei der Probe mit viel Rauschen höher sein. Dies berücksichtigt dieser Term.

Außerdem gibt der Term *B* die Möglichkeit, die Gültigkeit des Kalibriermodells für die anfallenden Daten während des Einsatzes zu überprüfen. Eine große Restvarianz der *X*-Daten für die Probe kann neben erhöhtem Rauschen auch einen bisher unbekannten Einflussfaktor bedeuten. Hiermit sind wir zurück bei Problem drei, das in Abschnitt 4.2.3 formuliert wurde: Wie erkennen wir eine Änderung des Eingangsdatenraums? Sowohl die Überprüfung des Leverage als auch die Überprüfung der Restvarianz geben uns darauf Hinweise. Beide erhöhen die Unsicherheit in der Vorhersage und *yDev* muss größer werden.

Ein hoher Leverage mit geringer Restvarianz der *X*-Daten bedeutet, dass wir den Kalibrierbereich verlassen, also beginnen zu extrapolieren. Im Prinzip hat sich der *X*-Datenraum aber nicht verändert.

Ein normaler oder hoher Leverage mit zusätzlich großer Restvarianz der *X*-Daten zeigt uns an, dass die *X*-Daten nicht mehr dem Kalibrierdatenraum entsprechen. Ein bisher nicht berücksichtigter Einflussfaktor ist dazugekommen. Das kann im besten Fall nur ein erhöhtes Rauschen sein.

Wenn die Ursachen für solche Abweichungen nicht durch Fehler hervorgerufen sind, die erkannt und behoben werden können, zwingen beide Umstände zur Nachkalibration. Die als abweichend erkannten Proben müssen in das Kalibrationsmodell mit aufgenommen werden.

4.5.1
Grafische Darstellung des Vorhersageintervalls

Für die Kalibrierung und Validierung der Alkoholgehaltsbestimmung aus den IR-Spektren der Biere sollen der Vorhersagebereich und die Grenzen für die Vorhersage angegeben werden.

Für die 20 Kalibrierproben, die wir mit Hilfe der PCA in Abschnitt 4.3.2 ausgewählt haben, bestimmen wir das Vorhersageintervall. Tabelle 4.1 enthält die berechneten Alkoholgehalte und den dazugehörigen Vorhersagebereich nach Gl. (4.8). In Abb. 4.15 sind die Werte der Tabelle 4.1 grafisch wiedergegeben.

Die Biere sind nach aufsteigendem Referenzalkoholgehalt sortiert. Der weiße mittlere Strich in Abb. 4.15 markiert den vorhergesagten Alkoholgehalt. Zusätzlich ist der Kalibrierfehler als senkrechte weiße Linie eingezeichnet. Die schwarzen Kästen geben das Vorhersageintervall für die jeweilige Probe *i* an, die untere Grenze hat den Wert $\hat{y}_i - yDev_i$ und die obere $\hat{y}_i + yDev_i$. Der Mittelwert für die mögliche Abweichung *yDev* der Kalibrierproben ist 0,31 Vol%.

Tabelle 4.1 Vorhergesagte Alkoholwerte und zugehöriger Vorhersagebereich für die Kalibrierproben.

Probe	Vorhergesagter Alkoholgehalt [Vol%] berechnet mit vier PLS-Komponenten	Vorhersagebereich yDev [Vol%]	Referenzwert
B94	4,00	0,39	4,03
B41	4,85	0,42	4,27
B45	4,64	0,39	4,30
B24	5,13	0,37	4,77
B18	4,56	0,32	4,80
B77	4,64	0,21	4,82
B38	4,82	0,43	4,99
B40	4,94	0,28	5,05
B108	5,10	0,21	5,15
B128	5,48	0,35	5,23
B68	5,30	0,20	5,35
B46	5,33	0,19	5,53
B61	5,76	0,31	5,63
B1	5,92	0,38	6,46
B29	6,82	0,33	7,10
B133	7,12	0,23	7,41
B101	7,42	0,24	7,42
B11	7,93	0,32	7,60
B25	7,91	0,29	7,70
B42	8,83	0,24	8,87
Mittelwert	5,82	0,31	5,82

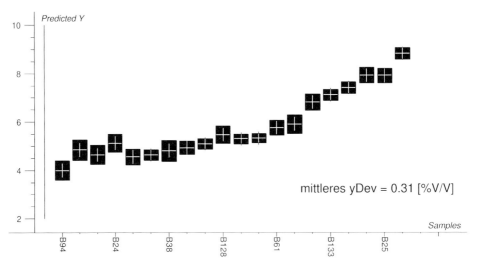

Abb. 4.15 Vorhergesagter Alkoholgehalt der Biere mit Vorhersageintervall für die Kalibrierproben. Mittlere weiße Markierung = vorhergesagter Wert, senkrechter weißer Strich = RMSEC.

Tabelle 4.2 Vorhergesagter Alkoholgehalt mit Vorhersagebereich für Proben, die nicht im Kalibrierset enthalten waren, darunter auch alkoholfreie Biere und Obstbrände.

Probe	Vorhergesagter Alkoholgehalt [Vol%] berechnet mit vier PLS-Komp.	Vorhersagebereich yDev [Vol%]	Referenzwert
B50 unbekannt	3,84	0,44	4,05
B95 unbekannt	5,32	0,14	5,01
B70 unbekannt	5,94	0,31	6,04
B39 unbekannt	7,10	0,21	7,15
B60 unbekannt	7,95	0,28	8,26
B3 alkoholfrei	0,69	3,79	0,11
B43 alkoholfrei	0,59	3,62	0,22
B33 Leichtbier	2,71	0,87	2,02
B35 Leichtbier	3,10	1,43	2,50
O37 Kirschbrand	39,40	14,55	37,70
O41 Kirschbrand	43,17	17,15	41,00
O45 Mirabellenbrand	47,61	21,42	45,18

Nun benützen wir das Kalibriermodell, um den Alkoholgehalt der alkoholfreien Biere, der Leichtbiere und auch einiger Obstbrände vorherzusagen.

Die Vorhersagebereiche der Kalibrierproben und der Validierproben bestehend aus den Normalbieren sind fast identisch. Bei den Leichtbieren vergrößert er sich um etwa das 12fache (Tabelle 4.2), für die Obstbrände wird die Abweichung ganz extrem und erreicht das 30–40fache. Abbildung 4.16 macht diese großen Unterschiede ebenfalls deutlich.

Die Vorhersagen der Alkoholgehalte sind aber trotz der großen Unsicherheit gar nicht so falsch. Beim alkoholfreien Bier B43 wird 0,59 Vol% geschätzt anstatt der tatsächlich gemessenen 0,22 Vol%, beim Obstbrand O45 ergibt sich aus den Spektren ein Alkoholgehalt von 47,6 Vol% bei einem Referenzwert von 45,2 Vol%. Die Größe des Vorhersagebereichs sagt also nichts über die Richtigkeit des vorhergesagten Werts, sondern sie gibt nur den Hinweis, dass die für die Vorhersage verwendeten X-Daten außerhalb des Kalibrierraums liegen und damit die Wahrscheinlichkeit für falsche Vorhersagen steigt. Wenn sich das Kalibriermodell perfekt linear verhält, können die extrapolierten Werte durchaus die Richtigen sein. Aber da wir es nicht untersucht haben, wissen wir es nicht und deshalb sollten wir Werten mit großem Vorhersagebereich nicht trauen. Häufig wird der mittlere Kalibriervorhersagebereich als Anhaltspunkt genommen. Werte, deren Vorhersagebereich mehr als das 3fache davon betragen, sollten mit Vorsicht betrachtet werden und verlangen nach weiteren Maßnahmen. Es sollte unbedingt der Grund für die Abweichung herausgefunden werden.

Verwendet man den 3fachen mittleren Kalibriervorhersagebereich als Grenze für akzeptierte Werte und abgelehnte Werte, so entspricht das in etwa dem 99%-Vorhersagebereich der klassischen Kalibration.

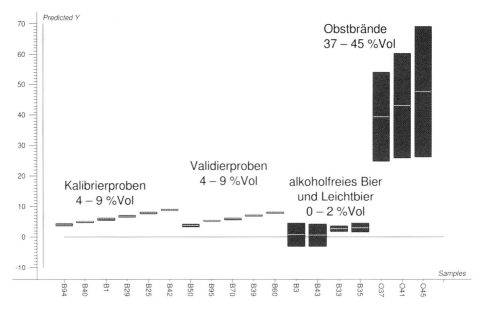

Abb. 4.16 Vorhergesagter Alkoholgehalt mit Vorhersagebereich im Vergleich. Verwendet wurden Proben des Kalibriersets, des Validiersets, alkoholfreie Biere, Leichtbiere und Obstbrände.

Bei der Überwachung von online verwendeten Kalibriermodellen ist das Mitschreiben einer Qualitätsregelkarte für die Vorhersageunsicherheit oder zumindest des Leverage sehr hilfreich. Noch besser ist das Erstellen von zwei Regelkarten, die den Leverage und die Restvarianz der X-Daten mitprotokollieren. Mit Hilfe dieser Karten erhält man frühzeitig Warnungen über eventuell abdriftende Daten, die sich in den Vorhersagewerten noch gar nicht äußern.

Zusammenfassung der Ergebnisse zu Ausreißerbestimmung, Validierung und Vorhersage:

- Ausreißer, die einfach weggelassen werden, darf es nicht geben. Daten mit ungewöhnlichen Werten haben einen Grund. Den sollte man versuchen herauszufinden.
- Entfernen von Ausreißern kann sich sehr nachteilig auf die spätere Robustheit eines Modells auswirken.
- Proben mit sehr hohem Einfluss, die zusätzlich eine hohe Restvarianz haben, können aus der Kalibrierung entfernt werden, aber die vorgenannten Punkte gelten auch hier.
- Proben mit hohem Einfluss und kleiner Restvarianz sind sehr ausschlaggebend für das Modell. Es wäre besser, mehr Proben dieser Art in die Kalibrierung einzubeziehen, so dass der Einfluss einer einzelnen Probe kleiner wird.

- Zusätzlich zum vorhergesagten Wert sollte dessen Unsicherheit $yDev$ bestimmt werden
- Zumindest sollte die Entfernung der X-Daten vom Modellmittelpunkt bestimmt werden, für die eine Vorhersage gemacht werden soll. Dies kann über den Leverage geschehen.
- Regelkarten für $yDev$, den Leverage oder die Restvarianz zur Überwachung des X-Datenraums bei der Vorhersage sind sehr hilfreich.

Literatur

1 S. Weisberg, Applied Linear Regression. John Wiley & Sons, New York, 1985.
2 T. Isaksson und T. Naes, Selection of samples for calibration in near-infrared spectroscopy, I. General principles illustrated by example, Applied Spec. (1989) 43, 328–335.
3 T. Isaksson und T. Naes, Selection of samples for calibration in near-infrared spectroscopy, II. Selection based on spectral measurements. Applied Spec. (1990) 44, 1152–1158.
4 D. W. Lachenmeier, Rapid quality control of spirit drinks and beer using multivariate data analysis of Fourier transform infrared spectra. Food Chemistry, (2006) in press.
5 J. C. Farman, B. G. Gardiner und J. D. Shanklin, Large losses of total ozone in Antarctica reveal seasonal ClOx/NOx interaction. Nature (1985) 315, 207–210.
6 Earth Observatory, NASA, Research Satellites for Atmospheric Sciences – Serendipity and Stratospheric Ozone. http://earthobservatory.nasa.gov/Library/RemoteSensingAtmosphere/remote_sensing5.html.
7 M. Høy und H. Martens, Review of partial least squares regression prediction error in Unscrambler. Chemometrics and Intelligent Laboratory Systems (1998) 44, 123–133.
8 American Society for Testing and Materials, Annual Book of ASTM Standards, Vol. 03.06, E1655, Standard Practices for Infrared, Multivariate, Quantitative Analysis. ASTM International, West Conshohocken, Pennsylvania, USA (1998).
9 N. M. Faber, X.-H. Song und P. K. Hopke, Prediction intervals for partial least square regression. Trends in Analytical Chemistry (2003) 22, 330–334.
10 J. A. Fernández Pierna, L. Jin, F. Wahl, N. M. Faber und D. L. Massart, Estimation of partial least square regression (PLSR) prediction uncertainty when the reference values carry a sizeable measurement error. Chemometrics and Intelligent Laboratory Systems (2003) 65, 281–291.

5
Datenvorverarbeitung bei Spektren

Eine einfache Art der Datenvorverarbeitung haben wir bereits bei der PCA kennen gelernt. Die Daten werden mittenzentriert, bevor Loadings und Scores berechnet werden. Man muss diese Mittenzentrierung zwar nicht unbedingt durchführen, aber in der Regel wird sie gemacht, damit die Hauptkomponenten und Scores auf den Mittelwert bezogen werden und damit leichter interpretierbar sind.

Eine weitere Datenvorbehandlung wurde in Abschnitt 2.6 besprochen. Dort wurden Daten der unterschiedlichsten Dimensionen mit Hilfe der Standardisierung in eine vergleichbare Skala übergeführt. Wir haben gelernt, dass diese Art der Vorverarbeitung nötig ist, wenn alle Variablen, unabhängig von der vorliegenden Skalierung, mit dem gleichen Gewicht in die PCA oder PLS eingehen sollen.

Die Standardisierung über die Variablen wird üblicherweise bei Spektren nicht angewendet, denn damit würden Bereiche ohne Absorption, die nur Rauschen enthalten, gleich stark bewertet wie Bereiche mit Absorption, die chemische Information enthalten und somit würde nur das Rauschen verstärkt.

So wie die Standardisierung alle Variablen gleich gewichtet, kann man den einzelnen Variablen auch bewusst unterschiedliche Gewichte geben. Dazu werden alle Variablenwerte mit einem Gewichtungsfaktor multipliziert. Wenn man auf bestimmte Messungen besonders Wert legt, ist dies eine Möglichkeit, ihnen in der PCA oder PLS mehr Einfluss zu ermöglichen. Allerdings setzt man sich damit über die Forderung hinweg, den Informationsgehalt nur aus den vorliegenden Daten zu beziehen, was aber mit Begründung statthaft ist.

5.1
Spektroskopische Transformationen

In der Spektroskopie wird diese Gewichtung ganz gezielt durchgeführt, indem die bei einer bestimmten Wellenlänge gemessene Intensität I mit der Intensität I_0 einer Referenzmessung verrechnet wird. Teilt man das Signal der Probe I_{Probe} durch das Signal der Referenzmessung I_0, erhält man den Grad der Transmission T, wenn in Transmission gemessen wird, oder den Grad der Reflexion R bei Messung in Reflexion, also $T = I_{Probe}/I_0$. Die Werte sind durch die Referenz gewichtet.

Multivariate Datenanalyse: für die Pharma-, Bio- und Prozessanalytik. Waltraud Kessler
Copyright © 2007 WILEY-VCH Verlag GmbH & Co. KGaA, Weinheim
ISBN: 978-3-527-31262-7

Es ist sehr selten, dass mit den tatsächlich gemessenen absoluten Intensitäten gearbeitet wird. Ausnahmen gibt es bei den Fluoreszenzspektren.

Häufig und mit gutem Grund werden die Transmissions-/Reflexionsspektren in Absorptionsspektren umgewandelt. Damit werden die gemessenen Spektrenwerte proportional zur Konzentration und das Lambert-Beersche Gesetz kann verwendet werden. Die Transformation von Transmission/Reflexion in Absorption lautet:

$$A = -\log(T) = \log(1/T) = \varepsilon \cdot c \cdot d \qquad (5.1)$$

wobei:
T = gemessene Transmission oder Reflexion bei einer bestimmten Wellenlänge
A = Absorption bei einer bestimmten Wellenlänge
ε = molarer Extinktionskoeffizient
c = Konzentration
d = Schichtdicke

Das Lambert-Beersche Gesetz gilt bei Messungen von klaren Flüssigkeiten in Transmission.

Misst man in Reflexion kann T durch die gemessene Reflexion R ersetzt werden, aber man muss beachten, dass der Zusammenhang zwischen der Absorption $A = \log(1/R)$ und der Konzentration nur noch näherungsweise proportional ist.

Für Reflexionsmessungen an Festkörpern sollte deshalb anstatt der Transformation nach Gl. (5.1) die Transformation nach Kubelka-Munk angewendet werden, die neben den Absorptionseffekten auch die Streueffekte zu berücksichtigen versucht:

$$F(R) = \frac{K}{S} = \frac{(1-R)^2}{2R} \qquad (5.2)$$

wobei:
$F(R)$ = Kubelka-Munk-Funktion
K = wahre Absorption
S = Streuung
R = I/I_0 mit I = reflektiertes Licht, I_0 = eingestrahltes Licht

Die Kubelka-Munk-Gleichung beschreibt die Reflexion an der Oberfläche einer optisch unendlich dicken Probe mit geringer Absorption. Ist die Absorption der Probe zu stark, so muss sie mit einem nicht absorbierenden Material wie z. B. KBr vermischt werden. Näheres über die Theorie findet man in [1] und über die praktische Anwendung in [2].

Transmissionsmessungen sollten immer in Absorptionsspektren umgerechnet werden, um die Proportionalität entsprechend dem Lambert-Beerschen Gesetz mit der Konzentration herzustellen. Reflexionsmessungen am Festkörper sollten ebenfalls in Absorptionsspektren oder besser in Kubelka-Munk-Spektren transformiert werden, wobei die Kubelka-Munk-Transformation nicht so bekannt und verbreitet ist.

Ein sehr wichtiger Punkt, der weiterführende Transformation oft sogar überflüssig machen kann, ist die richtige Spektrenaufnahme. Es ist sehr viel Wert darauf zu legen die Messanordnung und den Wellenlängenbereich auf das Messproblem zu optimieren. Mit einer guten dem Problem angepassten Messanordnung erhält man Spektren, in denen die Information als Hauptvariabilität enthalten ist und nicht versteckt hinter den Störeinflüssen. Es spielt eine große Rolle, ob in diffuser oder gerichteter Reflexion oder Transmission gemessen wird und welcher Wellenlängenbereich verwendet wird. Es gibt neben dem NIR- noch den UV-, VIS- und IR-Bereich mit sehr detailliertem Informationsgehalt. Insbesondere in wässrigen Lösungen gestaltet sich die Spektrenaufnahme im NIR wegen der hohen Absorption des Wassers als schwierig. Eine ausführliche Beschreibung der Möglichkeiten und Risiken beim Einsatz spektroskopischer Messmethoden findet sich in [2]. Wer sich ausführlich über die Theorie der Spektroskopie informieren will, findet eine grundlegende Einführung in [3]. Im Hinblick auf die NIR-Spektroskopie ist [4] zu empfehlen und eine Einführung in die IR-Spektroskopie findet sich in [5].

5.2
Spektrennormierung

Die Spektren, mit denen wir bisher gearbeitet haben, waren Absorptionsspektren. Weitere Transformationen wurden noch nicht angewandt. Die Ergebnisse, die wir mit der multivariaten Datenanalyse erzielt haben, waren gut, aber vielleicht hätten wir durch passende Spektrenvorverarbeitung noch bessere Ergebnisse erzielt. Die Spektrenvorbehandlung ist ein wichtiger Aspekt bei der PCA und PLS. Durch sie können die Ergebnisse durchaus verändert ausfallen. Eine passende Datenvorverarbeitung wird die Ergebnisse verbessern, aber auch eine Veränderung zum Schlechteren ist möglich. Deshalb werden in diesem Kapitel die wichtigsten Vorverarbeitungsmethoden mit ihren Vorteilen und eventuellen Risiken besprochen.

Die bisher besprochenen Methoden der Datenvorbehandlung betrafen die Variablen. Mittenzentrierung, Gewichtung, auch die Umrechnung in Absorption oder in die Kubelka-Munk-Einheiten werden individuell auf die einzelnen Variablen angewandt, ohne dass Werte anderer Variablen berücksichtigt werden. Übertragen wir dies auf die Datenmatrix, in der pro Zeile die Messwerte eines Objekts stehen und jede Spalte eine bestimmte gemessene Eigenschaft beinhaltet, so geht unser Blick dabei spaltenweise entlang der Matrix, wir normieren also Eigenschaften. Nun kann man den Blick auch zeilenweise auf die Datenmatrix werfen, also das Objekt betrachten und in dieser Richtung eine Datenvorbehandlung ausführen. Fast alle für die Spektroskopie geeigneten Datenvorverarbeitungen gehen genau diesen Weg, indem das Spektrum für jedes Objekt als Ganzes oder wenigstens in Teilen betrachtet wird.

5.2.1
Normierung auf den Mittelwert

Jeder Spektrenwert a_k (z. B. die gemessene Absorption bei der Wellenlänge k) wird auf den Gesamtmittelwert des Spektrums normiert. Diese Normierung kann auch nur auf ausgewählte Teilbereiche des Spektrums angewendet werden, um z. B. bestimmte Wellenlängebereiche mit zu großem Messfehler auszuschließen oder Bereiche, bei denen die Absorption der Probe die Möglichkeiten des Spektrometers übersteigt, wegzulassen. Dann wird der Mittelwert natürlich nur von dem ausgewählten Teilbereich bestimmt. Für jedes Spektrum berechnet sich die Normierung zu:

$$a_k^{\text{norm}} = \frac{a_k}{\frac{1}{M}\sum_{k=1}^{M} a_k} \tag{5.3}$$

Eine Normierung auf den Mittelwert gleicht systematische Veränderungen im Spektrum aus. Zwei Spektren, bei denen die Banden das gleiche Verhältnis zueinander haben, aber für jedes Spektrum unterschiedliche maximale Intensitäten vorliegen, werden durch die Normierung identisch. Das Aussehen der Spektren bleibt durch die Normierung im Prinzip erhalten.

5.2.2
Vektornormierung auf die Länge eins (Betrag-1-Norm)

Das Spektrum wird auf den Betrag eins normiert, indem jeder Spektrenwert a_k durch den Betrag des gesamten Spektrums dividiert wird. Stellt man sich das Spektrum als Vektor in einem vieldimensionalen Raum vor, so werden alle Spektren, die in die gleiche Richtung zeigen, gleich lang.

$$a_k^{\text{norm}} = \frac{a_k}{\sqrt{\sum_{k=1}^{M} a_k^2}} \tag{5.4}$$

Auch die Normierung auf die Länge eins gleicht systematische Veränderungen im Spektrum aus. Auch bei der Betrag-1-Normierung behalten die Spektrenwerte a_k ihr Originalvorzeichen und die Spektrenform bleibt erhalten.

5.3 Glättung

Die Spektren, die mit den multivariaten Verfahren bearbeitet werden sollen, sind nicht immer frei von Rauschen, das vom Spektrometer selbst verursacht wird. Je kleiner das spektroskopische Signal desto stärker wird dieses Spektrometerrauschen in den Spektren hervortreten. Hierbei handelt es sich um ein Störsignal, das mit einer Glättung beseitigt werden kann.

5.3.1 Glättung mit gleitendem Mittelwert

Die einfachste Art der Glättung, die auch für Spektren angewendet werden kann, ist die Glättung über den gleitenden Mittelwert. Man bestimmt eine Intervallgröße i für die Mittelung, wobei i eine ungerade Zahl größer zwei sein muss. Aus den ersten i Spektrenwerten wird der Mittelwert $\bar{x}_0$ berechnet. Dieser berechnete Mittelwert ersetzt den Spektrenwert $(i+1)/2$, also den Wert in der Mitte des Intervalls. Dann rutscht das Intervall eine Variable weiter. Für das neue Intervall, das nur einen neuen Wert enthält, wird nun der Mittelwert $\bar{x}_1$ berechnet. Dieser ersetzt den Spektrenwert an der Stelle $(i+1)/2+$Intervallnummer. Bei M Spektrenwerten wird diese Prozedur $(M-i+1)$ mal wiederholt. Die ersten und die letzten $(i-1)/2$ Spektrenwerte werden nicht verändert, da sie vor bzw. hinter der Intervallmitte liegen. Häufig werden diese Werte auf Null gesetzt.

Die Intervallgröße bestimmt den Grad der Glättung. Man muss das Intervall groß genug wählen, um eine ausreichende Glättung zu erreichen, darf es aber nicht zu groß wählen, damit die Änderungen, die kein Rauschen sind, nicht auch „weggemittelt" werden.

Dieses Risiko verringert man, indem man eine Polynomglättung durchführt.

5.3.2 Polynomglättung (Savitzky-Golay-Glättung)

Die Polynomglättung ist dem gleitenden Mittelwert vor allem bei strukturierten Spektren vorzuziehen. Um die Struktur im Spektrum zu erhalten, muss man die Glättungsintervalle sehr klein machen, erhält damit aber eine geringere Glättung. Hier setzt die Polynomglättung ein. Der Anwender bestimmt wieder zuerst eine Intervallgröße k, über die geglättet werden soll. Im nächsten Schritt wird durch die Spektrenwerte dieses Intervalls ein Polynom gefittet.

Die Abb. 5.1 bis 5.3 zeigen den Einfluss der Stützstellenzahl auf die Glättung. Die 15 Punkte der Grafik streuen um ein gedachtes Polynom zweiten Grades. In Abb. 5.1 wird ein Polynom zweiten Grades angepasst, wobei aber nur drei Stützstellen verwendet wurden. Hier findet gar keine Glättung statt, denn das Glättungspolynom wird durch die drei Punkte exakt bestimmt.

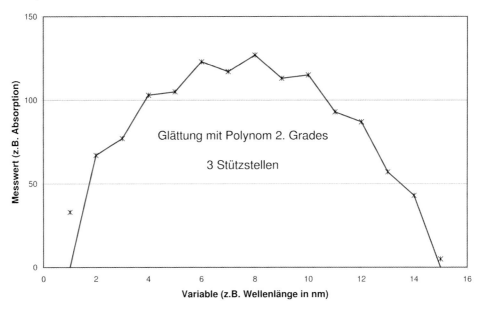

Abb. 5.1 Glättung mit Polynomanpassung bei Verwendung eines Polynoms zweiten Grades mit drei Stützstellen – noch keine Glättung.

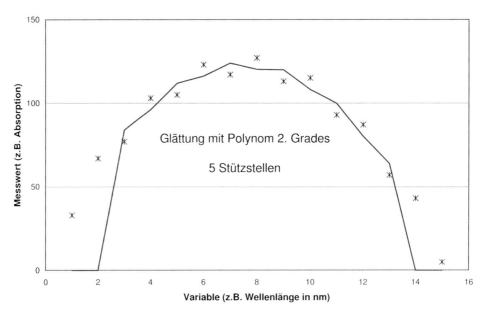

Abb. 5.2 Glättung mit Polynomanpassung bei Verwendung eines Polynoms zweiten Grades mit fünf Stützstellen – Glättung wird erkennbar.

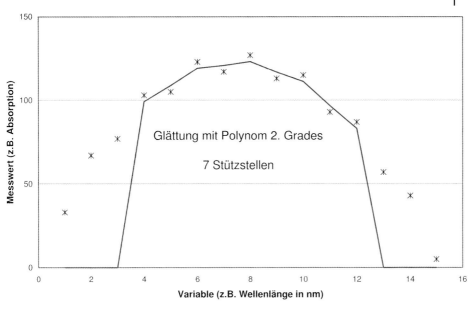

Abb. 5.3 Glättung mit Polynomanpassung bei Verwendung eines Polynoms zweiten Grades mit sieben Stützstellen – schon deutliche Glättung.

In Abb. 5.2 wurden fünf Stützstellen verwendet. Der Glättungseffekt wird erkennbar. Bei fünf Stützstellen werden die ersten beiden und die letzten beiden Punkte nicht geglättet. In der Grafik wurden sie auf null gesetzt.

In Abb. 5.3 ist die Glättung fast ideal. Hier wurden sieben Stützstellen verwendet. Die ersten und letzten drei Datenpunkte werden nicht berücksichtigt.

Bei strukturierten Spektren besteht sehr schnell die Gefahr des Überglättens, was bedeutet, dass Information verschwimmt oder sogar ganz verloren geht. Abbildung 5.4 zeigt ein IR-Spektrum mit mehreren deutlichen Banden, darunter eine Doppelbande. Sobald mehr Glättungspunkte verwendet werden, als die Bande breit ist, „verschmilzt" die Bande mit der Umgebung. Im gezeigten Beispiel sind die Doppelbanden je fünf Wellenzahlen breit. Eine Glättung mit fünf Wellenzahlen (lange gestrichelte Linie) lässt die beiden Banden getrennt. Bei einer Glättung über neun Wellenzahlen kann man beide Banden nur noch erahnen. Bei einer Glättung über 15 Wellenzahlen wird aus zwei Banden eine einzige Bande, die zwischen den ursprünglichen Bandenpositionen zu finden ist.

Bei unstrukturierten Spektren, wie sie häufig im UV-, VIS- und zum Teil auch im NIR-Bereich vorkommen, ist die Polynomglättung ohne großes Risiko anzuwenden. Bei strukturierten Spektren muss man die Glättung an die Bandenbreite anpassen. Eine weitere Möglichkeit der Glättung für solche Spektren bietet die Verwendung eines Polynoms dritten oder sogar vierten Grades. Um das Polynom zu berechnen, sind zwar mehr Stützstellen nötig, dafür werden die Strukturen im Spektrum angepasst. Bei dem gezeigten Spektrum liefert

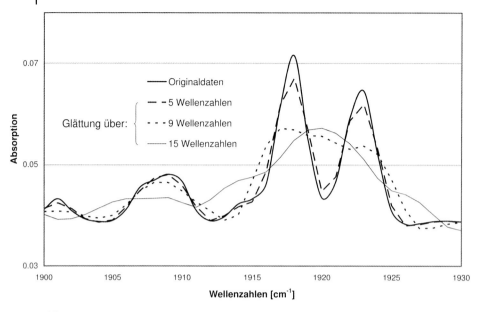

Abb. 5.4 Glättung mit unterschiedlicher Stützstellenzahl bei strukturierten Spektren. Ist die Stützstellenzahl zu hoch geht Information verloren.

eine Glättung über neun Stützstellen bei Verwendung eines Polynoms vierten Grades ähnliche Ergebnisse wie die Glättung mit fünf Stützstellen bei einem Polynom zweiten Grades.

Auch die PCA „glättet" die Spektren, denn die zufällige Information des Rauschens wird erst auf höheren Hauptkomponenten berücksichtigt. Werden die Spektren ohne diese hohen Hauptkomponenten reproduziert, wird das Rauschen entfernt. Die Abb. 2.42 bis 2.47 in Kapitel 2 geben ein Beispiel für eine Hauptkomponentenglättung. In der Regel wird die Glättung aber vor der Berechnung der PCA oder PLS als Vorverarbeitung vorangestellt, wobei dann eben die Mittelwertglättung oder die Polynomglättung herangezogen wird.

5.4
Basislinienkorrektur

Systematische Abweichungen von der Grundlinie, die keine chemische Information enthalten, sondern von Verunreinigungen stammen können oder von Streuverlusten verursacht werden oder auch systematische Probleme der Messapparatur aufzeigen, können durch eine Korrektur der Basislinie beseitigt werden. Die Korrekturmöglichkeiten sind vielfältig, wobei am häufigsten eine Korrektur über Stützpunkte stattfindet. Aber auch eine Korrektur über Funktionen, wie wir es bei der Glättung besprochen haben, ist möglich.

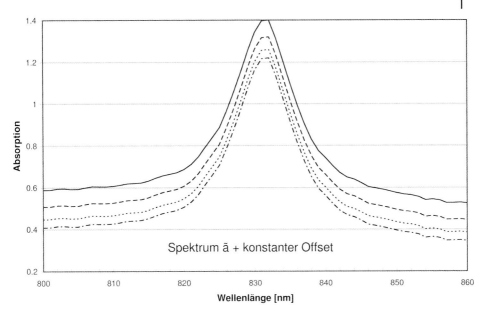

Abb. 5.5 Spektren mit identischer chemischer Information mit störendem konstanten Offset.

Dazu beschreiben wir das gemessene Spektrum **a**, das über die Wellenlängen **x** gemessen wird, als Summe aus der eigentlichen chemischen Information **ã** und zusätzlich auftretenden Störungen, die mit Hilfe eines Polynoms angenähert werden:

$$\mathbf{a} = \tilde{\mathbf{a}} + \alpha + \beta \mathbf{x} + \gamma \mathbf{x}^2 + \delta \mathbf{x}^3 + \ldots \tag{5.5}$$

wobei **ã** den wirklich interessierenden Anteil des Spektrums darstellt und die restlichen Terme die Störung der Basislinie beschreiben. Wird ein Modell für die Basislinie vorgegeben, sei es der Offset oder ein lineares Modell oder ein quadratisches usw., kann man das Spektrum **a** entsprechend korrigieren, indem man das Basislinienmodell vom Spektrum abzieht.

Ist die Basislinie eines Spektrums um einen konstanten Betrag verschoben, entspricht dies einer horizontalen Linie und das Modell dafür lautet:

$$\mathbf{a} = \tilde{\mathbf{a}} + \alpha \tag{5.6}$$

Man muss für jedes Spektrum die Konstante α bestimmen und vom gemessenen Spektrum abziehen. Um α zu bestimmen wird eine Wellenlänge ausgesucht, die z. B. keine chemische Information enthält und damit auf Null gesetzt werden kann. In Abb. 5.5 sind Spektren mit konstanter Basislinie gezeigt. Bei der Wellenlänge 860 nm liegt keine chemische Information vor, der Offset bei

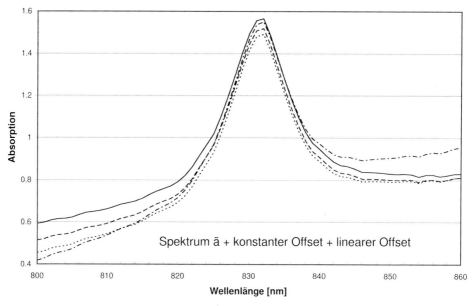

Abb. 5.6 Spektren mit identischer chemischer Information mit störendem konstanten Offset und linearem Offset.

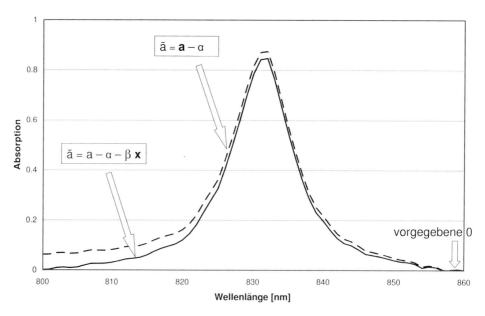

Abb. 5.7 Spektren mit identischer chemischer Information – die Spektren in Abb. 5.5 werden nur mit konstantem Offset korrigiert und ergeben alle das gestrichelte Spektrum, während die Spektren in Abb. 5.6 mit einer linearen Basislinie korrigiert wurden, sie ergeben alle das durchgezogene Spektrum.

dieser Wellenlänge wird von allen Spektrenwerten abgezogen. Man erhält für alle vier Spektren mit Basislinienverschiebung dasselbe in Abb. 5.7 gezeigte Spektrum (gestrichelte Linie).

Entsprechend wird eine linear wellenlängenabhängige Basislinie korrigiert, indem ein lineares Modell angesetzt wird:

$$\mathbf{a} = \tilde{\mathbf{a}} + \beta \mathbf{x} \tag{5.7}$$

Spektren mit einer wellenlängenabhängigen Basislinie zeigt Abb. 5.6. Nun sind zwei Bezugspunkte nötig, um die Steigung β zu bestimmen. Hier wurde die Wellenlänge 800 nm am Anfang und 860 nm am Ende gewählt.

Alle vier Spektren ergeben auch diesmal nach der Korrektur dasselbe Spektrum (durchgezogene Linie), das in Abb. 5.7 gezeigt ist.

5.5
Ableitungen

Eine der besten Methoden, um Basislinieneffekte aus Spektren zu entfernen, ist die Ableitung der Spektren. Außerdem verstärken die Ableitungen die spektrale Auflösung. Überlagernde Banden werden durch die Ableitungen hervorgehoben und deutlicher erkennbar. Allerdings verliert das Spektrum durch die Ableitung seine spektrale Form, was die Interpretation in der nachfolgenden PCA oder PLS erschwert. Trotzdem sind die Ableitungen wegen ihrer Einfachheit und Leistungsfähigkeit, Störeffekte aus Spektren zu beseitigen, die am häufigsten angewandten Datenvorverarbeitungsmethoden. Eine ausführliche Beschreibung der Derivativ-Spektrophotometrie mit Erklärung des mathematischen Hintergrunds findet sich in [6].

5.5.1
Ableitung nach der Differenzenquotienten-Methode (Punkt-Punkt-Ableitung)

Die einfache Differenz zwischen zwei benachbarten Datenpunkten kann benützt werden, um die erste Ableitung abzuschätzen. Für ein Spektrum mit den Datenpunkten $(a_1, a_2, a_3, \ldots, a_m)$ kann man die erste Ableitung abschätzen, indem man die Differenzen zwischen den benachbarten Datenpunkten berechnet:

$$\mathbf{a} = (a_1, a_2, a_3, \ldots, a_m) \tag{5.8}$$

$$\mathbf{a}' = (a_2 - a_1, a_3 - a_2, a_4 - a_3, \ldots, a_m - a_{m-1}) = (a'_1, a'_2, a'_3, \ldots, a'_m) \tag{5.9}$$

Um höhere Ableitungen zu erhalten, wiederholt man das in Gl. (5.9) beschriebene Vorgehen mit den abgeleiteten a'-Werten und kann auf diese Weise die zweite und dritte Ableitung usw. berechnen. Diese Art der Ableitung überhöht

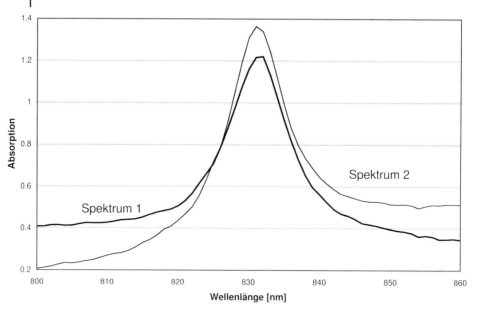

Abb. 5.8 Spektren mit linearem und konstantem Basislinienoffset – Originalspektren in Absorptionseinheiten.

allerdings mit jedem Ableitungsschritt das Rauschen, womit das Signal-Rausch-Verhältnis schlechter wird.

Mit den beiden Spektren in Abb. 5.8 wurde die Ableitung nach dem Differenzenquotienten-Verfahren berechnet. Der Nulldurchgang bei der ersten Ableitung entspricht dem Maximum des Originalspektrums. Die Wendepunkte rechts und links der Absorptionsbande im Originalspektrum zeigen die maximale Steigung auf der ansteigenden Seite und die minimale Steigung auf der abfallenden Flanke.

In den abgeleiteten Spektren in Abb. 5.9 ist dieses Steigungsmaximum bzw. -minimum für beide Spektren deutlich zu sehen. Durch die Ableitung wurde die Basislinie aus beiden Spektren entfernt. Damit wird deutlicher erkennbar, dass es sich um dieselbe chemische Information handelt, allerdings in unterschiedlicher Konzentration, denn die Maxima und Minima der Ableitungen sind unterschiedlich groß. Was wir aber auch deutlich erkennen, ist die Zunahme des Rauschens in den abgeleiteten Spektren.

Deshalb macht diese Berechnung der Ableitung keinen Sinn, wenn die Spektren verrauscht sind. Bei verrauschten Spektren muss zuerst eine Glättung vorgenommen werden und danach die Ableitung. Alternativ kann die Glättung während der Ableitung durchgeführt werden, indem man z. B. drei oder fünf oder mehr Punkte zu einem Mittelwert zusammenfasst und die Ableitung für die Mittelwerte durchführt, die dann konsequenterweise zwei, vier oder mehr Datenpunkte voneinander entfernt sind. Wie beim gleitenden Mittelwert kann

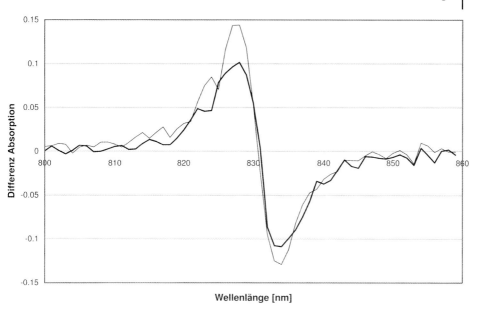

Abb. 5.9 Spektren mit linearem und konstantem Basislinienoffset – die 1. Ableitung der Spektren nach dem Differenzenquotienten-Verfahren, Rauschen wird verstärkt.

man schrittweise das gesamte Spektrum abtasten und dabei ableiten. Allerdings muss man sich auch hier im Klaren sein, dass durch die Mittelung spektrale Information verloren gehen kann. Einen besseren Weg der Glättung vor der Ableitung bietet die Polynomglättung mit anschließender Ableitung des gefitteten Polynoms.

5.5.2
Ableitung über Polynomfit (Savitzky-Golay-Ableitung)

Bei der Ableitung mit Hilfe eines Polynomfits wird in Analogie zur Glättung oder Basislinienkorrektur das gemessene Spektrum lokal mit einem Polynom über die Wellenlänge angenähert. Ähnlich zu Gl. (5.5) beschreiben wir das gemessene Spektrum als Polynom n-ten Grades, wobei diese Polynomentwicklung nicht für das komplette Spektrum erfolgt, sondern nur auf k Datenpunkte angewandt wird, wobei k vom Benutzer vorgegeben wird:

Gemessenes Spektrum: $\mathbf{a} = \alpha + \beta \mathbf{x} + \gamma \mathbf{x}^2 + \delta \mathbf{x}^3 + \ldots + \varepsilon \mathbf{x}^n$ (5.10)

Damit ist das Spektrum lokal mit einem Polynom des Grades n beschrieben, das wir ableiten können. Für die erste und zweite Ableitung ergibt sich:

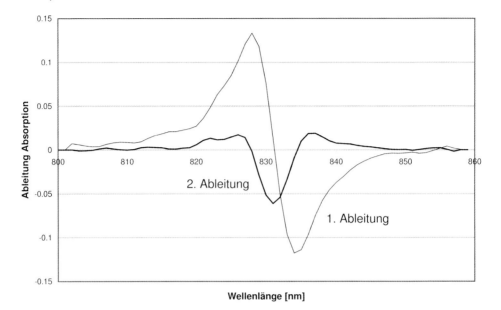

Abb. 5.10 Erste und zweite Ableitung des Spektrums 2 aus Abb. 5.8; Ableitung über Polynom zweiten Grades mit fünf Stützpunkten für die erste Ableitung und sieben Stützpunkten für die zweite Ableitung.

$$\text{1. Ableitung:} \quad \mathbf{a}' = 0 + \beta + 2\gamma \mathbf{x} + 3\delta \mathbf{x}^2 + \ldots + n\varepsilon \mathbf{x}^{n-1} \tag{5.11}$$

$$\text{2. Ableitung:} \quad \mathbf{a}'' = 0 + 0 + 2\gamma + 6\delta \mathbf{x} + \ldots + (n-1)n\varepsilon \mathbf{x}^{n-2} \tag{5.12}$$

Das bedeutet, dass die erste Ableitung eine konstante Basislinie a entfernt und mit der zweiten Ableitung lineare Effekte $\beta \mathbf{x}$ wegfallen usw. Die Breite des Spektrenbereichs, über den das Polynom angenähert wird, bestimmt sich über die Anzahl der Stützpunkte, die für den Polynomfit ausgewählt werden. Das Polynom wird wie bei der Glättung über ein Least Square-Verfahren an die Datenpunkte angepasst. Der abgeleitete Wert wird aus diesem gefitteten Polynom bestimmt entsprechend Gl. (5.11) für die erste Ableitung oder Gl. (5.12) für die zweite Ableitung.

Durch die vorausgehende Glättung mit Hilfe des Polynoms wird die Ableitung robuster gegenüber im Spektrum vorhandenem Rauschen, wie ein Vergleich mit der Ableitung nach dem Differenzenquotienten-Verfahren ohne vorherige Glättung (Abb. 5.9) deutlich macht. Die zweite Ableitung zeigt ein Minimum genau an der Wellenlänge, an der das Originalspektrum ein Maximum hat. Die zweite Ableitung zeigt damit bei den gleichen Wellenlängen Maxima und Minima wie die Originalspektren allerdings mit umgekehrtem Vorzeichen (Abb. 5.10).

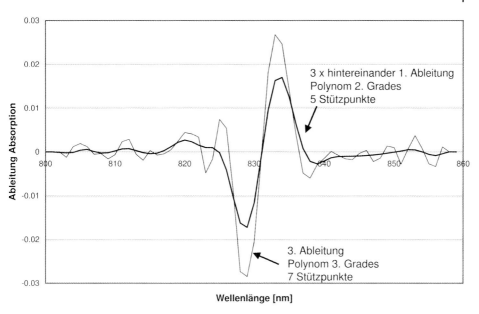

Abb. 5.11 Berechnung der dritten Ableitung auf verschiedenen Wegen: dicke Linie – dreimaliges Ausführen der ersten Ableitung nacheinander (Polynom zweiten Grades, fünf Stützpunkte); dünne Linie – dritte Ableitung (Polynom dritten Grades, sieben Stützpunkte).

Mit fünf Stützpunkten erhält man bis zur zweiten Ableitung bei Verwendung eines Polynoms zweiten Grades verlässliche Werte. Für höhere Ableitungen sind Polynome höherer Ordnung nötig und auch mehr Stützpunkte, wobei 11 bis 25 Stützpunkte durchaus angemessen sind.

Die Praxis zeigt, dass es besser ist, die höheren Ableitungen durch Aneinanderreihen von ersten Ableitungen zu berechnen. Um dies zu verdeutlichen wurde von einem Spektrum dreimal hintereinander die erste Ableitung berechnet. Dabei wurden fünf Stützpunkte verwendet und ein Polynom zweiten Grades. Man erhält auf diese Weise die dritte Ableitung, die in Abb. 5.11 als dicke Linie eingezeichnet wurde. Dann wurde von demselben Spektrum in einem Arbeitsgang die dritte Ableitung berechnet. Dabei wurden sieben Stützpunkte verwendet und ein Polynom dritten Grades gefittet. Das Rauschen bei der direkten Berechnung der dritten Ableitung ist deutlich größer als bei der schrittweisen Berechnung.

5.6
Korrektur von Streueffekten

Proben, die in diffuser Reflexion gemessen werden, zeigen häufig spektrale Unterschiede, die von der inhomogenen Verteilung der Streuzentren herrühren. Die Streuung hängt von den physikalischen Eigenschaften der Teilchen in der Probe ab, wobei unterschiedliche Weglängen des Lichts vor allem von der Teilchengröße beeinflusst werden. Dies hat zur Folge, dass in Pulvern oder Granulaten und ebenso in Emulsionen oder Dispersionen die chemische Information häufig von den auftretenden Streueffekten in starkem Maße überdeckt wird. Die Streuung ist wellenlängenabhängig, hängt vom Brechungsindex ab und verändert sich damit über das gesamte Spektrum. Je kleiner die Wellenlänge, desto stärker die Streuung.

5.6.1
MSC (Multiplicative Signal Correction)

Die Methode der multiplikativen Streukorrektur (*Multiplicative Scatter Correction*), die auch als multiplikative Signal-Korrektur bezeichnet wird (*Multiplicative Signal Correction*), geht von der Annahme aus, dass sich die wellenlängenabhängigen Streueffekte von der chemischen Information abtrennen lassen. Dies wird erreicht, indem man die Spektren mit unterschiedlicher Streuung auf ein sog. „ideales" Spektrum korrigiert. Da dieses ideale Spektrum in der Regel nicht gemessen werden kann, wird stattdessen das Mittelwertspektrum aller im Datenset vorhandenen Spektren verwendet. Dieses Mittelwertspektrum repräsentiert die mittlere Streuung und einen mittleren Offset (Basislinie). Jedes Spektrum wird dann so gut wie möglich auf dieses Mittelwertspektrum $\bar{x}$ mit einem Least Square-Verfahren nach folgendem Ansatz gefittet:

$$\mathbf{x}_i = a_i + b_i \bar{x} + \mathbf{e}_i \tag{5.13}$$

Dabei ist $\mathbf{x}_i$ das Spektrum i und $\bar{x}$ der Mittelwert des betrachteten Datensets. In $\mathbf{e}_i$ steckt idealerweise die chemische Information, denn Streuung und Offset dieses Spektrums i werden durch die Koeffizienten a_i und b_i beschrieben. Man bestimmt für jedes Spektrum die MSC-Korrekturkoeffizienten a_i und b_i und berechnet mit ihnen das MSC-korrigierte Spektrum $\mathbf{x}_{i,MSC}$ nach Gl. (5.14):

$$\mathbf{x}_{i,MSC} = \frac{(\mathbf{x}_i - a_i)}{b_i} \tag{5.14}$$

Da in die Berechnung der Koeffizienten a_i und b_i das „ideale" Spektrum eingeht, das in der Regel durch das Mittelwertspektrum $\bar{x}$ des Datensatzes ersetzt wird, ist diese Korrektur von den verwendeten Daten abhängig. Fallen Spektren aus dem Datensatz heraus oder wird er erweitert, muss auch das MSC-Modell neu berechnet werden.

Wird für eine PCA- oder PLS-Regression nicht der gesamte Wellenlängenbereich verwendet, so wird die MSC-Korrektur auch nur für den entsprechenden Bereich durchgeführt. Werden getrennte Bereiche verwendet, so sind auch die MSC-Korrekturen separat zu berechnen.

5.6.2
EMSC (Extended Multiplicative Signal Correction)

In der bisherigen Korrektur ist die Abhängigkeit der Streuung von der Wellenlänge nicht berücksichtigt. Um auch diese Streueinflüsse zu korrigieren, wurde die MSC erweitert zur EMSC, in der die Wellenlängenabhängigkeit ebenfalls modelliert wird. Dazu wird das bestehende MSC-Modell aus Gl. (5.13) um die wellenlängenabhängigen Terme erweitert:

$$\mathbf{x}_i = a_i + b_i \mathbf{x}_{i,chem} + d_i \lambda + e_i \lambda^2 \tag{5.15}$$

Die Koeffizienten a_i und b_i repräsentieren wie bei der einfachen MSC den Basislinienoffset a_i bzw. die Weglängenunterschiede b_i. Der Erfolg der MSC hängt ab von einer guten statistischen Schätzung der Modellparameter a_i, b_i, d_i und e_i in Gl. (5.15) aus dem gemessenen Spektrum $\mathbf{x}_i$, so dass die Parameter unempfindlich sind gegenüber Änderungen der chemischen Zusammensetzung dieser Probe. Dies erreicht man, indem eine quantitative Beschreibung der möglichen chemischen Komponenten in das Modell mit eingeschlossen wird. Das Absorptionsspektrum einer beliebigen Probe i, die sich aus J chemischen Komponenten zusammensetzt, ist über das Lambert-Beersche Gesetz beschrieben:

$$\mathbf{x}_{i,chem} = c_{i,1}\mathbf{k}_1 + c_{i,2}\mathbf{k}_2 + \ldots c_{i,J}\mathbf{k}_J \tag{5.16}$$

Um diese chemische Information in das EMSC-Modell aufzunehmen, muss man wieder ein mittleres oder typisches Spektrum $\mathbf{m}$ als Referenzspektrum wählen und dann das Spektrum $\mathbf{x}_i$ als Änderung der Konzentrationen Δc_j gegenüber diesem Referenzspektrum $\mathbf{m}$ beschreiben:

$$\mathbf{x}_{i,chem} = \mathbf{m} + \Delta c_{i,1}\mathbf{k}_1 + \Delta c_{i,2}\mathbf{k}_2 + \ldots + \Delta c_{i,J}\mathbf{k}_J \tag{5.17}$$

Die Gl. (5.17) gibt ebenfalls das Lambert-Beersche Gesetz wieder aber bezogen auf das Referenzspektrum $\mathbf{m}$, wobei J die Anzahl der chemischen Komponenten darstellt. Diese chemische Information kann nun in die Gl. (5.15) eingesetzt werden. Für ein Spektrum $\mathbf{x}_i$ in Abhängigkeit von der Wellenlänge lautet das EMSC-Modell dann:

$$\mathbf{x}_i(\lambda) = a_i \mathbf{1} + b_i \mathbf{m}(\lambda) + \sum_{j=1}^{J-1} h_{ij} \cdot \mathbf{k}_j(\lambda) + d_i \lambda + e_i \lambda^2 + \varepsilon_i \quad (5.18)$$

wobei:

$h_{ij} = b_i \cdot \Delta c_{i,j}$

Der Fehlerterm ε_i wird zugefügt um Rauschen und mögliche nichtmodellierbare Strukturen im Spektrum wiederzugeben. Im Idealfall sind alle Modellvektoren $\mathbf{1}$, $\mathbf{m}$, $\mathbf{k}_1, \ldots, \mathbf{k}_{J-1}$, λ und λ^2 linear unabhängig voneinander. Dann können die EMSC-Parameter $\mathbf{p}_i = [a_i, b_i, h_{i1}, \ldots, h_{iJ-1}, d_i, e_i]$ über eine Least Square-Regression für jedes Eingabespektrum $\mathbf{x}_i$ über die Regressor-Matrix $\mathbf{M} = [\mathbf{1}, \mathbf{m}, \mathbf{k}_1, \ldots, \mathbf{k}_{J-1}, \lambda, \lambda^2]$ abgeschätzt werden, wobei das EMSC-Regressionsmodell als ein lineares Modell folgendermaßen geschrieben wird:

$$\mathbf{x}_i = \mathbf{p}_i \mathbf{M} + \varepsilon_i \quad (5.19)$$

Sind die EMSC-Parameter bestimmt, wird das Spektrum $\mathbf{x}_i$ EMSC-korrigiert nach folgender Vorschrift:

$$\mathbf{x}_{i,EMSC} = \frac{\mathbf{x}_i - a_i - d_i \lambda - e_i \lambda^2}{b_i} \quad (5.20)$$

Im idealen Fall enthalten die EMSC-korrigierten Spektren nur noch die chemische Information und die störenden Einflüsse aufgrund der Streuung wurden beseitigt. In der Praxis werden allerdings immer noch ein wenig unerklärte Anteile im Spektrum enthalten sein, sei es wegen des Rauschens oder höherer Wellenlängenabhängigkeiten, die nicht modelliert wurden. Martens geht in seinem Artikel [8] näher darauf ein. Auch die Berechnung der Parameter wird an einem einfachen Beispiel erklärt.

Der Vorteil der EMSC als Datenvorverarbeitung liegt in der Vereinfachung der nachfolgenden PCR- oder PLS-Modelle. Mit Hilfe der EMSC kann die Anzahl der nötigen Hauptkomponenten beträchtlich reduziert werden. Außerdem wird die chemische Information hervorgehoben, was eine Interpretation der Modelle sehr erleichtert.

Die positive Auswirkung einer Vorbehandlung durch die EMSC zeigen die Abb. 5.12 und 5.13. Es handelt sich um NIR-Spektren einer Substanz A, die in unterschiedlichen Konzentrationen zu Cellulose gemischt wurde. Die Spektren wurden in diffuser Reflexion mit einem Zeiss Diodenarray-Spektrometer im Wellenlängenbereich von 1000 bis 1670 nm gemessen. In Abb. 5.12 sind die Originalspektren zu sehen. Obwohl bei allen Mischungen dieselbe chemische Substanz zugemischt wurde, sind die Spektren aufgrund der Streueffekte sehr unterschiedlich.

Bei den EMSC-korrigierten Spektren (Abb. 5.13) erkennt man, dass es sich um dieselbe Substanz handelt, die in unterschiedlichen Konzentrationen vorliegt und es wird deutlich, bei welchen Wellenlängen diese Substanz A absor-

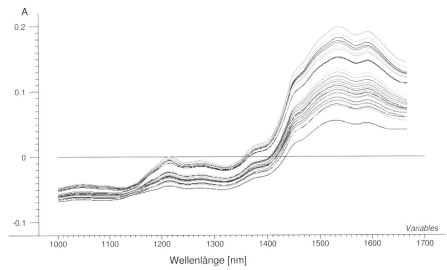

Abb. 5.12 NIR-Absorptionsspektren von Mischungen aus Cellulose und Substanz A mit unterschiedlicher Konzentration – Originalspektren.

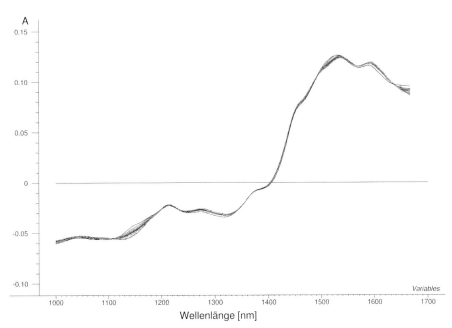

Abb. 5.13 NIR-Absorptionsspektren von Mischungen aus Cellulose und Substanz A mit unterschiedlicher Konzentration – EMSC-korrigierte Spektren.

biert. Berechnet man eine PLS mit den Originalspektren, sind fünf PLS-Komponenten nötig, um einen Vorhersagefehler von 1,2% der Substanz A zu erhalten. Bei den EMSC-korrigierten Spektren verringert sich der Vorhersagefehler mit nur einer einzigen PLS-Komponente bereits auf 1%. Verwendet man vier PLS-Komponenten beträgt er nur noch 0,45%. Die EMSC arbeitet die chemische Information heraus und vereinfacht damit die PLS-Modelle.

5.6.3
Standardisierung der Spektren (Standard Normal Variate (SNV) Transformation)

Auch mit der Standardisierung der Spektren werden Streueffekte korrigiert. Tatsächlich erhält man mit der SNV fast identische Ergebnisse zur MSC-Korrektur. Bei der SNV-Transformation wird der Mittelwert und die Standardabweichung der Spektrenwerte eines kompletten Spektrums berechnet (oder für einen Teilbereich des Spektrums). Zur Erinnerung und Unterscheidung: bei der Standardisierung der Variablen wurden der Mittelwert und die Standardabweichung pro Variable gebildet (spaltenweise). Hier beziehen sich der Mittelwert und die Standardabweichung auf ein einzelnes Spektrum (zeilenweise). Jede gemessene Absorption bei der Wellenlänge i wird nach Gl. (5.21) korrigiert:

$$x_{i,SNV} = \frac{(x_i - \bar{x})}{\sqrt{\frac{\sum_{i=1}^{p}(x_i - \bar{x})^2}{p-1}}} \tag{5.21}$$

wobei $\bar{x}$ der Mittelwert ist über alle Absorptionen bei allen gemessenen Wellenlängen des Spektrums. Im Nenner steht die Standardabweichung über alle Spektrenwerte. Da sich auch bei den Spektren ca. 95% der Spektrenwerte in einem Bereich von ca. ±2 Standardabweichungen vom Mittelwert befinden, werden die Spektren ungefähr in einen Wertebereich von −2 bis +2 transformiert. Abbildung 5.14 zeigt die SNV-transformierten NIR-Absorptionsspektren von Cellulose und einer Substanz A, die in Abb. 5.12 als Originalspektren zu sehen sind. Der Unterschied zu den EMSC-korrigierten Spektren ist sehr klein. Trotzdem sind zwei PLS-Komponenten nötig, um denselben Vorhersagefehler wie bei der EMSC mit einer PLS-Komponente zu erreichen.

Genauso wie die MSC kann die SNV nur angewendet werden, wenn die Konzentrationsabhängigkeit linear in den Spektren enthalten ist. Spektren, die in Reflexions- bzw. Transmissionseinheiten angegeben sind, müssen also erst in Absorption umgerechnet werden.

Da bei der SNV jedes Spektrum für sich transformiert wird und damit ein Referenzspektrum entfällt, hat die SNV vor allem dann Vorteile gegenüber der MSC, wenn die Variabilität zwischen den Spektren groß ist.

Auch bei der SNV kann anschließend eine lineare Least Square-Regression hinzugefügt werden, mit der versucht wird, ein quadratisches Polynom in jedes

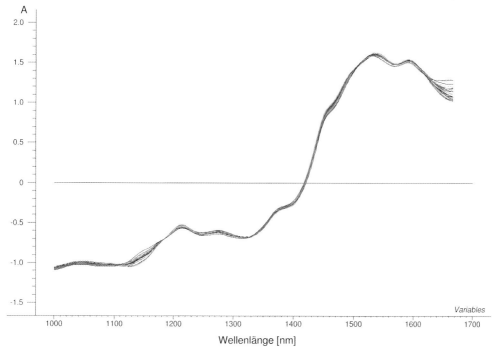

Abb. 5.14 SNV-transformierte NIR-Absorptionsspektren von Mischungen aus Cellulose und Substanz A mit unterschiedlicher Konzentration.

Spektrum zu fitten, das dann von diesem Spektrum abgezogen wird. Damit erreicht man noch eine Korrektur der wellenlängenabhängigen Streueffekte. Man nennt dieses Verfahren „Detrending".

5.7
Vergleich der Vorbehandlungsmethoden

An einem einfachen Beispiel sollen die Vorbehandlungsmethoden miteinander verglichen werden. Im UV- und VIS-Bereich wurden Faserhanfproben gemessen. Die Proben wurden vor der Messung in einer Kugelmühle gemahlen, um sie zu homogenisieren und dann mit einem Perkin-Elmer-Lambda-9-Gerät in diffuser Reflexion im Wellenlängenbereich von 220 bis 800 nm gemessen. Die Proben stammen von zwei verschiedenen Hanfpflanzen A und B. Probe A wurde 96 Tage nach Aussaat geerntet und dann mit vier Proben gemessen, Probe B konnte 110 Tage wachsen bevor zwei Proben hergestellt wurden. Bei der Präparation der Proben wurden aus Versehen verschiedene Feinheiten bei der Mahlung verwendet.

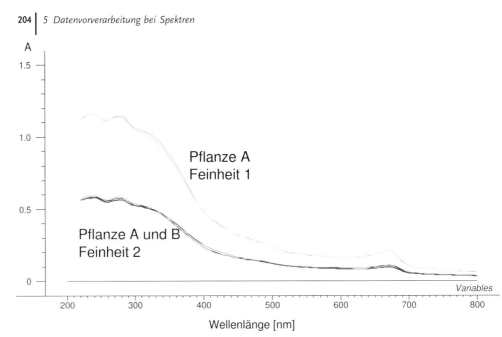

Abb. 5.15 UV-VIS-Absorptionsspektren von Faserhanf (Originalspektren).

Folgende Proben sind vorhanden:

Pflanze A: 4 Proben, 2×Feinheit 1 und 2×Feinheit 2
Pflanze B: 2 Proben, 2×Feinheit 1

Die Proben wurden im Rahmen des EU-geförderten Projekts „Harmonia" (*Hemp as Raw Material for Novel Industrial Applications*) am Institut für Angewandte Forschung der Hochschule Reutlingen gemessen.[1] Sie stammen von der für das Projekt neu gezüchteten Hanfsorte „Chamaeleon", einer Hanfsorte mit besseren Entholzungseigenschaften und größerer Faserausbeute [9].

Die Absorptionsspektren der sechs Proben sind in Abb. 5.15 dargestellt. Man erkennt zwei Gruppen von Spektren, die den Einfluss der Mahlung zeigen. Da die Feinheit der gemahlenen Proben unterschiedlich ist, haben sie ein anderes Streuverhalten und man misst verschiedene spektrale Absorptionen.

Die Frage ist nun, ob mit Hilfe der Vorverarbeitung dieser störende Einfluss der unterschiedlichen Präparation korrigiert werden kann, der sich in unterschiedlichem Streuverhalten äußert.

Die Spektren werden als erstes auf den Mittelwert normiert entsprechend Gl. (5.3). Rein vom optischen Aussehen her scheint die Normierung auf den Mittelwert die Streueffekte zu entfernen, wie Abb. 5.16 zeigt. Mit diesen normierten Spektren wird eine PCA durchgeführt, anhand derer die Gruppenbildung in

---

[1] Mein besonderer Dank gilt Herrn Prof. Dr. Rudolf Kessler für die freundliche Überlassung der Spektren und deren Interpretation.

5.7 Vergleich der Vorbehandlungsmethoden | 205

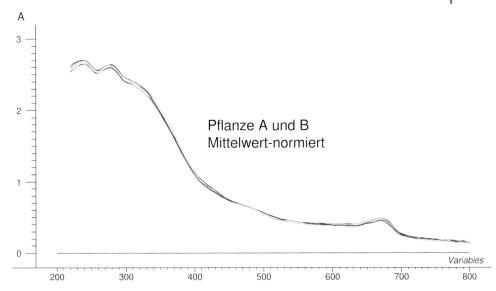

Abb. 5.16 UV-VIS-Absorptionsspektren von Faserhanf – Mittelwert-normierte Spektren.

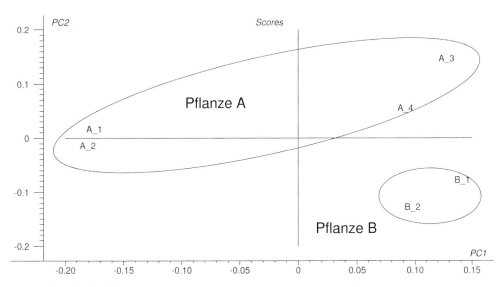

Abb. 5.17 UV-VIS-Absorptionsspektren von Faserhanf – Scoreplot aus PCA der normierten Spektren.

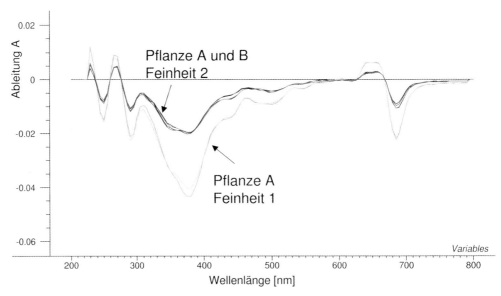

Abb. 5.18 UV-VIS-Absorptionsspektren von Faserhanf – 1. Ableitung der Spektren.

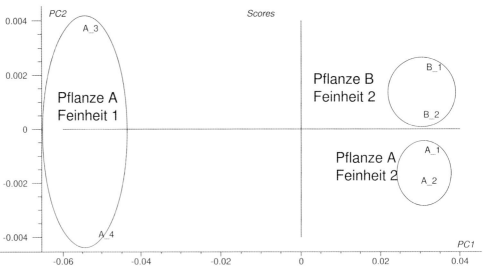

Abb. 5.19 UV-VIS-Absorptionsspektren von Faserhanf – Scoreplot aus PCA der ersten Ableitung.

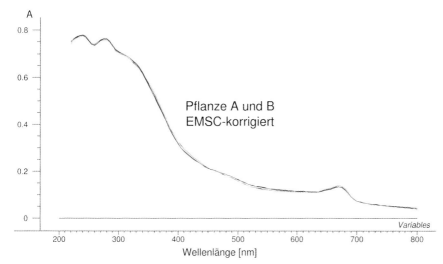

Abb. 5.20 UV-VIS-Absorptionsspektren von Faserhanf – EMSC-korrigierte Spektren.

den ersten beiden Hauptkomponenten in Abb. 5.17 dargestellt ist. Idealerweise sollten sich die Proben A und B in je einer deutlich getrennten Gruppe formieren, wenn die Vorverarbeitung die störenden Streueffekte komplett beseitigt. Nach dieser Vorverarbeitung sind die Gruppen A und B auch tatsächlich zu unterscheiden, allerdings nicht auf der ersten Hauptkomponente, sondern erst auf der zweiten, also wurden die Streueffekte mit dieser Normierung nicht vollständig aus den Spektren entfernt.

Bei den Ableitungsspektren in Abb. 5.18 erkennt man bereits an den Spektren, dass die Streueffekte nicht beseitigt wurden. Der Scoreplot der PCA in Abb. 5.19 bestätigt diesen Eindruck. Die Pflanze A ist weder auf PC1 noch auf PC2 von der Pflanze B zu unterscheiden. Die Einteilung der Proben erfolgt nur aufgrund der Feinheit. Würde uns die Partikelgröße der Proben interessieren und nicht deren chemische Zusammensetzung, wäre die erste Ableitung geeignet, diese physikalische Information hervorzuheben.

Abbildung 5.20 zeigt die EMSC-korrigierten Spektren. Wie bei der Normierung auf den Mittelwert erkennt man an den Spektren keinen Unterschied mehr zwischen den beiden Feinheiten. Im Scoreplot der PCA, die mit diesen EMSC-korrigierten Spektren durchgeführt wurde, sind die Pflanzen A und B nun auf der ersten Hauptkomponente in zwei deutliche Gruppen getrennt. Die Feinheit spielt nur noch eine untergeordnete Rolle, wie in Abb. 5.21 zu sehen ist. Durch die EMSC wird die chemische Information hervorgehoben und wird zur wichtigsten Variabilität in den Spektren.

Zum Abschluss wurden die Spektren noch SNV-korrigiert. Auch die SNV korrigiert wie die EMSC die Streueinflüsse. Die Spektren in Abb. 5.22 und die Scores und Gruppenbildung für die Pflanzen A und B in Abb. 5.23 sind auch tatsächlich fast identisch zu denen, die mit EMSC korrigiert wurden.

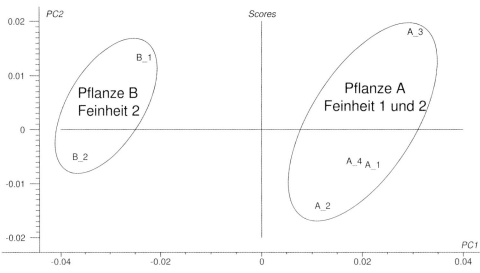

Abb. 5.21 UV-VIS-Absorptionsspektren von Faserhanf – Scoreplot der PCA der EMSC-korrigierten Spektren.

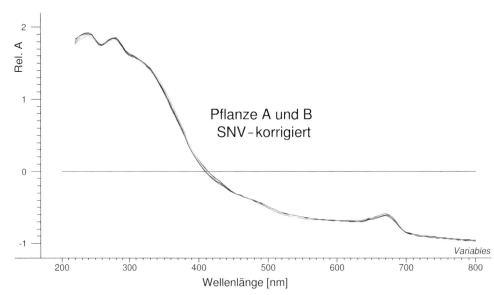

Abb. 5.22 UV-VIS-Absorptionsspektren von Faserhanf – SNV-korrigierte Spektren.

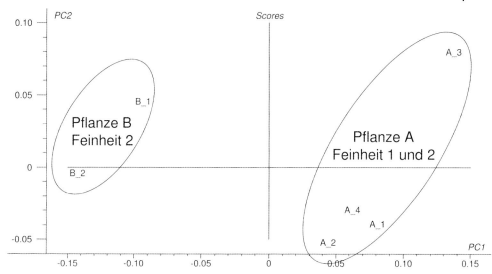

Abb. 5.23 UV-VIS-Absorptionsspektren von Faserhanf – Scoreplot der PCA der SNV-korrigierten Spektren.

Zusammenfassung der Datenvorverarbeitung:

- Eine Glättung ist bei verrauschten Spektren sinnvoll. Mittelwertglättung und Polynomglättung sind beide möglich und bei beiden beeinflusst die Anzahl der Stützpunkte das Ergebnis.
- Die erste Ableitung entfernt Basislinieneffekte, die zweite Ableitung auch lineare Streueinflüsse. Ableitungen können überlappende Banden trennen und betonen damit die Spektrumstruktur. Bei verrauschten Spektren sollte vorher geglättet werden. Die Ableitung ist wie bei der Glättung über die Differenz zweier gleitender Mittelwerte oder über eine Polynomableitung zu berechnen. Die Zahl der Stützpunkte beeinflusst auch hier das Ergebnis.
- Die Normierungen (Mittelwert- und Vektornormierung) und die Streukorrekturen MSC, EMSC und SNV korrigieren effektiv störende Streueinflüsse. Die Form der Spektren bleibt erhalten, was eine Interpretation erleichtert.

Literatur

1 P. Kubelka und F. Munk, Ein Beitrag zur Optik der Farbanstriche. Zeitschrift f. techn. Physik (1931) 12, 593–601.
2 R. Kessler (Hrsg.), Prozessanalytik. Wiley-VCH, Weinheim, 2006.
3 W. Schmidt, Optische Spektroskopie. Wiley-VCH, Weinheim, 2000.
4 H. W. Siesler, Y. Ozaki, S. Dawata and H. M. Heise (eds.) Near-Infrared Spectroscopy. Wiley-VCH, Weinheim, 2002.

5 H. Günzler und H. M. Heise, IR-Spektroskopie. Wiley-VCH, Weinheim, 1996.
6 G. Talsky, Derivative Spectrophotometry. Wiley-VCH, Weinheim, 1998.
7 P. Geladi, D. McDougall and H. Martens, Linearisation and scatter correction for near infrared reflectance spectra of meat. Appl. Spectrosc. (1985) 39, 491.
8 H. Martens, J. P. Nielsen and S. B. Engelsen, Light Scattering and Light Absorbance Separated by Extended Multiplicative Signal Correction. Anal. Chem. (2003) 75, 394–404.
9 EU-Projekt „HARMONIA", Hemp as Raw Material for Novel Industrial Applications. QLK5-CT-1999-01505 (2000–2003).

6
Eine Anwendung in der Produktionsüberwachung – von den Vorversuchen zum Einsatz des Modells

In einem Milch verarbeitenden Betrieb bestand der Wunsch bei der Herstellung eines Käses, die zeitaufwendige gravimetrische Messung der Trockenmasse (TM) und des Fettgehalts durch eine schnellere Online-Messung zu ersetzen. Werden diese Daten online erfasst, stehen sie bereits während der Herstellung zur Verfügung und der Herstellungsprozess kann an die gemessenen Werte adaptiert werden, um die Qualität zu optimieren. Da Käse ein Naturprodukt ist, sind größere Schwankungen bei den eingesetzten Rohstoffen nicht zu vermeiden. Trotzdem darf der fertige Käse nur sehr geringe Schwankungsbreiten aufweisen. Eine Online-Kontrolle der Qualitätsparameter mit adaptiver Prozessführung verringert die Abweichungen von den Sollwerten und stabilisiert die Endqualität des Produkts.

Trockenmasse und Fettgehalt sind wichtige Qualitätsmerkmale von Käse. Dabei bezieht sich der Fettgehalt, der für den Verbraucher auf der Verpackung angegeben wird, auf die Trockenmasse (Fett i.Tr.). Denn während der Reifung und der anschließenden Lagerung verliert der Käse laufend an Gewicht, da Wasser verdunstet. Folglich müsste eine Fettangabe, die sich auf das Gewicht bezieht, ständig an das neue Gewicht angepasst werden. Das Mengenverhältnis der trockenen Bestandteile des Käses, die hauptsächlich aus Eiweiß und Fett bestehen, bleibt dagegen während der gesamten Reifezeit des Käses annähernd konstant. Um den Fettgehalt in der Trockenmasse anzugeben, müssen also zuerst der Absolutfettgehalt und die Trockenmasse bestimmt werden.

6.1
Vorversuche

Die Online-Bestimmung des Fettgehalts und der Trockenmasse soll mit Hilfe der NIR-Spektroskopie erfolgen. Es wird dazu die Käsemasse über ein Fenster im Mischungsbehälter mit Weißlicht beleuchtet und in diffuser Reflexion gemessen. Zur Messung des reflektierten Lichts wurde der industrietaugliche Reflexionsmesskopf CORONA NIR der Firma Zeiss verwendet. Der erfasste Wellenlängenbereich betrug 960 bis 1690 nm.

Es war nicht möglich, eine Kalibration an einem Laborkäseerzeuger durchzuführen. Deshalb wurden die ersten Versuche bereits direkt an der Anlage gefah-

212 | 6 Eine Anwendung in der Produktionsüberwachung

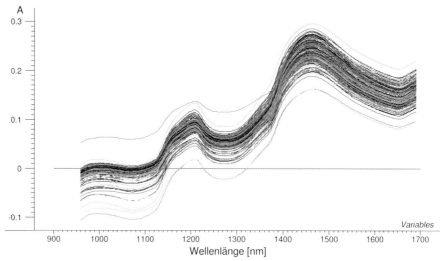

Abb. 6.1 NIR-Spektren von Käse gemessen in diffuser Reflexion – Originalspektren.

ren. Ebenso konnte aus betriebsinternen Gründen kein Versuchsplan gefahren werden, daher mussten die Proben der laufenden Produktion entnommen werden.

Nachdem das Spektrometer installiert war und sinnvolle Spektren lieferte, wurden ca. einen Monat lang Spektren aufgezeichnet und Proben entnommen, für die der Fettgehalt und die Trockenmasse nach der herkömmlichen Labormethode bestimmt wurde. Zusätzlich zu den Routineproben wurden bei Zwischenzuständen des Herstellungsprozesses ebenfalls Proben entnommen und vermessen. Insgesamt kamen so ca. 300 Proben zusammen, die NIR-spektroskopisch vermessen wurden und für die Trockenmasse und Fettgehalt bestimmt wurden[1].

Ein wichtiger Parameter beim Herstellungsprozess des Käses ist die Änderung der Temperatur über die Zeit. Die Temperatur der Zutaten in der Mischung wird mit der Zeit erhöht. Da Käse zu einem großen Teil aus Wasser besteht, wird sich diese Temperaturänderung im NIR-Spektrum bemerkbar machen.

Man erkennt in den Abb. 6.1 und 6.2 eine deutliche Bande bei ca. 1210 nm. Diese Bande ist typisch für Fett. Auch die Wasserbande ist hervorgehoben und befindet sich bei ca. 1460 nm. Die Spektren unterscheiden sich vor allem in der Höhe ihrer Basislinie, wie Abb. 6.1 zeigt. In der spektralen Form erkennt man kaum Unterschiede.

---

[1] Mein ganz besonderer Dank gilt Frau Anke Roder, die mit viel Sorgfalt die Spektren und Referenzwerte zusammengetragen hat. Die Daten sind auf der beiliegenden CD in den Dateien Kapitel 6_Käse_Original.00D und Kapitel 6_Käse_SNV.00D zu finden.

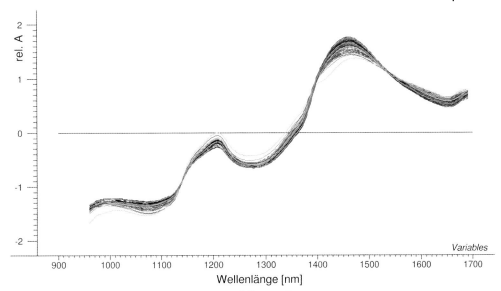

Abb. 6.2 NIR-Spektren von Käse gemessen in diffuser Reflexion – SNV-transformierte Spektren.

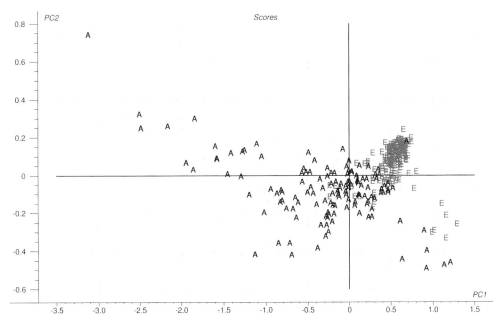

Abb. 6.3 PCA der SNV-transformierten NIR-Spektren von Käse – Scoreplot. Erklärungsanteil: PC1 92%, PC2 5% (A=Zustand des Käses am Anfang, E=Zustand des Käses am Ende des Herstellungsprozesses).

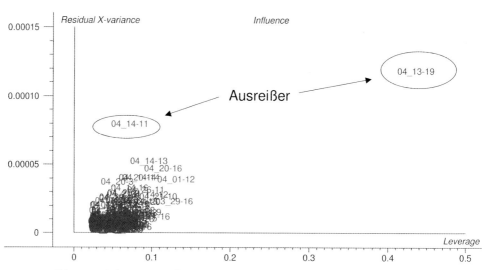

Abb. 6.4 PCA der SNV-transformierten NIR-Spektren von Käse – Einflussplot.

Als erstes wurde versucht, die Absorption am Bandenmaximum bei 1210 nm mit dem Fettgehalt bzw. der Trockenmasse zu korrelieren, was aber kein brauchbares Ergebnis lieferte. Damit liegt die Vermutung nahe, dass die Verschiebung der Basislinie von der unterschiedlichen Beschaffenheit des Käses, also dem Vermischungsgrad oder der Körnigkeit abhängt. Dies verändert die Menge und Richtung des reflektierten Lichts und als Folge verschiebt sich die Basislinie, die deshalb keine Information über den gesamten Fettgehalt oder die Trockenmasse enthält. Damit stellt sich die Frage der Vorbehandlung. Vor allem am Anfang des Herstellungsprozesses kann die Konsistenz noch sehr inhomogen sein und Streueffekte können das Spektrum verändern. Aus diesem Grund wurde eine SNV-Transformation (siehe Abschnitt 5.6.3) gewählt. Die Spektren behalten dabei ihre spektrale Charakteristik, die Basislinie und eventuell vorhandene Störeinflüsse aufgrund der Streuung werden eliminiert. Da die Spektren auf den ersten Blick kein Rauschen zeigen, wird auf eine Glättung verzichtet. Die SNV-transformierten Spektren zeigt Abb. 6.2. Die Spektrenform ist unverändert. Man erkennt die Unterschiede in den Spektren bei der Wasserbande und der Fettbande aber auch an einigen anderen Stellen im Spektrum. Alle nachfolgenden Berechnungen werden mit den SNV-transformierten Spektren durchgeführt.

Als erstes sollte die Frage beantwortet werden, welche Information in den Spektren zu finden ist. Dazu wurde mit den 300 Spektren eine Hauptkomponentenanalyse berechnet. Den Scoreplot und den Einflussplot zeigen die Abb. 6.3 und 6.4.

Im Scoreplot (Abb. 6.3) sind die verschiedenen Prozesszustände mit A (Anfang) und E (Ende) gekennzeichnet. Die Prozesszustände unterscheiden sich auf jeden Fall durch die Temperatur. Am Anfang ist die Temperatur immer niedriger als am Ende. Die Proben des Zustands A decken einen viel größeren

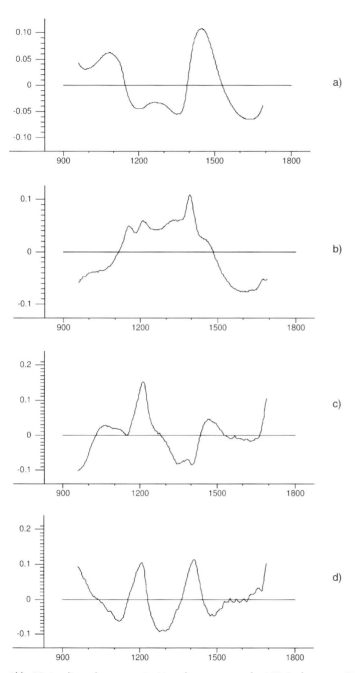

Abb. 6.5 Loadings der ersten vier Hauptkomponenten der NIR-Spektren von Käse.
a) Loadings PC1 erklärt 92%
b) Loadings PC2 erklärt 5%
c) Loadings PC3 erklärt 2%
d) Loadings PC4 erklärt ~1%

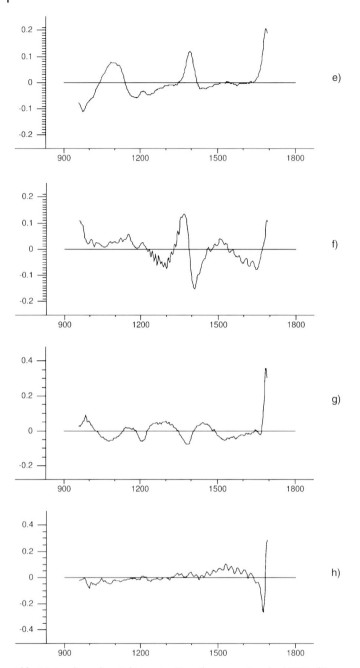

Abb. 6.5 Loadings der nächsten vier Hauptkomponenten der NIR-Spektren von Käse.
e) Loadings PC5 erklärt 0,2%
f) Loadings PC6 erklärt 0,1%
g) Loadings PC7 erklärt weniger als 0,1%
h) Loadings PC8 erklärt weniger als 0,1%

Bereich im PC1-PC2-Scoreraum ab als die Proben des Zustands E. Das bedeutet, die Varianz in den Spektren ist für den Zustand A viel größer als für den Zustand E. Da ein Kalibrationsmodell erstellt werden soll, das den gesamten Herstellungsprozess überwacht, müssen sowohl die Spektren des Zustands A als auch E in die Kalibrierung eingehen. Auch auf höheren Hauptkomponenten ist die Trennung von A- und E-Spektren noch ersichtlich.

Abbildung 6.4 zeigt die Restvarianz jedes Spektrums nach vier Hauptkomponenten aufgetragen gegen den Einfluss (Leverage) der jeweiligen Probe. Zwei Spektren unterscheiden sich sehr stark von den anderen. Ein Nachprüfen ergab, dass im Moment der Aufnahme dieser Spektren der Mischhebel über das Messfenster bewegt wurde. Diese Spektren sind nicht korrekt und müssen weggelassen werden.

Mit vier Hauptkomponenten werden 99,2% der Gesamtvarianz in den Spektren erklärt. Die fünfte Hauptkomponente enthält weitere 0,23% an Varianz. Wahrscheinlich sind vier Hauptkomponenten ausreichend, um die Spektren zu beschreiben. Die Loadings der ersten vier Hauptkomponenten sind in Abb. 6.5 dargestellt.

Nun interessiert, welche Information in den einzelnen Hauptkomponenten steckt. Deutlich zu erkennen ist im Loadingplot der ersten Hauptkomponente die Veränderung der Wasserbande bei 1450 nm (Abb. 6.5 a). Bei der dritten Hauptkomponente sticht bei 1210 nm der Oberton der CH_2-Gruppen deutlich hervor (Abb. 6.5 c). Diese Hauptkomponente müsste damit einen wesentlichen Beitrag zur Fettbestimmung liefern. Die ersten vier Hauptkomponenten und sogar noch die fünfte, zeigen deutliche spektrale Strukturen. Ab der sechsten PC wird das Rauschen in den Loadings deutlich erkennbar.

Der Temperaturbereich, den die Proben abdecken, geht von 22,7 bis 28,2 °C. Die Trockenmasse variiert zwischen 60,3 und 67,7%. Der Fettgehalt liegt zwischen 23,4 und 33,3%. Eine größere Schwankungsbreite konnte nicht eingestellt werden und wird während der Produktion auch nicht vorkommen. Die zu erwartenden Werte liegen bei 29–31% für den Fettgehalt und zwischen 62 und 65% bei der Trockenmasse. Die Temperaturwerte schwanken erfahrungsgemäß zwischen 24 und 27 °C. Damit ist der von den Proben abgedeckte Bereich größer als der spätere Anwendungsbereich und die Proben können zur Kalibration herangezogen werden.

6.2
Erstes Kalibriermodell

Es stehen für die Erstellung des ersten Kalibriermodells für die Trockenmasse und den Fettgehalt 298 Proben zur Verfügung. Ein Blick auf die Scorewerte der PCA in Abb. 6.3 zeigt, dass die Scores für den Zustand A einen viel größeren Raum aufspannen als die Scores des Zustands E. Die Scores der Proben vom Zustand E häufen sich auf einem kleinen Bereich. Von diesen E-Proben sollten eigentlich einige Proben weggelassen werden, denn wie in Abschnitt 4.3.2 erwähnt, sollte der

Kalibrierraum möglichst gleichmäßig abgedeckt sein. Proben, die nicht an der Kalibrierung teilnehmen, können als Testset verwendet werden. Da dann aber fast nur Proben vom Zustand E als Testset übrig bleiben würden, verzichten wir auf eine Trennung in Kalibrierset und Testset und Validieren mit einer zufälligen Kreuzvalidierung mit drei Proben pro Segment, so dass 99 Validiermodelle erstellt werden. Der Test des Modells wird dann während der weiteren Produktion stattfinden über die noch weiterhin regelmäßig entnommenen Kontrollproben.

Für die Kalibration hat man die Wahl je ein PLS1-Modell für die Trockenmasse und den Fettgehalt zu berechnen oder man berechnet ein PLS2-Modell für Trockenmasse und Fettgehalt gemeinsam bei dem man als dritte Y-Variable zusätzlich noch die Temperatur ins Modell einbringen kann. Da aber ein PLS2-Modell nur bei hoher Korrelation der Y-Variablen Vorteile bringt, macht es hier keinen Sinn ein PLS2-Modell zu errechnen. Die Temperatur ist zwar mit der Trockenmasse mit $r = -0{,}67$ korreliert, aber Fettgehalt und Trockenmasse sind nur mit $r = 0{,}38$ korreliert. Damit ist es besser zwei individuelle PLS1-Modelle zu erstellen. Da für Trockenmasse und Fettgehalt die gleiche Vorgehensweise anzuwenden ist, beschränkt sich das hier vorgestellte Beispiel auf die Erstellung eines Kalibriermodells für den Fettgehalt.

Aus den 298 Kalibrierproben errechnet man für den Fettgehalt ein Modell mit fünf PLS-Komponenten. Abbildung 6.6 gibt eine Zusammenfassung des Modells.

Aus der Kreuzvalidierung ergeben sich fünf PLS-Komponenten, wobei das Minimum der Restvarianz erst bei sieben PLS-Komponenten erreicht ist. Allerdings ist die Abnahme der Restvarianz so gering, dass damit keine weitere zusätzliche Komponente gerechtfertigt werden kann. Außerdem erkennt man schon in den Regressionskoeffizienten bei fünf PLS-Komponenten das Rauschen der Spektren.

Im Plot der vorhergesagten gegen die gemessenen Werte wird die Häufung der E-Proben bei Fettwerten zwischen 29 und 31 deutlich (Einheit %). Die Standardabweichung dieser Proben beträgt 0,4. Der RMSEP für alle Proben liegt bei 0,48. Bei Verwendung von nur vier PLS-Komponenten erhöht sich der RMSEP auf 0,51.

Um später beim Einsatz des Modells auch den X-Datenraum überprüfen und damit das Vorhersageintervall für die Fettwerte bestimmen zu können, wird für die Kalibrierproben das mittlere Vorhersageintervall der Kalibrierung berechnet, das später als Referenzwert dient. Man erhält für die Kalibrierproben ein Vorhersageintervall für die Fettwerte von ±0,535 mit einer Standardabweichung von 0,248 (Einheit %). In Tabelle 6.1 sind alle für die Kalibrierung wichtigen Werte und Einstellungen zusammengefasst.

Abb. 6.6 Ergebnis der PLS-Regression: (a) Scores für PLS-Komponenten 1 und 2, die umrandeten Proben auf der positiven PC2-Achse haben hohe Fettwerte, die umrandeten Proben auf der negativen PC2-Achse haben kleine Fettwerte. Erklärungsanteil in X: PC1 92%, PC2 2%; in Y: PC1 26%, PC2 55%. (b) Regressionskoeffizienten bei Verwendung von fünf PLS-Komponenten. (c) Restvarianz in Abhängigkeit der verwendeten PLS-Komponenten. (d) Vorhergesagte gegen gemessene Werte, umrandete Proben entsprechen den Proben aus dem Scoreplot.

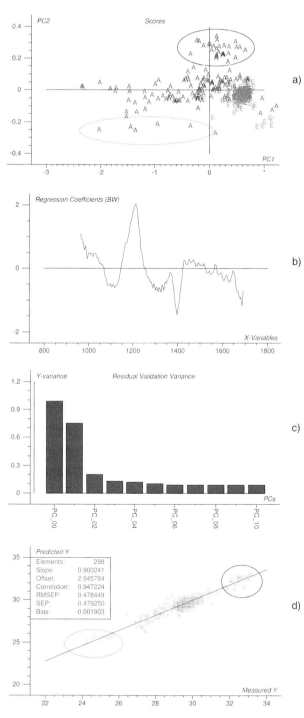

Abb. 6.6 (Legende siehe S. 218)

Tabelle 6.1 Charakteristische Werte der Kalibrierung

Anzahl Kalibrierproben	298
Validiermethode	Kreuzvalidierung
	99 Segmente mit je 3 Proben
Kalibrierbereich der Fettwerte	23,4–33,3
Optimale Anzahl PLS-Komponenten aus Kreuzvalidierung	5
Restvarianz (5 PCs)	0,1012
Mittlerer Fehler: RMSEP (5 PCs)	0,478
Standardabweichung der Residuen: SEP (5 PCs)	0,479
Mittelwert der Residuen: Bias (5 PCs)	–0,002
Mittlerer Vorhersagebereich der Fettwerte (Y_{dev})	0,535
Standardabweichung für mittleren Vorhersagebereich	0,248
Größtes positives Residuum	1,759
Größtes negatives Residuum	–1,411

6.3
Einsatz des Kalibriermodells – Validierphase

Das erstellte Kalibriermodell wird im Online-Einsatz während einer Erprobungsphase validiert – das bedeutet, es werden weiterhin die üblichen Referenzproben aus der Produktion entnommen und vermessen. Die gemessenen Referenzfettwerte werden dann mit den vom Modell vorhergesagten Werten verglichen. Da die Anzahl der verwendeten PLS-Komponenten für das Modell bisher nur über die Kreuzvalidierung bestimmt wurde, rechnet man eine Vorhersage sowohl für vier als auch für fünf PLS-Komponenten. Mehr Komponenten zu verwenden macht keinen Sinn, da schon ab der fünften deutliches Rauschen erkennbar war.

Die Ergebnisse für ca. 200 Referenzproben zeigen die Abb. 6.7 und 6.8, wobei die vorhergesagten Werte aus Gründen der Übersichtlichkeit für die beiden Temperaturbereiche A und E getrennt dargestellt sind.

Man erkennt die größere Streuung der Fettwerte in Abb. 6.7 für den niederen Temperaturbereich A. Es gibt keinen offensichtlichen Unterschied in der Vorhersage bei Verwendung von vier bzw. fünf PLS-Komponenten.

Für den höheren Temperaturbereich E schwanken die Fettwerte weit weniger, wie Abb. 6.8 zeigt. Hier fällt auf, dass ab der Probe 67 die vorhergesagten Werte fast ausschließlich unterhalb der Referenzwerte liegen.

Da wir bereits bei der Kalibrierung bemerkt haben, dass die Spektrenmessung hin und wieder durch den Mischhebel gestört werden kann, ist es unbedingt notwendig, die Spektren, die ins Modell eingehen, ebenfalls auf ihre Richtigkeit zu untersuchen. In Abschnitt 4.5 wurde dies über die Berechnung des Vorhersageintervalls gemacht, das den Abstand der spektralen Eingangsdaten vom spektralen Kalibrierdatenmittelpunkt berücksichtigt. Die Abb. 6.9 und 6.10 zeigen diese Vorhersagebereiche für die 200 Referenzproben. Bei drei Proben (1, 84 und 96) im Temperaturbereich A liegt der Wert um ein Vielfaches über

6.3 Einsatz des Kalibriermodells – Validierphase | 221

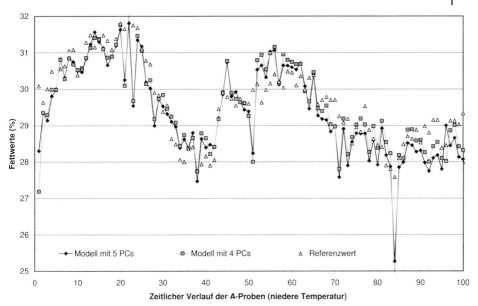

Abb. 6.7 Verwendung des Kalibriermodells – vorhergesagte Fettwerte für den niederen (A) Temperaturbereich bei Verwendung von vier bzw. fünf PLS-Komponenten und zugehörige Referenzwerte, aufgetragen über die Zeit kodiert als fortlaufende Probennummer.

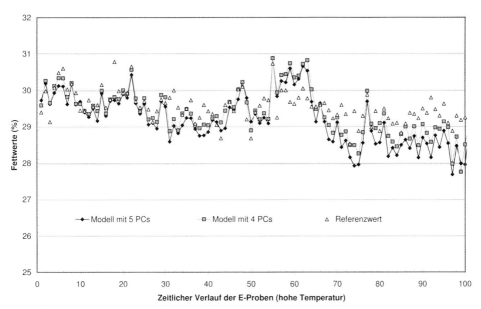

Abb. 6.8 Verwendung des Kalibriermodells – vorhergesagte Fettwerte für den hohen Temperaturbereich (E) bei Verwendung von vier bzw. fünf PLS-Komponenten und zugehörige Referenzwerte, aufgetragen über die Zeit kodiert als fortlaufende Probennummer.

222 | 6 Eine Anwendung in der Produktionsüberwachung

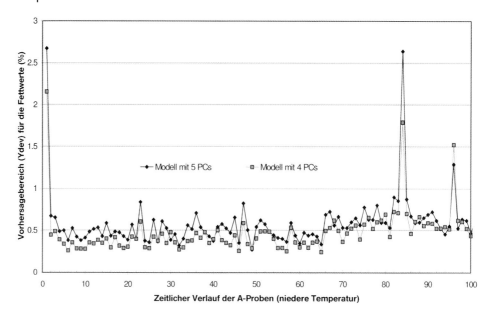

Abb. 6.9 Vorhersageintervall der berechneten Fettwerte aufgetragen über die Zeit kodiert als fortlaufende Probennummer für Temperaturbereich A.

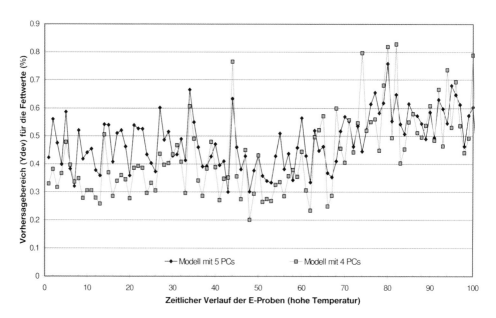

Abb. 6.10 Vorhersageintervall der berechneten Fettwerte aufgetragen über die Zeit kodiert als fortlaufende Probennummer für Temperaturbereich E.

dem Durchschnitt. Diese Spektren passen offensichtlich überhaupt nicht zum Kalibrationsmodell und sollten deshalb nicht berücksichtigt werden.

Es fällt auf, dass sowohl beim Temperaturbereich A als auch E die Vorhersagebereiche bei Verwendung von nur vier PLS-Komponenten kleiner sind als bei Verwendung von fünf PLS-Komponenten. Auch der RMSEP ist für vier Komponenten kleiner als für fünf. Damit spricht alles für die Verwendung eines Kalibriermodells mit nur vier PLS-Komponenten. Die Vermutung, dass sich ab der fünften PLS-Komponente Rauschen ins Modell einbringt, scheint bestätigt.

Bei einem Modell mit vier PLS-Komponenten erhält man als mittleren Fehler der Vorhersage für den Fettgehalt einen RMSEP=0,53 mit einer Standardabweichung SEP=0,51. Zu beachten ist, dass der Mittelwert der Residuen sich verschoben hat und nun einen Bias = –0,123 aufweist. Die offensichtlichen Fehlmessungen wurden dabei nicht berücksichtigt. Die charakteristischen Werte der Validierung sind in Tabelle 6.2 aufgeführt.

Die vorhergesagten Werte für den Fettgehalt sind also sehr ähnlich zu den Fettwerten, die bei der Kalibrierung während der Kreuzvalidierung berechnet wurden.

Eine weitere Auffälligkeit macht sich allerdings im Plot der Vorhersagebereiche im letzten Drittel der Proben (ca. ab Probe Nr. 67) bemerkbar. Von hier ab liegen die Werte im Mittel deutlich über den vorangegangenen Werten. Das bedeutet, die Spektren unterscheiden sich ab hier stärker als bisher von den Kalibrierspektren.

Es ist dringend zu empfehlen, diesen Vorhersagebereich für alle Vorhersagen ebenfalls zu berechnen und am besten in einer Qualitätsregelkarte mitzuschreiben. Der Vorteil einer Qualitätsregelkarte liegt im Auffinden von Stabilitätsverletzungen eines Prozesses. In diesem Fall würde die Qualitätsregelkarte die Warnung anzeigen, dass sich der Prozessmittelpunkt verschoben hat. Eine Stabilitätsverletzung beim Vorhersagebereich deutet in der Regel auf eine Änderung in den Eingangsdaten, also in diesem Fall den Spektren hin. Mit Hilfe der Regelkarte können Änderungen der Messbedingungen sehr früh erkannt wer-

Tabelle 6.2 Charakteristische Werte der Vorhersage während der Validierphase bei Verwendung eines Kalibriermodells mit vier PLS-Komponenten

Anzahl Validierproben	205
Als Fehlmessung erkannt und weggelassen (Ydev > 1,2)	3
Anzahl PLS-Komponenten für Kalibriermodell	4
Mittlerer Fehler: RMSEP (4 PCs)	0,529
Standardabweichung der Residuen: SEP (4 PCs)	0,515
Mittelwert der Residuen: Bias (4 PCs)	–0,123
Mittlerer Vorhersagebereich der Fettwerte (Ydev)	0,437
Standardabweichung für mittleren Vorhersagebereich	0,133
Größtes positives Residuum	1,308
Größtes negatives Residuum	–2,075

den. In den vorhergesagten Werten erkennt man veränderte Eingangsdaten längst nicht so schnell. Die vorhergesagten Werte werden noch lange als die vermeintlich richtigen Werte angesehen, bevor es auffällt, dass sie in Wirklichkeit falsch sind.

Allerdings wurde auch in diesem Fall der Änderung in den Vorhersagebereichswerten keine Beachtung geschenkt. Das Modell mit vier PLS-Komponenten wurde weiterhin verwendet. Die Zahl der zusätzlich gemessenen Referenzproben wurde verringert, aber noch nicht vollständig eingestellt.

6.4
Offset in den Vorhersagewerten der zweiten Testphase

Aufgrund der Ergebnisse aus der Validierphase wurde beschlossen, das Modell mit vier PLS-Komponenten zu verwenden und in einer zweiten Testphase zu überprüfen. Dazu wurden die Fettwerte weiterhin mit großer Regelmäßigkeit, zusätzlich zu den spektroskopisch bestimmten Werten, nach der Referenzmethode bestimmt.

Alle vorhergesagten Werte, die einen Vorhersagebereich (Ydev) größer als 1,2 aufweisen, werden als Fehlmessung interpretiert und weggelassen. Man erhält folgende in Tabelle 6.3 angegebene charakteristische Werte.

Auffällig ist der größere RMSEP = 0,747, wobei der SEP = 0,507 fast unverändert geblieben ist gegenüber den Validierwerten. Auch der Bias = –0,552 hat sich mehr als verdreifacht. Irgendetwas stimmt bei der Vorhersage nicht mehr. Betrachten wir die aus den gemessenen Spektren berechneten Vorhersagebereiche, die in Abb. 6.11 dargestellt sind, so erkennen wir, dass fast alle Vorhersagebereiche deutlich über dem mittleren Wert der Kalibrierung liegen.

Die spektralen Werte müssen sich verändert haben, dies ist die einzige Erklärung für eine derartige Änderung der Vorhersagebereiche im Vergleich zur Kalibrierung. Da während dieses Testlaufs zusätzlich noch regelmäßig Fettwerte nach der Referenzmethode bestimmt wurden, kann diese Abweichung auch im

Tabelle 6.3 Charakteristische Werte der Vorhersage während der zweiten Testphase bei Verwendung des Kalibriermodells mit vier PLS-Komponenten

Anzahl Referenzmessungen	92
Als Fehlmessung erkannt und weggelassen (Ydev > 1,2)	5
Anzahl PLS-Komponenten für Kalibriermodell	4
Mittlerer Fehler: RMSEP (4 PCs)	0,747
Standardabweichung der Residuen: SEP (4 PCs)	0,507
Mittelwert der Residuen: Bias (4 PCs)	–0,552
Mittlerer Vorhersagebereich bei der Vorhersage (Ydev)	0,722
Standardabweichung für mittleren Vorhersagebereich	0,176
Größtes positives Residuum	0,799
Größtes negatives Residuum	–1,915

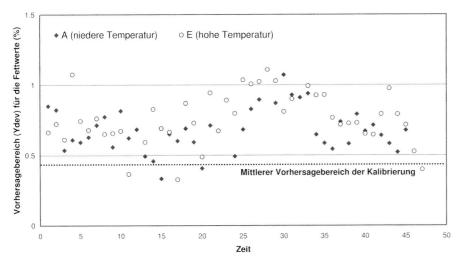

Abb. 6.11 Vorhersagebereiche der Fettwerte, berechnet aus den gemessenen Spektren während der zweiten Testphase.

Bias und dem vergrößerten RMSEP erkannt werden. In der späteren Anwendung eines Modells entfallen aber diese häufigen Referenzmessungen und die Güte der Vorhersage kann im Routinebetrieb nur noch aus dem Vorhersagebereich bestimmt werden. In diesem Fall erkennen wir an den zusätzlich gemessenen Referenzwerten, dass sich die Vergrößerung des Vorhersagebereichs tatsächlich negativ auf die vorhergesagten Fettwerte auswirkt.

Nachdem diese spektralen Veränderungen aufgedeckt waren, bestand die Aufgabe nun darin herauszufinden, warum sich die Spektren verändert haben. Da es sich bei Käse um ein Naturprodukt handelt, wurde zuerst vermutet, die Spektren hätten sich aufgrund unterschiedlicher Rohmaterialien verändert. Diese Annahme musste verworfen werden, da Spektren verschiedenster Rohstoffe nur geringe Unterschiede zeigten. Damit blieb als weitere Einflussquelle das Spektrometer bzw. der optische Aufbau übrig. Zur Kontrolle des Spektrometers wurde während der gesamten Messperiode in sehr regelmäßigen zeitlichen Abständen automatisch eine Referenzmessung an einem externen Weißstandard durchgeführt. Mit der Messung eines Weißstandards wird das Lampenspektrum gemessen. Damit sollen Lampendrifts, die ihre Ursache z. B. in der Lampenalterung haben, korrigiert werden. Insgesamt wurden in der Kalibrier-, Validier- und Testphasenzeit 700 solcher sog. Weißspektren gemessen. Mit diesen Weißspektren wurde eine PCA berechnet (Abb. 6.12).

Abbildung 6.12 zeigt den Scoreplot der 700 Weißspektren für die ersten beiden Hauptkomponenten PC1 und PC2. Es sind drei Gruppen zu erkennen. Die Scores mit den niedersten PC2-Werten gehören zu Weißspektren, die während der Kalibrierphase gemessen wurden. Die Gruppe in der Mitte mit höheren PC2-Scores stammt aus der Validierphasenzeit. Die oberste Gruppe stammt von

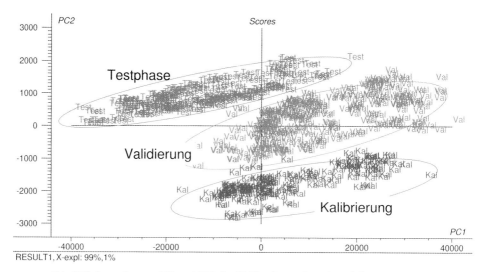

Abb. 6.12 Scoreplot von PC1 und PC2 der Weißspektren, die während der Kalibrier-, Validier- und Testphase gemessen wurden.

Weißspektren während der Testphase. Sie unterscheidet sich durch größere PC2-Scorewerte und zusätzlich durch unterdurchschnittliche PC1-Scorewerte.

Die Änderung der Weißspektren kann verursacht werden durch die Alterung der Lampe, durch Änderungen im Aufbau (Geometrie), durch Verschmutzungen und auch durch den verwendeten Lichtwellenleiter (z. B. andere Krümmung bei der Montage). In der Spektroskopie verwendet man diese Weißspektren, die das Lampenspektrum wiedergeben, wie es aktuell auf die Probe trifft, um die Spektren auf ein virtuelles konstantes Lampenspektrum zu korrigieren.

Wie sich herausstellte, gab es in der Software die Möglichkeit, diese Korrektur auszuschalten und genau dies wurde aus Versehen gemacht. Was zur Folge hatte, dass sich die Alterung der Lampe und auch kleine Änderungen im Aufbau, die noch ab und zu vorgenommen wurden, in den Spektren widerspiegelte und zu scheinbaren Änderungen im Fettgehalt führte. Damit war der Grund für die abweichenden Ergebnisse gefunden. Es musste eine neue Kalibration erstellt werden, die ebenfalls wieder nach gleicher Vorgehensweise getestet wurde, was diesmal zum Erfolg führte.

Das Beispiel zeigt, dass man einen Fehler, mit dem keiner rechnet, trotzdem entdeckt, wenn man zusätzlich zu den vorhergesagten Werten die Spektren, die für die Vorhersage verwendet werden, überprüft. Dies kann, wie hier gezeigt wurde, sehr leicht mit Hilfe des Vorhersageintervalls geschehen, das einen aus der Kalibration berechneten Bereich nicht überschreiten darf. Am besten geschieht dies mit einer Regelkarte, dann besteht die Möglichkeit, auch Trends frühzeitig zu erkennen.

6.5
Zusammenfassung der Schritte bei der Erstellung eines Online-Vorhersagemodells

Hier eine kurze Zusammenfassung der nötigen Schritte, um ein robustes Kalibriermodell zu erstellen, das dann mit Erfolg über einen langen Zeitraum zum Einsatz kommen kann:

1. In Vorversuchen sollte geprüft werden, ob die interessierende Zielgröße aus den gemessenen Spektren berechnet werden kann. Dabei ist es wichtig, die eventuellen Störfaktoren und Variabilitäten des Prozesses und ihren Einfluss auf die Spektren mit zu berücksichtigen. Dies sollte möglichst mit Hilfe der statistischen Versuchsplanung erfolgen, um den Datenraum vollständig abzudecken und trotzdem die Zahl der Versuche in vertretbarem Rahmen zu halten.

2. In das Kalibriermodell sollte ebenfalls die Variabilität des Prozesses mit eingehen. Eine gute Versuchsplanung ist hier essentiell wichtig, um ein gegenüber Störungen robustes Modell zu erstellen. Die Kalibrierproben sollten den Datenraum möglichst vollständig und gleichmäßig abdecken. Häufungen beim normalen Prozesszustand und Proben mit sehr hohem Einfluss auf das Modell sollten vermieden werden. Man erreicht dies, indem man Proben aussucht, die gleichmäßig über den Scoreraum einer Hauptkomponentenanalyse der Spektren verteilt sind. Mit diesen Proben berechnet man ein PLS-Modell.

3. Um die richtige Anzahl an PLS-Komponenten zu erfahren, kann als erste Schätzung eine Kreuzvalidierung durchgeführt werden. Häufig schlägt die Kreuzvalidierung aber zu viele PLS-Komponenten vor. Die endgültige Entscheidung über die Zahl der PLS-Komponenten für das zu verwendende Modell sollte mit Hilfe eines unabhängigen und repräsentativen Validierdatensatzes getroffen werden. Stehen keine Validierdaten zur Verfügung, kann das Modell im Online-Einsatz validiert werden. Dazu wird die Zielgröße aus den Spektren über einen längeren Zeitraum mit mehreren Modellen parallel berechnet. Es müssen zusätzlich zu den Spektren Referenzwerte nach der bisherigen Methode bestimmt werden. Wenn ausreichend Validierwerte zur Verfügung stehen (je nach Schwankungsbreite der Werte können durchaus 100 zusätzliche Referenzwerte nötig werden), wird der RMSEP, der SEP, der Bias und der mittlere Vorhersagebereich bestimmt. Das Modell mit dem kleinsten RMSEP und SEP sollte ausgesucht und in Zukunft verwendet werden.

4. Die Langzeitstabilität eines Modells erkennt man am Bias und dem Mittelwert des Vorhersageintervalls Y_{dev}. Ändert sich der Bias oder der Mittelwert Y_{dev}, deutet dies auf veränderte spektrale Information hin, verglichen mit dem Zeitpunkt der Kalibrierung.

5. Wird das Modell online verwendet, werden nur noch sehr selten Referenzproben entnommen und zusätzlich vermessen. Man sollte aber nicht ganz auf diese Referenzproben verzichten, sondern sie in größeren Abständen weiterhin durchführen. Diese Maßnahme ist als Wartung des Modells zu sehen und ist als genauso wichtig zu erachten wie eine regelmäßige Ölstandskontrolle beim Auto.

6. Während des Online-Einsatzes ist es unbedingt erforderlich die aktuellen spektralen Eingabedaten mit den spektralen Kalibrierdaten zu vergleichen. Das geschieht am besten über die Berechnung des Vorhersageintervalls, kann aber auch über den Mahalanobis-Abstand geschehen oder direkt im Spektrenraum über einen Euklidischen Abstand. Dieser Wert sollte am besten über eine Regelkarte protokolliert werden, wobei die Regelkarte anhand der zugehörigen Kalibrierdaten erstellt wird. Änderungen im Spektrum, die unterschiedlichste Ursachen haben können, werden auf diese Weise rechtzeitig erkannt und das Modell liefert damit keine falschen Vorhersagewerte.

7
Tutorial zum Umgang mit dem Programm „The Unscrambler" der Demo-CD

Dieses Tutorial soll in den Umgang mit der diesem Buch beiliegenden Software „The Unscrambler®" der Fa. Camo Software AS (www.camo.com) [1] einführen. Am Beispiel spektroskopischer Daten werden eine Hauptkomponentenanalyse und eine PLS-Regression durchgeführt. Alle benötigten Daten befinden sich auf der Demo-CD, ebenso die Demo-Version des „Unscrambler".

7.1
Durchführung einer Hauptkomponentenanalyse (PCA)

7.1.1
Beschreibung der Daten

Für die Einführung in den Umgang mit dem Programm zur multivariaten Datenanalyse „The Unscrambler" soll ein Beispiel aus der Tablettenherstellung verwendet werden. Es soll mit den spektralen Daten eine explorative Datenanalyse und Ausreißererkennung mit Hilfe der PCA durchgeführt werden und im nächsten Schritt eine Kalibrierung und Validierung der Spektren auf einen Inhaltsstoff mit Hilfe der PLS.

Die Proben und zugehörigen Daten entstanden im Rahmen einer Diplomarbeit [2] an der Hochschule Reutlingen, Fachbereich Angewandte Chemie[1]. In dieser Arbeit wurden Tabletten hergestellt, die den Wirkstoff Theophyllin in unterschiedlichen Konzentrationen enthielten. Theophyllin zählt neben Coffein und Theobromin zu den ältesten Genuss- und Arzneimitteln. Theophyllin stimuliert das Zentralnervensystem ähnlich dem Coffein und verstärkt die Kontraktion des Herzmuskels. Es findet auch Anwendung bei der Behandlung von Asthma und ist Bestandteil von Gallenwegstherapeutika.

Bei der Tablettenherstellung wurden außerdem das Hilfsmittel Magnesiumstearat und der Füllstoff Cellactose verändert. Als weiterer wichtiger Parameter wurde der Pressdruck bei der Herstellung variiert. Die Einstellungen der verschie-

---

1) Ganz besonders bedanken möchte ich mich bei Frau Kerstin Mader für die sorgfältige Durchführung der Arbeit und Überlassung der Daten und bei Herrn Prof. Dr. Rudolf Kessler für die vielen hilfreichen fachlichen Diskussionen.

Multivariate Datenanalyse: für die Pharma-, Bio- und Prozessanalytik. Waltraud Kessler
Copyright © 2007 WILEY-VCH Verlag GmbH & Co. KGaA, Weinheim
ISBN: 978-3-527-31262-7

denen Einflussfaktoren erfolgten unter Berücksichtigung eines zentralen zusammengesetzten Versuchsplans (Central Composite Design) in einem fünfstufigen reduzierten Versuchsplan. Es wurden Tabletten mit einem Gesamtgewicht von 1,5 g mit einem Durchmesser von 20 mm und einer Schichtdicke von 3 mm hergestellt. Die maximalen bzw. minimalen Konzentrationen an Theophyllin und Magnesiumstearat betrugen hierbei 0,9 bzw. 0,3 g Theophyllin und 0,03 bzw. 0,018 g Magnesiumstearat. Um ein konstantes Gewicht einer Tablette von 1,5 g zu erreichen wurde mit der entsprechenden Menge an Cellactose aufgefüllt. Insgesamt wurden 13 verschiedene Tablettenmischungen hergestellt, die jeweils bei drei unterschiedlichen Pressdrücken zu Tabletten gepresst wurden. Zusätzlich wurden für die Einstellungen des Zentralversuchs (0,6 g Theophyllin und 0,024 g Magnesiumstearat) immer drei Tabletten in voneinander unabhängigen Arbeitsschritten gefertigt, um einen Anhaltspunkt für die Güte der Reproduzierbarkeit zu erhalten.

Alle Tabletten wurden in einer Integrationskugel (mit Lichtfalle zum Entfernen des gespiegelt reflektierten Lichts) in diffuser Reflexion im NIR-Bereich von 1100 bis 2300 nm gemessen. Als Spektrometer wurde das Zweistrahlphotometer Lambda 9 der Firma Perkin Elmer verwendet und die zugehörige 60-mm-Integrationskugel.

7.1.2
Aufgabenstellung

In einer PCA soll herausgefunden werden, ob es prinzipiell möglich ist, die Theophyllinkonzentration mit Hilfe der NIR-Spektroskopie zu messen und welchen Einfluss die Magnesiumstearatmenge sowie der Pressdruck auf die Spektren haben. Außerdem soll überprüft werden, ob irgendein Spektrum auffällig anders und eventuell als Ausreißer zu werten ist.

7.1.3
Datendatei einlesen

Installieren Sie das Programm „The Unscrambler" wie im Anhang angegeben und starten Sie es.

Die Daten mit den NIR-Spektren der Tabletten und die bei der Tablettenherstellung verwendeten Konzentrationen der Komponenten sowie der Pressdruck stehen in der Datei „NIR_Tabletten.00D". Die Datei liegt im Unscrambler-Format vor.

File – Open (Files of Type: Data). Wählen Sie die Demo-CD und darin die Datei „NIR-Tabletten.00D".

7.1 Durchführung einer Hauptkomponentenanalyse (PCA)

Die Daten werden in den Unscrambler-Editor eingelesen. Die Eigenschaften (Variable) stehen in den Spalten, die Objekte (Samples) stehen in den Zeilen. In diesem Editor können Inhalte einzelner Zellen verändert und gelöscht werden. Zellen ohne Inhalt werden mit dem Buchstaben m für „missing" gekennzeichnet. Es ist möglich ganze Zeilen oder Spalten mit der Entf-Taste zu löschen, indem die Zeile oder Spalte an der grau unterlegten Zeilen- oder Spaltenzahl markiert wird.

Variablen- oder Objektnamen können editiert werden, indem man auf der zu ändernden Zelle doppelklickt.

7.1.4
Definieren von Variablen- und Objektbereichen

Unscrambler benützt die Variablen und Objekte nicht direkt aus der Datentabelle. Es müssen zuerst Datenbereiche für die Variablen und Objekte definiert werden. Ein Objektbereich und ein Datenbereich bilden zusammen eine virtuelle Matrix, die für die Auswertung verwendet wird. Standardmäßig sind die Objekt- und Variablenbereiche „All Samples" und „All Variables" vordefiniert. Neue Bereiche werden definiert über:

Modify – Edit Set. Dies öffnet den **Set Editor** (Abb. 7.1). Bei der Auswahl „Variable Sets" wird die Liste der bereits definierten Variablensets gezeigt, die noch leer ist.

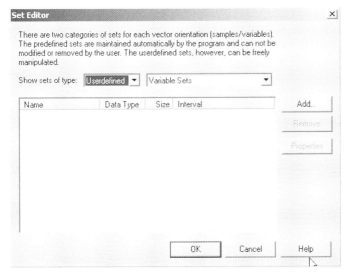

Abb. 7.1

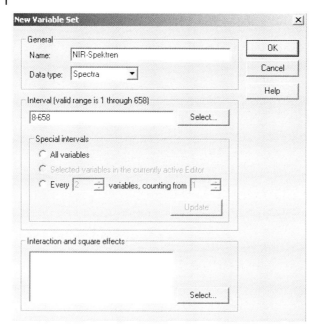

Abb. 7.2

Drücken von „Add" öffnet den **New Variable Set**-Dialog (Abb. 7.2). Definieren Sie den folgenden Variablenbereich:

- Name: NIR-Spektren
- Data type: Spectra
- Interval: 8–658

Auf die gleiche Weise können Bereiche für die Objekte definiert werden (Abb. 7.3). In der Datei wurden folgende Datensets bereits definiert:

- alle Mischungen (Objekt 6 bis 95) mit insgesamt 90 Objekten
- Reinsubstanzen (Objekt 1 bis 5) mit insgesamt fünf Objekten

Es ist ratsam die später benötigten Datenbereiche über das Menü **Modify – Edit Set** zu definieren. Alle Auswertungen werden damit vom Umgang her einfacher.

7.1.5
Speichern der Datentabelle

Damit die gemachten Änderungen auch später zur Verfügung stehen, sollte die Datentabelle abgespeichert werden.

File – Save speichert im Unscrambler-Format. Alle definierten Datensets werden ebenfalls abgespeichert.

File – Export ermöglicht ein Abspeichern der Daten (aber nur der Daten) im ASCII- oder Matlab-Format [3].

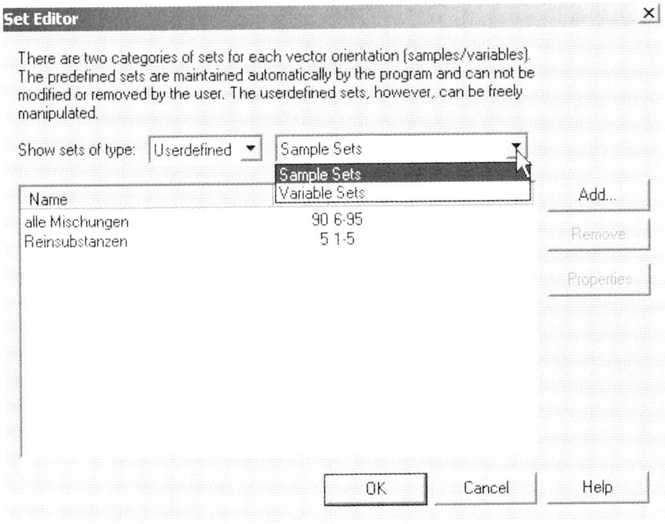

Abb. 7.3

7.1.6
Plot der Rohdaten

Bevor eine Auswertung begonnen wird, sollten die Rohdaten, vor allem wenn es sich um Spektren handelt, grafisch überprüft werden. Bei Spektren bietet sich dazu der Linienplot an.

Um die Spektren der Reinsubstanzen darzustellen, werden die ersten fünf Objekte markiert. (Theophyllin und Cellactose wurden zweimal gemessen.)

Im Menü **Plot – Line** wählt man das Datenset „NIR-Spektren" aus (Abb. 7.4). (Über die Auswahl „Define ..." gelangt man ebenfalls in den **Set Editor** um dort neue Datensets zu definieren.)

Die Grafik der fünf Reinspektren wird erstellt (Abb. 7.5). Falls ein Säulendiagramm anstatt eines Linienplots erscheint, schaltet man das Aussehen über

Edit – Options – Plot Layout: *Curve*

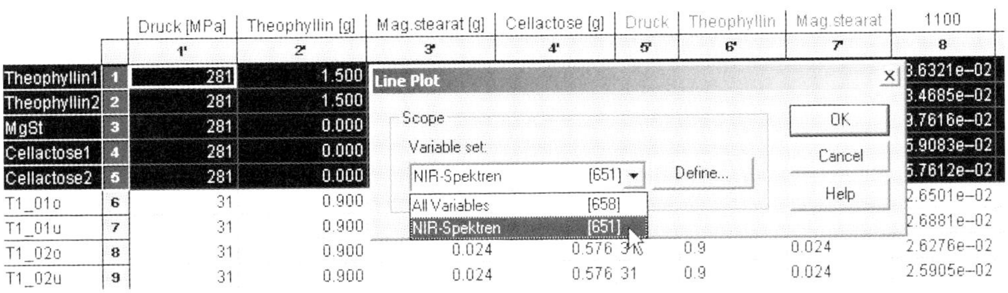

Abb. 7.4

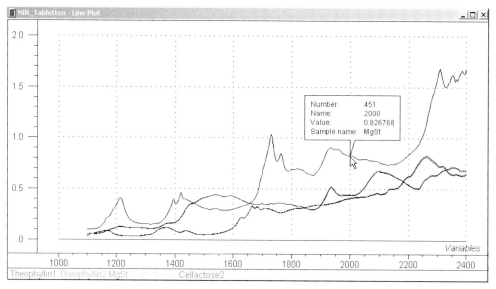

Abb. 7.5

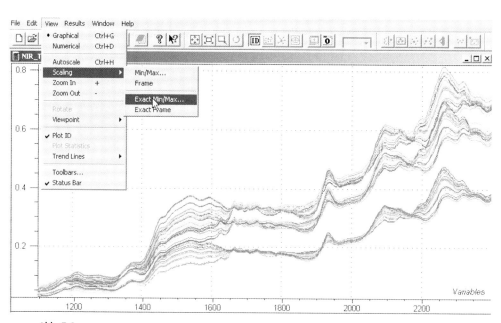

Abb. 7.6

in ein Liniendiagramm um. Ein Mausklick auf einem Spektrenpunkt zeigt die Nummer der angeklickten Variablen, deren Name und Wert und den Namen des Objekts (hier das Spektrum des Magnesiumstearats, siehe Abb. 7.5).

Um alle Spektren der Tabletten darzustellen, müssen die Zeilen 6–95 markiert sein und wieder im Menü **Plot – Line** das Variablenset „NIR-Spektren" gewählt werden. Es wird eine neue Grafik mit den Mischungsspektren erstellt.

Über **View – Scaling – Exact Min/Max** kann die Skalierung der Grafik verändert werden (Abb. 7.6).

Wir erkennen drei sich stark unterscheidende Gruppen von Spektren, die innerhalb der Gruppen weiter unterteilt sind (Abb. 7.6). Die Vermutung liegt nahe, dass die Hauptveränderungen in den Spektren durch die drei Pressdrücke verursacht werden. Innerhalb des gleichen Pressdrucks könnte die Variation des Theophyllins oder des Magnesiumstearats die Spektren beeinflussen.

7.1.7
Verwendung von qualitativen Variablen (kategoriale Variable)

Kategoriale (nominale) Variablen sind sehr hilfreich um Gruppen oder Muster in den Daten zu erkennen und zu deuten. Alles „Wissen", das über die Daten bekannt ist, kann in Form von solchen qualitativen Variablen in den Unscrambler eingebracht werden. In der Datei sind bereits die drei kategorialen Variablen „Druck", „Theophyllin" und „Magnesiumstearat" eingefügt. Im Unterschied zu den quantitativen Variablen erhalten die kategorialen eine blaue Variablenüberschrift.

Im Menüpunkt **Edit – Insert – Category Variable** können solche kategorialen Variablen definiert werden. Mit qualitativen Variablen kann nicht gerechnet werden, sie sind für das Auffinden von Zusammenhängen aber sehr förderlich. Die neue Variable wird vor der Variablen der aktuellen Cursorposition eingefügt.

Im **Category Variable Wizard** gibt man als erstes den Namen der Variablen ein, der später als blaue Überschrift erscheint, und wählt dann die Art, wie die Kategorien eingegeben werden. Wenn bereits Objektbereiche definiert sind, die hierzu verwendet werden sollen, wählt man *„I want my levels to be based on a collection of sample sets"*. Will man die Kategorien, die hier „Levels" genannt werden, mit Hand eingeben, wählt man *„I want to specify the levels manually"*.

Geben Sie z. B. „Druck nominal" als Variablennamen ein und wählen sie *„… levels manually"*. Im **Specify Levels**-Dialog (Abb. 7.7) können sie nun die Stufen benennen. Als erste Stufe schreiben Sie „nieder". Mit „Add" wird dies zur ersten Stufe. Fügen Sie zwei weitere Stufen „mittel" und „hoch" dazu.

„Fertig Stellen" fügt die neue kategoriale Variable „Druck nominal" in die Datentabelle ein. Alle Zellen sind mit „m" (missing) gefüllt. Durch Doppelklick auf der

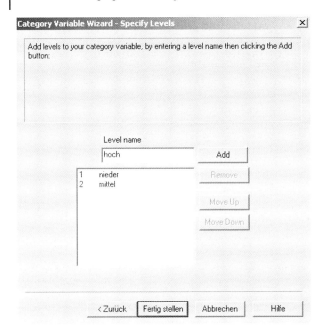

Abb. 7.7

Zelle öffnet sich eine Drop-Down-Liste mit den zuvor definierten Stufen für diese Variable (Abb. 7.8). Wählen Sie für jede Zelle den entsprechenden Druck.

Wem das zu mühsam ist, kann die Drücke für alle Objekte in eine Spalte in Excel schreiben und über „Kopieren" und „Einfügen" direkt in die bereits vorhandene kategoriale Variable einfügen, dabei ist aber auf gleiche Schreibweise der Stufen zu achten.

Es ist auch möglich, solche kategorialen Variablen direkt aus Excel einzufügen, ohne zuvor den **Category Variable Wizard** aufzurufen.[2] Einfach die vorhandenen Excel-Spalten mit den qualitativen Merkmalen nach Unscrambler kopieren.

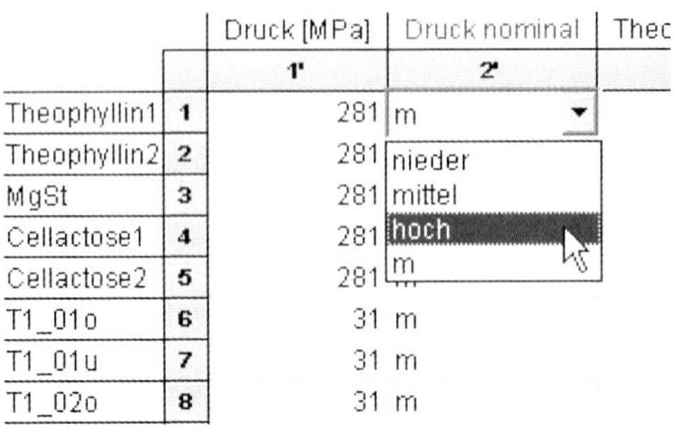

Abb. 7.8

[2] Die Eingabe über Excel oder die Tastatur ist in der Tutorial-Version deaktiviert.

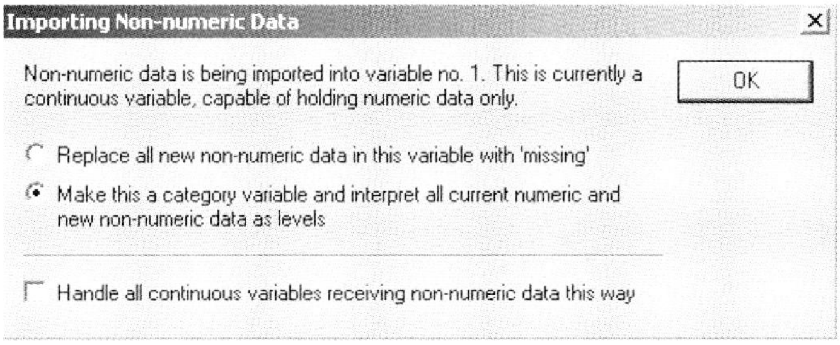

7.1 Durchführung einer Hauptkomponentenanalyse (PCA)

Abb. 7.9

Es erfolgt die Abfrage, was mit den nicht-numerischen Daten gemacht werden soll, dabei „*Make this a category variable …*" auswählen (Abb. 7.9).

In der Beispieldatei „NIR-Tabletten" sind drei kategoriale Variablen definiert, in denen der Druck, die Konzentration des Theophyllins und des Magnesiumstearats als Stufen eingegeben wurden. Wir werden sehen, dass uns diese Variablen bei der Interpretation der PCA-Ergebnisse helfen werden. (Die soeben neu definierte Variable „Druck nominal" ist überflüssig und kann wieder gelöscht werden.)

Bisher gibt es für Cellactose noch keine kategoriale Variable in der Datentabelle. Wir können nach dem bisher beschriebenen Verfahren eine solche definieren. Allerdings hat die Cellactose, da sie ja nur als Füllstoff verwendet wird, viele Stufen (insgesamt 14). Betrachtet man diese einzeln, verliert man sich zu leicht in der Fülle der Information, da es unübersichtlich wird. Deshalb teilen wir die Cellactose nur in drei Stufen ein: Stufe 1: 0–0,75 g, Stufe 2: 0,8–0,9 g, Stufe 3: über 1 g Cellactosegehalt.

Zuerst kopieren wir die Spalte Cellactose, so dass sie zweimal in der Tabelle steht.[3] Wir markieren eine dieser Spalten und wandeln sie über **Edit – Convert to Category Variable – New Levels based upon Ranges of Values** in eine kategoriale Variable um (Abb. 7.10). Dabei wählen wir: „Desired Number of Levels" mit 3 und „Specify each range manually". Die Grenzen für die Stufen geben wir folgendermaßen vor (Abb. 7.10):

- Level 1: Name: *unter 0,75*, Bereich: von 0 bis 0,75
- Level 2: Name: *0,8–0,9*, Bereich: von 0,8 bis 0,9
- Level 3: Name: *über 1*, Bereich: von 1,0 bis 1,5

Nach Ausführung dieser Schritte steht in der Datentabelle die neue kategoriale Variable „Cellactose", die die drei Stufen „unter 0,75", „0,8–0,9" und „über 1" enthält.

Nachdem wir die Datentabelle erweitert haben, sollten diese Änderungen gespeichert werden. Am besten man speichert die Datei unter einem anderen Namen ab. Auf der CD ist diese geänderte Datei unter dem Namen „NIR_Tabletten_V2.00D" bereits abgelegt.

---

3) Die Möglichkeit, Spalten oder Zeilen zu kopieren, ist in der Tutorial-Version deaktiviert.

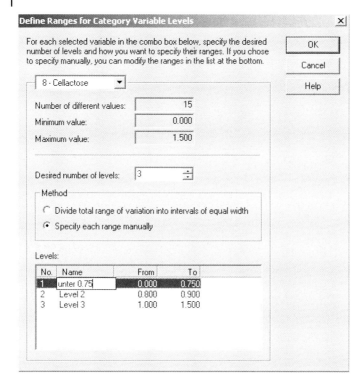

Abb. 7.10

7.1.8
Berechnen eines PCA-Modells

Als erstes lassen wir ein Hauptkomponenten-Modell für alle Daten berechnen. Die PCA wird gestartet unter dem Menüpunkt:

Task – PCA

Im Reiter **Samples** (Abb. 7.11) wählen wir bei der Abfrage Sample Set: „All Samples". Im nächsten Reiter **Variables** wird für das zu verwendende Variable Set „NIR-Spektren" eingetragen. Da es sich um Spektren handelt, werden die „Weights" unverändert bei 1 belassen.

Bei dieser PCA handelt es sich um ein erstes Modell, mit dem wir uns nur einen Überblick über die Daten verschaffen wollen, deshalb ist die „Leverage Correction" als Validiermethode vollkommen ausreichend.

Für das Feld „Model Size" wählen wir „Full" (Abb. 7.11). Die Anzahl an Hauptkomponenten, die bestimmt werden sollen, beschränken wir diesmal auf acht. Der Haken bei „Center Data" ist automatisch gesetzt, was bedeutet, dass mit mittenzentrierten Daten gerechnet wird, wie es in der PCA allgemein üblich ist. Man kann die Mittenzentrierung an dieser Stelle ausschalten, dann unterschei-

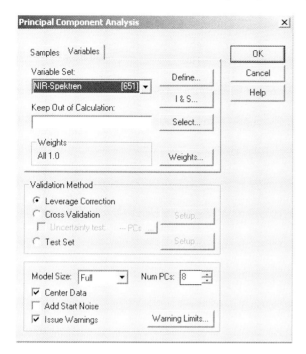

Abb. 7.11

det sich der Modellnullpunkt aber vom Mittelwert und die Interpretation wird in der Regel schwieriger.

Für die Datenmatrix der gewählten Objekte und Variablen wird die PCA gerechnet. Der Berechnungsfortschritt wird angezeigt, außerdem zu jeder berechneten Hauptkomponente die Anzahl an Warnungen (die wir im Moment ignorieren) und die Restvarianz „X-Validation Variance", die wie eingegeben über die „Leverage Correction" berechnet wird. Sie wird als Zahlenwert und als Balken angegeben. Der erste Balken bei PC0 bedeutet 100%, jede weitere PC verringert die Restvarianz. Über „View" gelangt man zum sog. „PCA Overview" (Abb. 7.12).

Die wichtigsten Ergebnisse der PCA sind in diesem PCA-Überblick zusammengefasst (Abb. 7.12). In Abb. 7.12a finden wir den Scoreplot, in Abb. 7.12b den Loadingsplot. In Abb. 7.12c wird der Einfluss-Plot (Influence Plot) gezeigt und in Abb. 7.12d sehen wir die grafische Darstellung der erklärten Varianz (Explained Variance) für die einzelnen PCs.

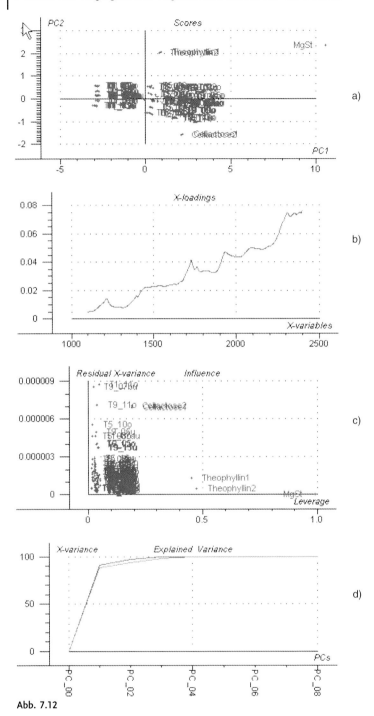

Abb. 7.12

7.1.9
Interpretation der PCA-Ergebnisse

7.1.9.1 Erklärte Varianz (Explained Variance)

Das Teilbild wird aktiviert, indem man mit der Maus darauf klickt (Abb. 7.12). Nun werden alle Aktionen auf diese Grafik bezogen. Über **View – Source** kann von „Explained Variance" auf „Residual Variance" umgeschaltet werden. Außerdem kann gewählt werden, ob die Kalibrierungsvarianz (Calibration) oder die Validierungsvarianz (Validation) oder beide angezeigt werden sollen. Über die Icons ▭▭ und ▭▭ ist diese Umschaltung ebenfalls möglich. Eine dritte Möglichkeit den Plot zu erzeugen oder zu verändern bietet der Menüpunkt **Plot – Variances and RMSEP**.

Auch dieser Plot kann entweder als Linie oder als Balken dargestellt werden (**Edit – Options** oder Icon ▭). Wir wählen „Explained Variance" für die Kalibrierung und die Validierung und stellen es als Balkendiagramm dar (Abb. 7.13).

Bei PC0 ist noch keine Varianz erklärt. Ein Mausklick auf den ersten Balken zeigt, dass bei der Kalibrierung 90,67% der gesamten Varianz von der ersten Hauptkomponente erklärt wird. Der Balken daneben ist etwas kleiner und steht für die Validierungsvarianz bei Verwendung einer PC. Aus dieser Grafik entnehmen wir, dass bei der Kalibrierung die Gesamtvarianz der Spektren mit der dritten PC zu fast 100% (exakt 99,87%) erklärt wird. Ab der vierten PC wird auch die Varianz bei der Validierung zu fast 100% erklärt (exakt 99,97%). Anhand der erklärten Varianz würde man sich für ein Modell mit vier Hauptkomponenten entscheiden. Wir werden prüfen, ob wir bis zur vierten PC noch In-

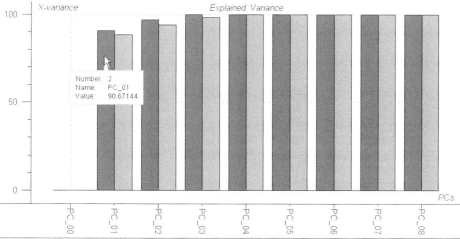

Abb. 7.13

7.1.9.2 Scoreplot

Der Scoreplot (Abb. 7.12) liefert Information über die Objekte bezogen auf die Hauptkomponenten. Man kann den Scoreplot aufrufen über **Plot – Scores – 2D Scatter** (ergibt Scoreplot wie im „PCA Overview") oder **Line** (ergibt einen Scoreplot nur für eine Hauptkomponente).

Die Objektnamen werden im Scoreplot angezeigt (Abb. 7.14). Das Objekt Magnesiumstearat hat auf der PC1- und PC2-Achse einen sehr weiten Abstand vom Mittelpunkt der Daten (Koordinate 0|0). Die beiden Objekte Theophyllin liegen nahe der PC2-Achse mit einem großen positiven Scorewert, während die beiden Objekte Cellactose einen großen negativen PC2-Scorewert haben. Die erste Hauptkomponente erklärt 91% der Varianz in den spektralen Daten, die zweite Hauptkomponente trägt mit weiteren 6% bei. Wir kennen diese Erklärungsanteile bereits aus dem Plot der erklärten Varianz, hier werden sie unten links noch einmal angezeigt. Der PC1-PC2-Scoreplot stellt damit den Informationsgehalt von 97% der spektralen Variation dar.

Der Scoreplot (Abb. 7.14) zeigt uns deutlich, dass die Spektren der Reinsubstanzen, vor allem das des Magnesiumstearats, sich sehr stark unterscheiden von den Spektren der Tabletten, die ja Mischungen dieser Substanzen sind. Das Spektrum von Magnesiumstearat ist in diesem Fall als „Ausreißer" zu betrachten und sollte nicht in die später durchzuführende Kalibration der Theophyllin-

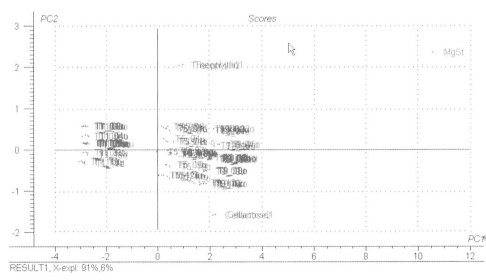

Abb. 7.14

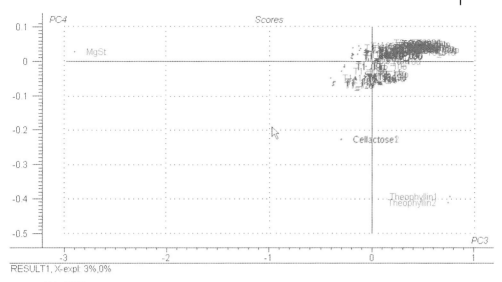

Abb. 7.15

Konzentration einbezogen werden. Dies lässt sich auch durch die Mengenverhältnisse der einzelnen Komponenten in den Tabletten begründen. Bei einer Tablette von 1,5 g Gesamtgewicht wurde maximal 0,9 g Theophyllin, also 60%, zugemischt. Cellactose hat einen maximalen Bestandteil von ca. 1,2 g (80%), während Magnesiumstearat mit maximal 0,03 g in der Tablette vorliegt, was nur 2% Anteil entspricht.

Ein Blick auf den PC3-PC4-Scoreplot (Abb. 7.15) bestätigt diese Tatsache. Auch PC3 wird sehr stark vom Spektrum des Magnesiumstearats beeinflusst. Das Objekt Magnesiumstearat liegt mit sehr großem negativen Scorewert fast direkt auf der PC3-Achse. Man kann hier durchaus sagen PC3 ist das Magnesiumstearat. Da aber nur sehr wenig Magnesiumstearat in den Tabletten ist, zwingt dieses Objekt die Hauptkomponenten in eine für uns unwichtige Richtung.

Wir berechnen die PCA noch einmal, lassen diesmal aber das Spektrum des Magnesiumstearats weg und, rein aus Gründen der Übersichtlichkeit, auch die Wiederholmessungen des Theophyllins und der Cellactose. Wir erhalten einen sehr ähnlichen Scoreplot wie vorher, nur eben ohne den „Ausreißer" (Abb. 7.16).

Auf der PC1-Achse erkennen wir nun deutlich drei Gruppen (Abb. 7.16). Die Frage nach der Ursache für die Gruppierung wollen wir mit Hilfe der kategorialen Variablen beantworten. Dazu wählen wir **Edit – Options** und gehen auf den Reiter **Sample Grouping**.

Wir markieren „Enable Sample Grouping" und „Separate with *Colors*" (Abb. 7.17). Im Teil „Group by" wird „Value of Variable" Levelled Variable 1 gewählt, ebenso im Teil „Markers Layout".

244 | 7 Tutorial zum Umgang mit dem Programm „The Unscrambler" der Demo-CD

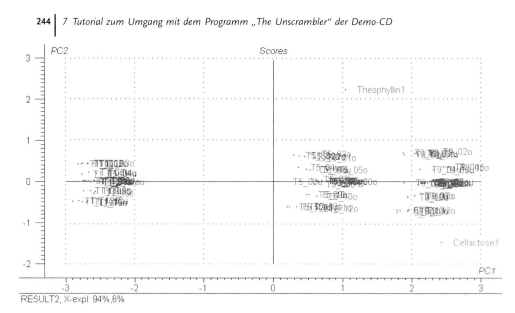

Abb. 7.16

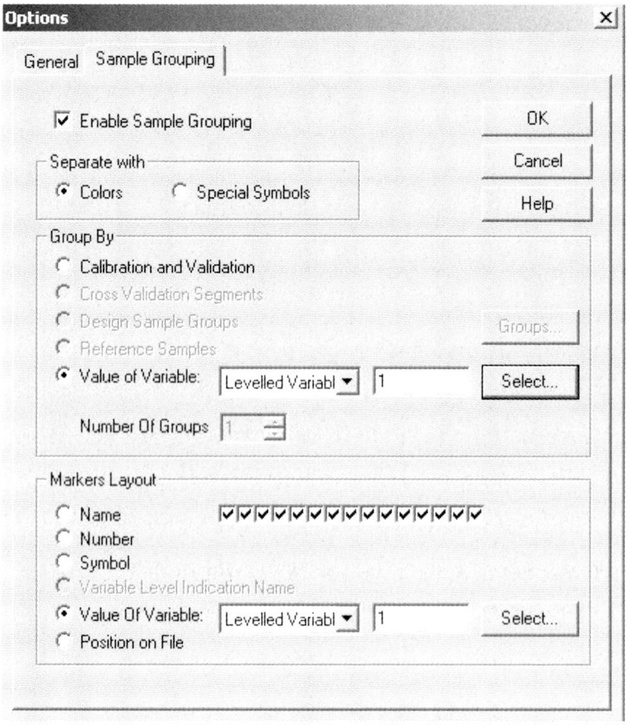

Abb. 7.17

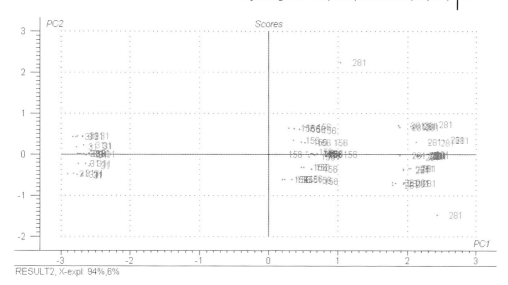

Abb. 7.18

Aufgrund dieser Eingaben werden die Objekte im Scoreplot entsprechend der kategorialen Variablen „Druck" markiert, die in diesem Fall den Pressdruck enthält (Abb. 7.18). Jede Stufe der kategorialen Variablen Druck bekommt im Scoreplot eine eindeutige Farbe und den Stufennamen entsprechend der Datentabelle zugewiesen. Wir sehen anhand dieser Darstellung, dass PC1 den Pressdruck wiedergibt.

Bei PC2 vermuten wir, dass es die Konzentration an Theophyllin enthält (Abb. 7.18). Um dies zu bestätigen wählen wir im Menü **Edit – Options – Sample Grouping** für die „Levelled Variable" die Nummer 2. Man kann die 2 direkt eintippen oder über „Select" aus der Liste der vorhandenen kategorialen Variablen wählen.

Der Scoreplot wird nun entsprechend der Theophyllinkonzentration markiert (Abb. 7.19). Diese verändert sich tatsächlich entlang der PC2-Achse, kleine Konzentrationen (0, 0,3 und 0,45 g) haben negative PC2-Scorewerte, große Konzentrationen (0,75, 0,9 und 1,5 g) haben positive Scorewerte. Der Mittelwert des Versuchsplans (0,6 g) liegt auch tatsächlich bei einem PC2-Scorewert von etwa Null. Außerdem wird die Information Theophyllin fast linear mit der zweiten Hauptkomponente wiedergegeben. Der Mittelwert hat eine Konzentration von 40% (0,6 g) Theophyllin und einen Scorewert von Null. Die Konzentration 60% (0,9 g) hat einen Scorewert von etwa 0,7. Reines Theophyllin mit 100% müsste demnach einen Scorewert von $3 \times 0,7 = 2,1$ aufweisen. Der tatsächliche Scorewert ist etwas größer, nämlich 2,2, die Theophyllininformation steckt also auch noch in anderen Hauptkomponenten.

Als nächstes Frage stellt sich, was ist PC3 oder erkennt man das Magnesiumstearat und/oder die Cellactose in den Hauptkomponenten?

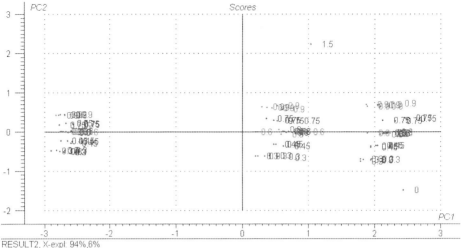

Abb. 7.19

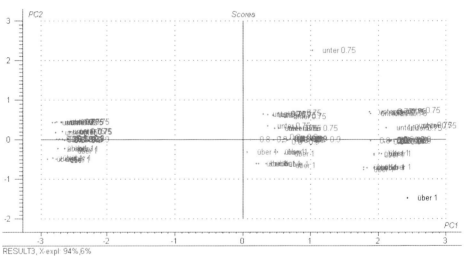

Abb. 7.20

Da die Tabletten immer mit Cellactose auf die Menge von 1,5 g aufgefüllt wurden, müsste die Cellactose auf derselben Hauptkomponente zu sehen sein wie das Theophyllin. Wir wählen im **Sample Grouping**-Menü die kategoriale Variable 4 (Cellactose) und schauen uns mit dieser Markierung den PC1-PC2-Scoreplot noch einmal an (Abb. 7.20). Wie erwartet steckt in PC2 ebenfalls die Information der Cellactosemenge.

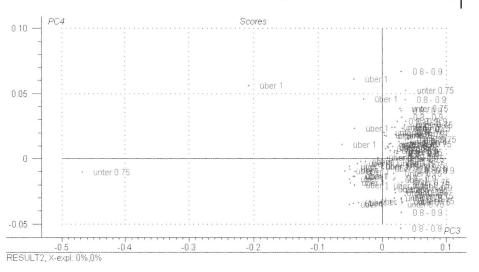

Abb. 7.21

Der PC3-PC4-Scoreplot beantwortet uns die Frage, welche Information auf der dritten und vierten Hauptkomponente enthalten ist (Abb. 7.21). Die Cellactosemenge steckt deutlich in der dritten PC. Allerdings wird diese PC noch stärker vom Theophyllin beeinflusst, denn das Spektrum von reinem Theophyllin hat einen sehr hohen negativen Scorewert, der größer ist als der Scorewert der reinen Cellactose. PC3 enthält also ebenfalls die Information Theophyllin und Cellactose. Für PC4 finden wir keine Erklärung anhand der Scores.

Wie sieht es mit dem Magnesiumstearat aus? Versteckt es sich auf einer höheren Hauptkomponente? Dazu wählen wir im **Sample Grouping**-Menü die kategoriale Variable 3 (Magnesiumstearat) und schauen uns mit dieser Markierung alle Scoreplot-Kombinationen an (PC2-PC3, PC3-PC4 usw.). Leider erkennen wir das Magnesiumstearat auf keiner der acht berechneten Hauptkomponenten, was wohl durch die geringe Konzentration zu erklären ist.

Ein weiterer wichtiger Plot, der sehr zum Verständnis der von der PCA berechneten Hauptkomponenten beiträgt, ist der Loadingsplot (siehe Abb. 7.22).

7.1.9.3 Loadingsplot

Der Loadingsplot zeigt die Zusammenhänge der einzelnen Variablen zu den Hauptkomponenten. Er wird im „PCA Overview" (siehe Abb. 7.12) oben rechts entweder als zweidimensionaler Plot der Loadings von PC1 gegen die von PC2 dargestellt oder im Fall von spektralen Daten als Linienplot. (Die Daten müssen dazu im Menü **Modify – Edit Set** als „Type: spectra" definiert werden.) Man kann den Loadingsplot auch darstellen über den Menüpunkt **Plot – Loadings – Line** (für den Linienplot) oder **2D Scatter** (für den XY-Plot)

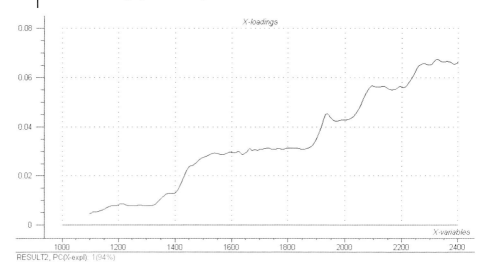

Abb. 7.22

Wir schauen uns den Loadingsplot für die PCA ohne das Spektrum des Magnesiumstearats an (Abb. 7.22). Alle Spektren wurden mittenzentriert, trotzdem sehen in diesem Fall die Loadings der ersten PC fast noch so wie das Mittelwertspektrum aus. Wir wissen, dass die erste PC den Pressdruck beinhaltet, also verändert die Kompaktierung der Tablette die Absorption über den gesamten Wellenlängenbereich, vor allem aber bei höheren Wellenlängen, denn die Loadingswerte nehmen mit jeder Wellenlänge zu. Die Spektren beim Pressdruck 31 MPa haben negative PC1-Scorewerte, denn die Absorption steigt weniger stark mit wachsender Wellenlänge an als bei den Spektren mit einem Pressdruck von 281 MPa, die positive PC1-Scorewerte zeigen. In den Originalspektren kann man dieses Verhalten der Spektren deutlich erkennen.

Diese Information der ersten PC wird vor dem Berechnen der nächsten Hauptkomponente aus den Daten entfernt. Die zweite PC berücksichtigt nun die Veränderungen aufgrund der Theophyllinkonzentration. An den Spektren sehen wir, dass im Bereich um 1530 nm und 2240 nm die größten Veränderungen aufgrund der Änderung des Theophyllingehalts stattfinden (siehe Abb. 7.6). Genau diese Wellenlängenbereiche sind für die zweite PC am wichtigsten, wobei der Loadingswert um 1530 nm negativ ist und der um 2240 nm positiv (Abb. 7.23). Vergrößert sich also die Theophyllinkonzentration, so steigt die Absorption bei 2240 nm an, während sie bei 1530 nm abnimmt, immer relativ zum Mittelwertspektrum betrachtet.

Wie wir schon aus den Scores wissen, enthält PC3 ebenfalls die Information Theophyllin bzw. Cellactose, da die beiden stark korreliert sind. Wir sehen dies in den Loadings bestätigt (Abb. 7.24). Auch die Loadings der PC3 haben maximale Werte bei 1530 und 2240 nm, allerdings hat sich das Vorzeichen bei

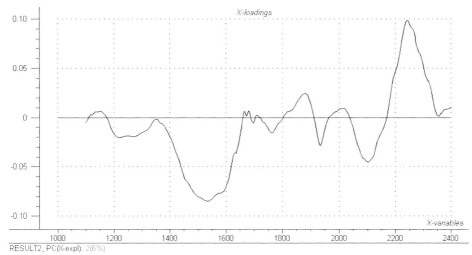

Abb. 7.23

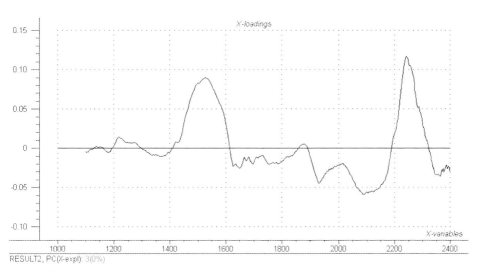

Abb. 7.24

1530 nm umgekehrt. Hier findet also eine Korrektur zur Information aus PC2 statt. Der Erklärungsanteil dieser PC beträgt nur 0,1 %.

In PC4 wird nun schon das Rauschen des Spektrometers sichtbar (Abb. 7.25).

Aus den Loadings geht hervor, dass PC1 bis PC3 Information enthält, der wir eine Ursache zuordnen können, ab PC4 wird das Spektrometerrauschen in den Loadings sichtbar.

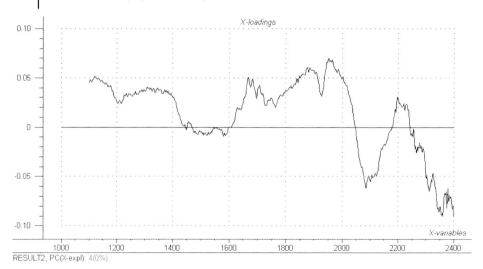

Abb. 7.25

7.1.9.4 Einfluss-Plot (Influence Plot)

Im letzten Plot des „PCA Overview" wird der Einfluss jeder Probe auf das PCA-Modell dargestellt und außerdem wie gut die Probe durch dieses Modell beschrieben wird. Der „Influence Plot" kann auch aufgerufen werden über den Menüpunkt **Plot – Residuals – Influence Plot**.

Auf der x-Achse wird der Einfluss (Leverage) aufgetragen, den jedes Objekt auf das Modell ausübt. Die y-Achse zeigt die Restvarianz, die für jedes Objekt übrig bleibt, nachdem der Beitrag der berücksichtigten Hauptkomponenten abgezogen wurde. Die Anzahl der Hauptkomponenten, die in diese Berechnungen eingehen, kann frei gewählt werden.

Wird nur die erste Hauptkomponente berücksichtigt, sehen wir, dass die Mischungsspektren der Tabletten bereits gut mit dieser PC beschrieben werden (Abb. 7.26). Es gibt drei Gruppen von Objekten nahe der x-Achse. Das sind die Spektren der Tabletten bei den drei Pressdrücken. Der Einfluss des Cellactose- und Theophyllinspektrums ist nicht sehr groß, sie haben auch beide noch eine überdurchschnittliche Restvarianz (großer Wert auf der y-Achse).

Der Pressdruck bestimmt die erste Hauptkomponente. Auch an diesem Plot ist das zu erkennen.

Wird die zweite Hauptkomponente hinzugenommen, vergrößert sich der Einfluss des Theophyllin- und Cellactosespektrums (Abb. 7.27). PC2 wird durch diese beiden Spektren bestimmt. Allerdings ist die Beschreibung mit dieser PC2 noch nicht optimal, denn es bleibt noch mehr Restvarianz übrig als bei den Tablettenspektren. Man beachte aber den Maßstab. Die Restvarianz ist um eine ganze Größenordnung kleiner als bei einer PC.

7.1 Durchführung einer Hauptkomponentenanalyse (PCA)

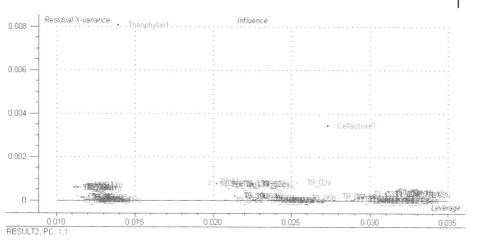

Abb. 7.26

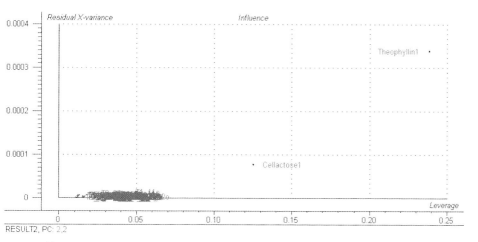

Abb. 7.27

Wird noch die dritte Hauptkomponente hinzugefügt, so wird diese fast ausschließlich durch das Theophyllin bestimmt (Abb. 7.28). Dessen Beitrag (Leverage) zum Modell ist fast 30-mal größer als der Beitrag der Mischungsspektren. Die Restvarianz verkleinerte sich um weitere zwei Größenordnungen und ist nun fast Null.

Auch dieser Influence Plot macht noch einmal deutlich, dass sowohl das reine Theophyllin- als auch das reine Cellactosespektrum im Vergleich zu den Mischungsspektren als Ausreißer zu betrachten ist und bei einer Kalibrierung nicht mit berücksichtigt werden sollte.

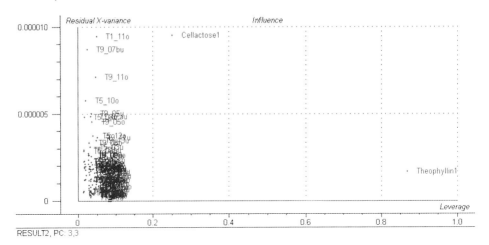

Abb. 7.28

Fassen wir noch einmal alle Ergebnisse zusammen:

Welche Aussage können wir aus der PCA ziehen?

- Wir haben erkannt, dass die Information Pressdruck die wichtigste spektrale Variation darstellt. Sie wird mit der ersten PC erklärt und enthält 94% der Gesamtvarianz.
- Die zweite PC erklärt sehr gut die Menge an Theophyllin und Cellactose. Hier stecken 6% der Gesamtvarianz.
- Auch die dritte PC enthält noch Information über Theophyllin und Cellactose, aber der Erklärungsanteil beträgt nur noch 0,1%.
- Die Information über Magnesiumstearat entdecken wir auf keiner Hauptkomponenten.
- Ab der vierten Hauptkomponente wird das Rauschen des Spektrometers modelliert.
- Die Loadings zeigen uns, dass der Pressdruck das Spektrum über den gesamten Wellenlängenbereich beeinflusst, aber die Stärke der Veränderung mit der Wellenlänge zunimmt.
- Die Theophyllinkonzentration verändert das Spektrum vor allem im Wellenlängenbereich um 1530 und 2240 nm, was aus den Loadings der zweiten und dritten Hauptkomponente erkennbar wird.
- Die Spektren der reinen Komponenten sind deutlich von den Mischungsspektren verschieden. Scoreplot und Influence Plot zeigen sie eindeutig als Ausreißer. Sie sollten bei einer Regressionsrechnung nicht mit einbezogen werden.

7.2
Datenvorverarbeitung

In der PCA haben wir erkannt, dass 94% der vorhandenen Variation in den Spektren vom Pressdruck herrührt. Diese Information stört die uns interessierende Veränderung der Theophyllinkonzentration. Es wäre gut, eine Datenvorverarbeitung vor die Regressionsrechnung zu setzen um den störenden Einfluss des Pressdrucks so weit wie möglich zu eliminieren. Der Pressdruck erhöht die Absorption über die Wellenlänge. Spektren verschiedener Pressdrücke unterscheiden sich also durch unterschiedlich linear ansteigende Basislinien. Dies erkennt man in den Spektren und die Loadings der ersten Hauptkomponente haben das ebenfalls gezeigt. Eine passende Vorverarbeitung, um solche linearen Basislinien zu eliminieren, bietet die zweite Ableitung.

7.2.1
Berechnung der zweiten Ableitung

Im Menü **Modify – Transform – Derivatives** gibt es zwei Möglichkeiten, die Ableitung zu berechnen. Bei Spektren wird gern die Ableitung nach Savitzky-Golay berechnet (Abb. 7.29). Dabei wird zuerst ein Polynom des gewählten Grades durch eine ebenfalls zu bestimmende Anzahl von Spektrenpunkten gefittet und dieses dann abgeleitet.

Wir wählen ein Polynom zweiten Grades (Polynominal order: 2) mit insgesamt 11 Stützstellen (Number of left side points: 5, Number of right side points: 5) um die zweite Ableitung (Differentiation order: *2nd derivative*) zu berechnen

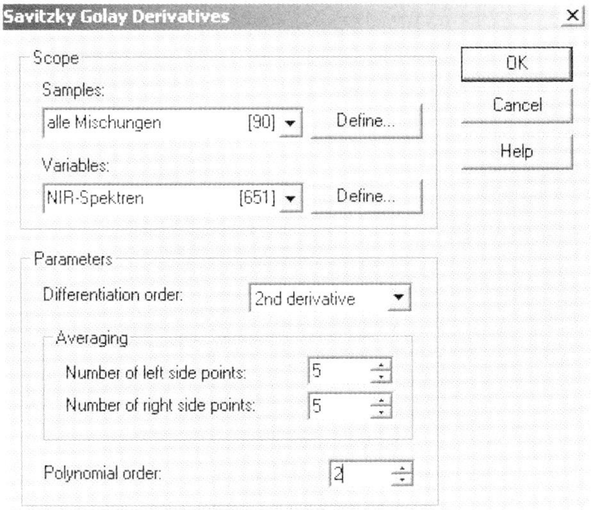

Abb. 7.29

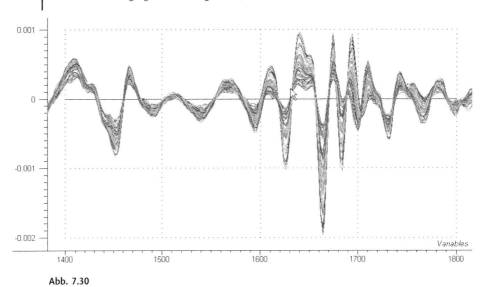

Abb. 7.30

(Abb. 7.29). Die abgeleiteten Spektren sind mit diesen Einstellungen ausreichend geglättet ohne dass zu viel spektrale Information verwischt wird, 11 Stützstellen entspricht bei diesem Datensatz 20 nm. Es ist ausreichend, die zweite Ableitung für die 90 Mischungsspektren der Tabletten durchzuführen, denn nur diese Spektren sollen in die spätere Regressionsrechnung eingehen.

Die abgeleiteten Spektren variieren nun alle um die Nulllinie (Abb. 7.30). Der Pressdruck ist nicht mehr sofort erkennbar. Man könnte vermuten, dass die Veränderungen zwischen 1600 und 1800 nm von der Änderung der Theophyllin-Konzentration herrühren.

Der Scoreplot zeigt (Abb. 7.31), dass die Information des Pressdrucks durch die Ableitung an zweite Stelle gerückt ist. Auf der ersten Hauptkomponente ist nun eindeutig die Theophyllinkonzentration zu sehen. Diese PC erklärt 63% der Gesamtvariation. Erst in der zweiten PC finden wir den Pressdruck, der noch mit 24% Variation beiträgt. Diese Datenvorverarbeitung hebt die uns interessierende Information also tatsächlich in den Vordergrund und ist damit als Vorverarbeitung zur Bestimmung des Theophyllingehalts geeignet.

Die Loadings der ersten Hauptkomponente zeigen (Abb. 7.32), dass zwischen 1600 und 1800 nm, um 1930 nm und ab ca. 2100 nm die Hauptinformation für den Theophyllingehalt in den abgeleiteten Spektren zu finden ist.

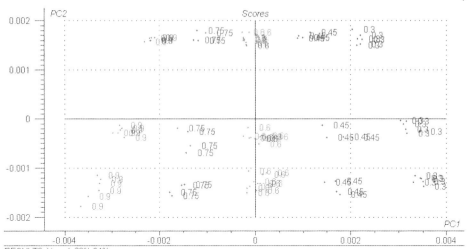

Abb. 7.31

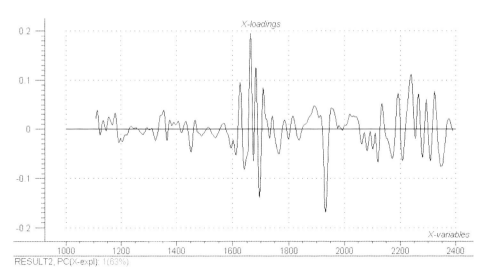

Abb. 7.32

Der Pressdruck verändert die Kompaktierung der Tablette und damit die Streueigenschaften, deshalb müsste eine Streukorrektur als Datenvorverarbeitung ebenfalls gute Ergebnisse liefern. Sowohl die SNV, als auch die MSC und die EMSC sind spezielle Spektrenvorverarbeitungen, mit denen das unterschiedliche Streuverhalten korrigiert werden kann. Wir werden die Streukorrektur mit der EMSC durchführen.

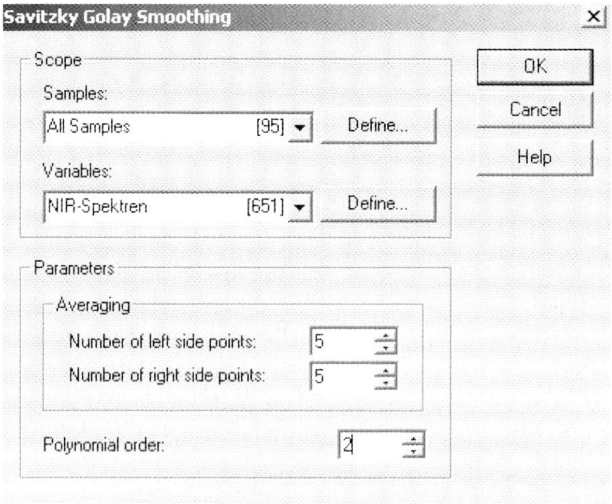

Abb. 7.33

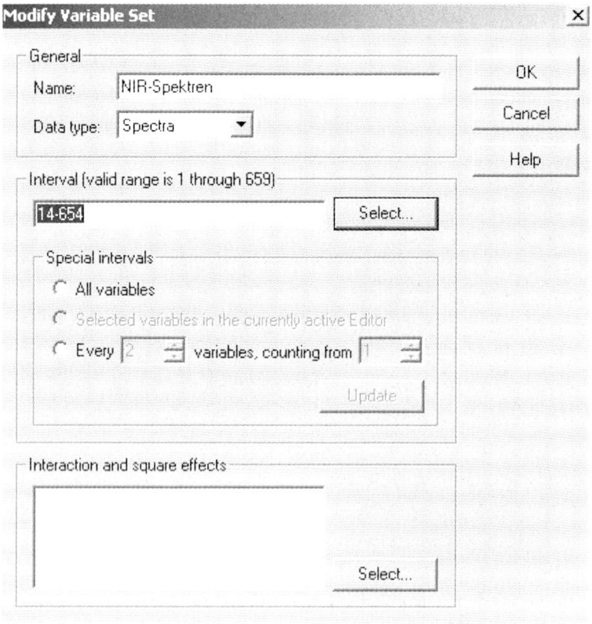

Abb. 7.34

7.2.2
Glättung der Spektren

Um die Ableitung der Spektren mit dem Savitzky-Golay-Algorithmus zu bestimmen, wählten wir 11 Datenpunkte zur Berechnung des Ableitungspolynoms, damit wurde indirekt über diese Datenpunkte geglättet. Bevor die EMSC gerechnet wird, sollen die Spektren ebenfalls geglättet werden.

Über den Menüpunkt **Modify – Transform – Smoothing – Savitzky Golay** erreichen wir die Abfrage für die Glättung über ein Savitzky-Golay-Polynom (Abb. 7.33). Wir glätten alle Spektren und stellen dieselben Werte wie bei der Ableitung ein, d.h. 11 Stützpunkte mit einem Polynom zweiten Grades.

Es gibt auch die Möglichkeit über den Moving Average zu glätten, wobei aus einer gewählten Anzahl von Absorptionswerten der Mittelwert gebildet wird.

Nach der Glättung stellen wir fest, dass die ersten und letzten fünf Absorptionswerte der Spektren nun den Wert Null haben. Dies sind die ersten bzw. letzten Stützstellen, für die kein Polynom gerechnet werden kann. Wir werden diese Werte aus dem vordefinierten Datensatz entfernen. Dazu rufen wir über **Modify – Edit Set** den „Set Editor" auf. Bei der Abfrage „Show Sets of Type" wählen wir „Variable Sets". Es werden alle definierten Variablensets angezeigt. Wir markieren das Datenset „NIR-Spektren" und öffnen das Eingabefenster **Modify Variable Sets** mit einem Klick auf „Properties" (Abb. 7.34).

Wir ändern die Intervallangabe, indem wir bei „Interval" (valid range is 1 through 659) *14–654* eingeben oder über den Knopf „Select" die Variablen 14 bis 654 markieren (Abb. 7.34).

7.2.3
Berechnen der Streukorrektur mit EMSC

Die Spektren sind geglättet, die Werte mit Null aus dem Datensatz entfernt, als nächstes berechnen wir die Streukorrektur für die Spektren. Wir rufen das Menü **Modify – Transform – MSC/EMSC** auf.

Die Streukorrektur soll nur aus den Tablettenmischungen berechnet werden, die Reinspektren lassen wir weg. Um das Modell der erweiterten Streukorrektur (EMSC) zu benutzen, machen wir bei „Enable EMSC" einen Haken und klicken OK (Abb. 7.35).

Die Auswahlmöglichkeiten der EMSC werden angezeigt (Abb. 7.36). Wir wählen „Channel number" und „Squared channel number" und lassen das Modell berechnen und die Spektren damit korrigieren („Model & substract").

Die streukorrigierten Spektren sehen nun etwas anders aus (Abb. 7.37). Man erkennt die drei unterschiedlichen Pressdrücke nicht mehr auf den ersten Blick. Dafür werden an mehreren Stellen Fünfer-Gruppen sichtbar.

Zwischen 1520 nm und 1620 nm wird eine solche Fünfer-Gruppierung sehr klar erkennbar (Abb. 7.37). Die Probennamen verraten uns, dass es sich tatsächlich um die fünf verschiedenen Theophyllinkonzentrationen handelt. Um es besser erkennen zu können, zeichnen wir nur einen Ausschnitt aus den Spektren (Abb. 7.38). Über **View – Scaling – Min/Max** können wir die Grenzen eingeben, in denen gezeichnet werden soll. Oder wir wählen das Icon, das es uns er-

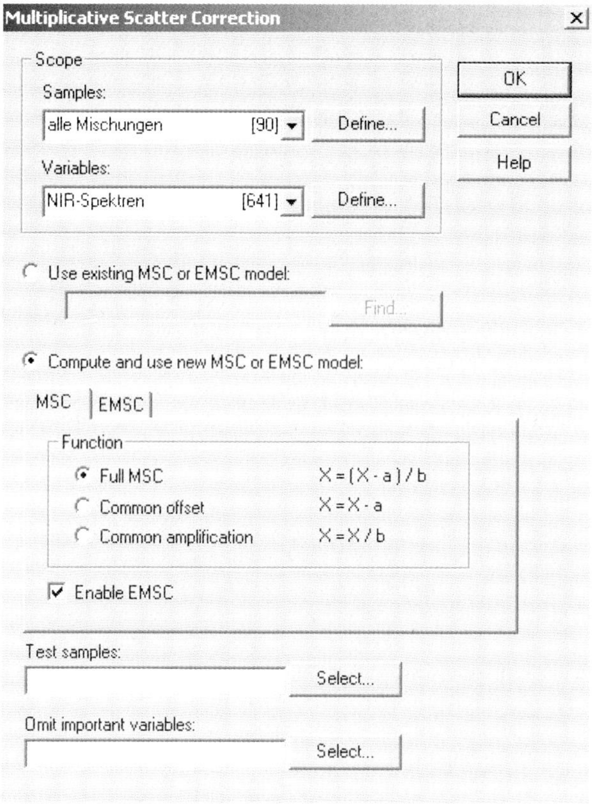

Abb. 7.35

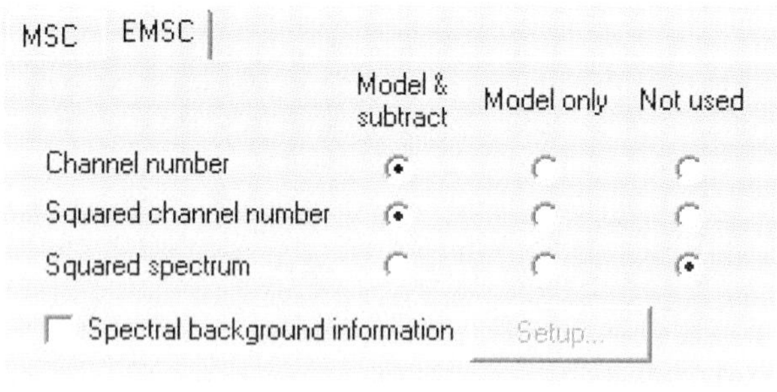

Abb. 7.36

laubt, einen Rahmen um den Bereich zu ziehen, der vergrößert dargestellt werden soll.

Mit diesen geglätteten und EMSC-korrigierten Spektren berechnen wir noch einmal für die Tablettenmischungen eine PCA.

Sehr deutlich hat sich die Information über die Theophyllinkonzentration auf die erste Hauptkomponente verschoben (Abb. 7.39). Diese PC erklärt nun sogar

7.2 Datenvorverarbeitung | 259

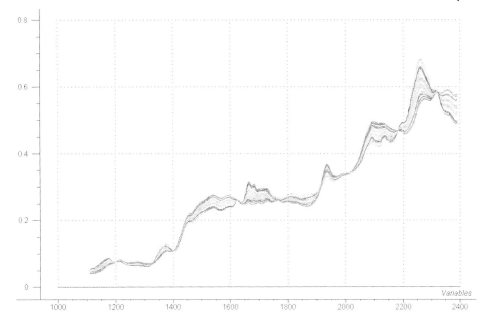

Abb. 7.37

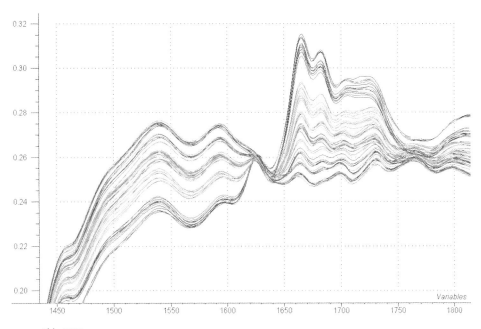

Abb. 7.38

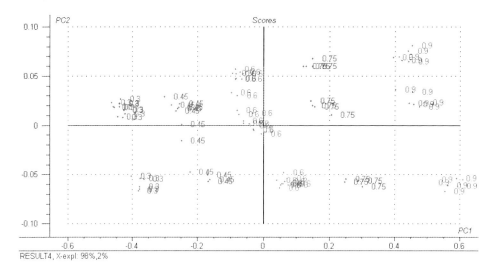

Abb. 7.39

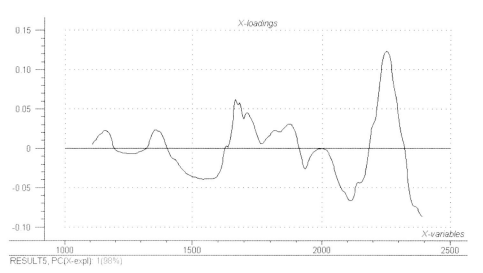

Abb. 7.40

98% der gesamten spektralen Variation. Die zweite PC enthält den Pressdruck, wobei aber zwischen den beiden hohen Pressdrücken (positive PC2-Scorewerte) kaum noch unterschieden werden kann.

Die Loadings der ersten Hauptkomponente der EMSC-korrigierten Spektren ähneln sehr stark den Loadings der zweiten Hauptkomponente, die wir bei den unkorrigierten Spektren erhalten haben (Abb. 7.40).

Fassen wir noch einmal die Ergebnisse der Datenvorverarbeitung zusammen:

Welche Vorteile bietet die Datenvorverarbeitung?

- Störende Information in den Spektren kann herausgefiltert werden. Bei diesem Beispiel tritt die Störung als Streuung aufgrund der unterschiedlichen Kompaktierung auf, da die Tabletten bei verschiedenen Pressdrücken hergestellt wurden.
- Die zweite Ableitung korrigiert große Teile dieser Streueffekte und verschiebt die wichtige Information des Theophyllingehalts von der zweiten auf die erste PC. Allerdings wird mit der ersten PC nur 63% der Gesamtvarianz erklärt, während noch 24% der spektralen Variation dem Pressdruck zugeordnet werden können.
- Eine bessere Korrektur der störenden Streuung bieten die speziellen Vorbehandlungen zur Streukorrektur wie SNV, MSC und EMSC. Wendet man die EMSC auf die Daten an, wird der Theophyllingehalt zur Hauptvariation in den Spektren und trägt mit 98% zur Gesamtvarianz bei. Erst die zweite Hauptkomponente enthält den Pressdruck, dessen Einfluss auf die Spektren auf weniger als 2% reduziert wurde.

7.3 Durchführung einer PLS-Regression mit einer Y-Variablen

7.3.1 Aufgabenstellung

In einem nächsten Schritt soll eine Kalibrierung für die in den Tabletten enthaltene Theophyllinmenge durchgeführt werden. Es soll geprüft werden, wie zuverlässig und mit welcher Vorhersagegenauigkeit bezüglich des Theophyllins ein solches Modell einsetzbar ist. Und damit soll die Frage beantwortet werden, ob der Theophyllingehalt mit Hilfe der NIR-Spektroskopie bei der Tablettenproduktion mit der nötigen Genauigkeit und Sicherheit online (oder inline) bestimmt werden kann.

Als erstes werden wir ein Kalibrationsmodell über eine PLS-Regression erstellen, das benützt werden kann um den Theophyllingehalt aus den NIR-Spektren zu berechnen.

Wir wollen nicht alle vorhandenen Tablettenmischungen zur Kalibration heranziehen, sondern die vorhandenen Daten in Kalibrierset und ein unabhängiges Validierset (Testset) trennen. Dieser Weg ist gangbar, da bei der Versuchsplanung bereits Proben für das Testset vorgesehen wurden. Um zu erfahren, welche Proben am besten für das Testset geeignet sind, betrachten wir den Versuchsplan am besten wieder anhand des Scoreplots aus der PCA. Bei allen Pressdrücken wurden die gleichen Einstellungen für die Menge an Theophyllin, Magnesiumstearat und Cellactose verwendet. Theophyllin und Cellactose sind

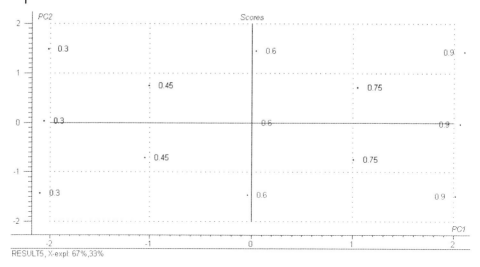

Abb. 7.41

hoch korreliert, da mit Cellactose nur auf die fehlende Menge zu 1,5 g Tablettengewicht aufgefüllt wurde. Damit ist der Versuchsplan für jede Pressdruckeinstellung zweidimensional und kann mit einem zweidimensionalen Scoreplot dargestellt werden (Abb. 7.41).

Wir markieren die Variablen Nr. 2 bis 4 (Theophyllin, Magnesiumstearat und Cellactose) und rechnen für alle Mischungen eine PCA. Über **Edit – Options – Sample Grouping** wählen wir die kategoriale Variable 2 (Theophyllin) für die Markierung aus (Abb. 7.41).

Das Theophyllin wurde auf fünf Stufen variiert. Den Versuchsraum spannen wir auf mit den Proben ganz links und rechts jeweils oben und unten (Abb. 7.41). Wäre der Einfluss des Theophyllins und des Magnesiumstearats 100% linear, so würden diese vier Spektren (bei jeweils drei Pressdrücken) ausreichen, um ein Kalibrationsmodell zu erstellen. Da wir aber bei der PCA mit den EMSC-vorbehandelten Spektren gesehen haben, dass auch auf der zweiten Hauptkomponente noch etwas Theophyllininformation steckt, so nehmen wir für die Kalibrierung besser noch Proben für die mittleren Einstellungen des Theophyllins und des Magnesiumstearats dazu.

Unser **Kalibrierset** besteht damit aus den Proben mit den Theophyllinkonzentrationen 0,3, 0,6 und 0,9 mit jeweils drei unterschiedlichen Magnesiumstearat-Konzentrationen.

Das Testset enthält die Proben mit den Theophyllinkonzentrationen 0,45 und 0,75 und da für den Zentralversuch drei unabhängige Tabletten hergestellt wurden, nehmen wir auch noch eine dieser Tabletten ins Testset.

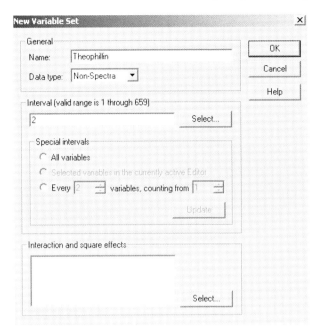

Abb. 7.42

Für die Regression benötigen wir ein X- und ein Y-Datenset. Als X-Daten nehmen wir die EMSC-korrigierten NIR-Spektren, als Y-Datenset definieren wir die Theophyllinkonzentration über **Modify – Edit Set – Variable Sets – Add** (Abb. 7.42).

Als nächstes müssen das Kalibrierset und das Testset definiert werden. Über **Modify – Edit Set – Sample Sets – Add** fügen wir die beiden Datensets hinzu, die folgende Zeilennummern enthalten:

- Kalibrierdaten (60 Spektren): 6–11, 16–19, 22–25, 30–41, 46–49, 52–55, 60–71, 76–79, 82–85, 90–95 (Abb. 7.43).
- Testdaten (30 Spektren): 12–15, 20–21, 26–29, 42–45, 50–51, 56–59, 72–75, 80–81, 86–89 (Abb. 7.44).

Die PLS-Regression starten wir über **Task – Regression** (Abb. 7.45):

- Method: PLS1
- Samples: alle Mischungen
- X-Variables: NIR-Spektren
- Y-Variables: Theophyllin
- Validation Method: Cross Validation
- Num PCs: 8

Als Validierungsmethode wählen wir „Cross Validation". Hierzu müssen noch weitere Einstellungen vorgenommen werden. Der **Cross Validation Setup** wird durch Drücken von „Setup" geöffnet (Abb. 7.46).

264 | *7 Tutorial zum Umgang mit dem Programm „The Unscrambler" der Demo-CD*

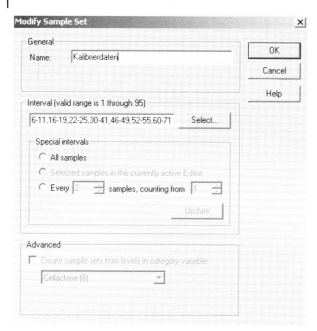

Abb. 7.43

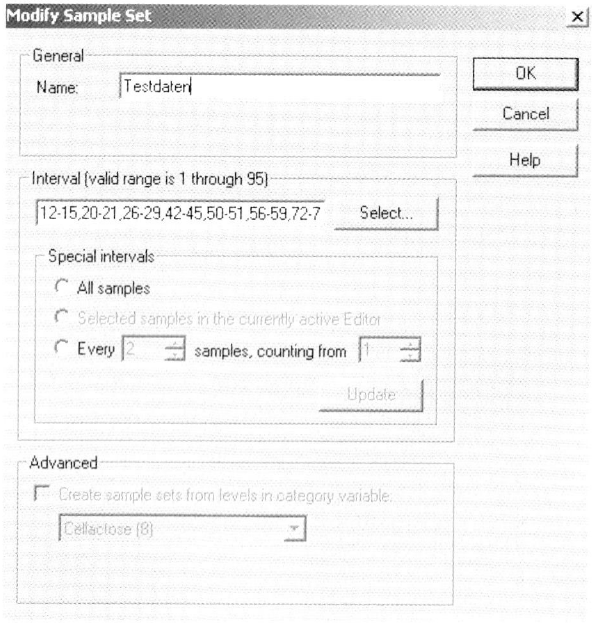

Abb. 7.44

7.3 Durchführung einer PLS-Regression mit einer Y-Variablen

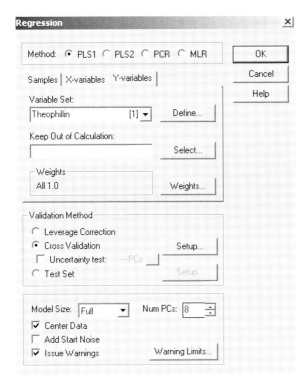

Abb. 7.45

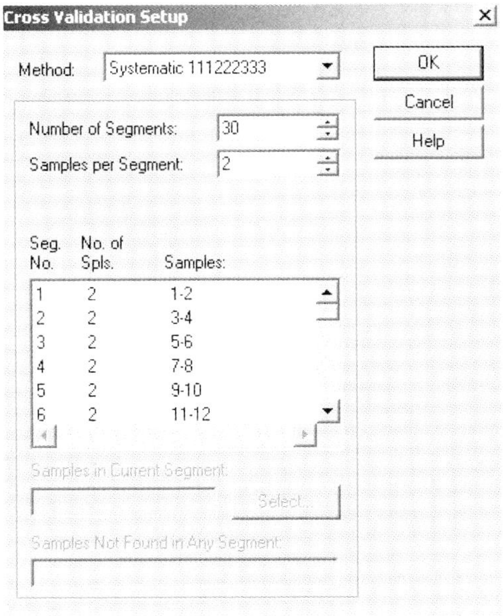

Abb. 7.46

Bei „Method" bietet sich folgende Auswahl an:

- Full Cross Validation
- Random
- Systematic 123123123
- Systematic 111222333
- Category Variable
- Manual

Im vorliegenden Datenset wurden immer zwei Spektren pro Tablette aufgenommen. Eine „Full Cross Validation" ist also für die Abschätzung des Vorhersagefehlers unangepasst, da nur der Wiederholfehler überprüft wurde. Es ist notwendig, beide Messungen einer Tablette bei der Validierung auszulassen. Deshalb wird „Systematic111222333" gewählt und *2* für „Samples per Segment". Es wird angezeigt, dass Spektrum Nummer 1–2 im ersten Validierungssegment weggelassen wird, dann Nummer 3–4 usw., mit „OK" werden die Eingaben bestätigt (Abb. 7.46).

Die PLS-Regression wird berechnet. Es erscheint der „PLS1 Regression Progress"-Report, dabei wird ähnlich zur PCA der Validierungsfehler als Balken angezeigt, hier ist es allerdings die „Y-Validation Variance", also die Y-Restvarianz. Bereits nach zwei PCs ist die Restvarianz fast Null. Dies bedeutet, die Kalibrierdaten werden bereits mit zwei PCs fast vollständig beschrieben.

Drücken von „View" öffnet den „Regression Overview", in dem die wichtigsten Regressionsergebnisse dargestellt sind (Abb. 7.47): Scoreplot, Regression Coefficients (oder X- und Y-Loadings, falls X-Daten nicht vom Typ „Spectra"), Residual Validation Variance, Predicted versus measured Y.

7.3.2
Interpretation der PLS-Ergebnisse

7.3.2.1 **PLS-Scoreplot**

Der Plot links oben ist uns bekannt aus der PCA, es werden die PC1- und PC2-Scores der Objekte dargestellt (Abb. 7.47 a–d). Allerdings sind die Scores hier die Projektionen auf die PLS-Komponenten, es müsste also eigentlich PLS-PC1 und PLS-PC2 auf den Achsen stehen.
Da die Information des Theophyllin bei den EMSC-korrigierten Spektren auch schon bei der PCA fast vollständig in der ersten Hauptkomponente auftrat, wird sich die PLS-Komponente nur wenig von der PCA-Komponente unterscheiden. Wir erkennen dies am Scoreplot. Er ist dem PCA-Scoreplot sehr ähnlich (Abb. 7.47 a).

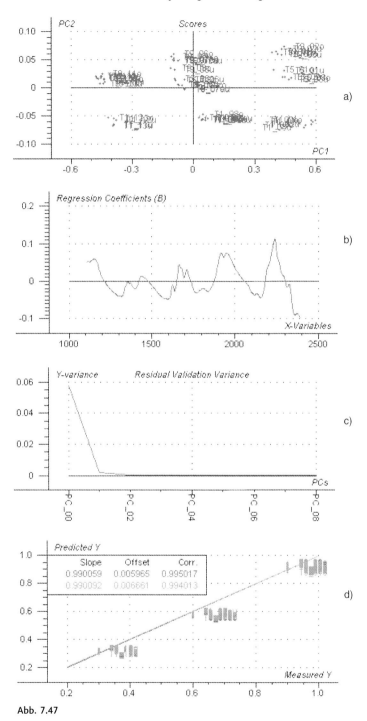

Abb. 7.47

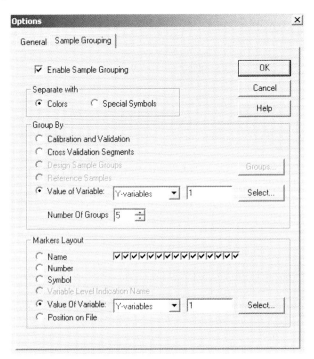

Abb. 7.48

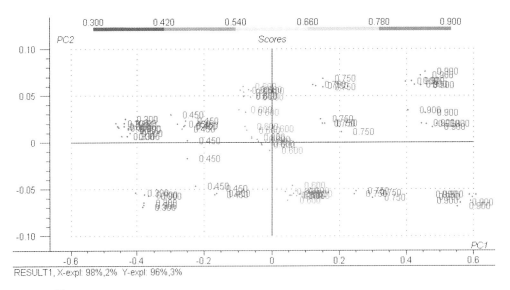

Abb. 7.49

Über **Edit – Options – Sample Grouping** können wir diesmal den Wert der Y-Variablen anzeigen lassen anstatt der kategorialen Variablen (Abb. 7.48). Folgende Eingaben sind nötig:

- Group By – Value of variable: *Y-Variable 1*
- Number of Groups: 5
- Markers Layout – Value of variable: *Y-Variable 1*

Die Scores werden in fünf Gruppen eingeteilt und erhalten Farben entsprechend der Skala am oberen Bildrand (Abb. 7.49). Am unteren Bildrand wird angegeben, wie viel Prozent der X- und Y-Varianz mit den dargestellten PLS-Komponenten erklärt werden (Abb. 7.49). Die erste PLS-Komponente erklärt 98% an X- und 96% an Y-Varianz, die zweite PLS-Komponente entsprechend 2% (X) und 3% (Y). Mit zwei PLS-Komponenten ist also fast die gesamte vorhandene Variation in den Daten erklärt.

7.3.2.2 Darstellung der Validierungsrestvarianzen (Residual Validation Variance)

Der untere linke Plot im „Regression Overview" stellt die Restvarianz dar über die Anzahl an verwendeten PLS-Komponenten für das Regressionsmodell (siehe Abb. 7.47). Über **Plot – Variances and RMSEP – RMSE** kann dieser Plot ebenfalls aufgerufen werden (Abb. 7.50). Man kann wählen, ob die Restvarianz nach der Kalibrierung oder der Validierung dargestellt werden soll.

Bei dargestelltem Plot (Abb. 7.51) können die Einstellungen über die Icons verändert werden. Auch die Darstellung der erklärten Varianz anstatt der Restvarianz ist möglich.

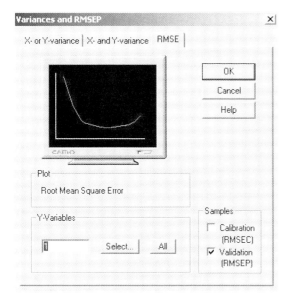

Abb. 7.50

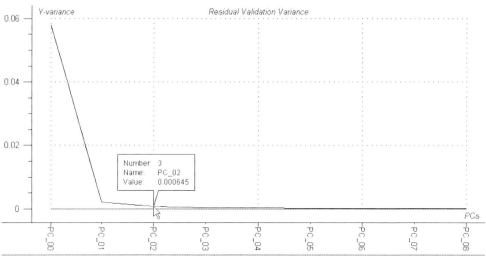

Abb. 7.51

Ein Mausklick auf der Linie bei z. B. PC_02, also nach zwei PLS-Komponenten, zeigt uns, dass die Restvarianz noch 0,000645 beträgt (Abb. 7.51). (Die Einheit der Restvarianz ist die Einheit von Y im Quadrat, also hier g^2). Die Restvarianz bei PC_00 (= 0,057788) bedeutet die insgesamt vorhandene Varianz in Y (Theophyllinkonzentration), nachdem die Daten mittenzentriert wurden.

7.3.2.3 Darstellung der Regressionskoeffizienten

Im rechten oberen Bild des „Regression Overview" (siehe Abb. 7.47b) werden die Regressionskoeffizienten dargestellt (Abb. 7.52). Der Plot kann auch aufgerufen werden über **Plot – Regression Coefficients**.

Wurden die X-Daten nicht als Typ „Spectra" definiert, werden anstelle der Regressionskoeffizienten die X- und Y-Loadings gezeigt. Aufruf über **Plot – Loadings** um die Vektoren der P-Matrix darzustellen (siehe Abschnitt 3.10.2) oder **Plot – Loadings Weights** zur Darstellung der Vektoren der W-Matrix. Die Darstellung der Loadings ist bei vielen Spektrenwerten sehr verwirrend und damit nicht sehr aussagekräftig, deshalb wird hier darauf verzichtet.

Es werden die Regressionskoeffizienten, also der **b**-Vektor für die Y-Variable Theophyllinkonzentration, für die optimale Anzahl an PLS-Komponenten dargestellt (Abb. 7.52). Wie wir aus der Theorie wissen, wird für jede im Datenset vorkommende Wellenlänge ein Regressionskoeffizient berechnet. Wir erhalten also 641 Regressionskoeffizienten angezeigt (Abb. 7.52).

Anhand des Plots der Restvarianz haben wir gesehen, dass bei zwei PLS-Komponenten die Restvarianz in Y fast verschwindet, deshalb wird für die optimale Zahl an PLS-Komponenten vom Programm zwei vorgeschlagen.

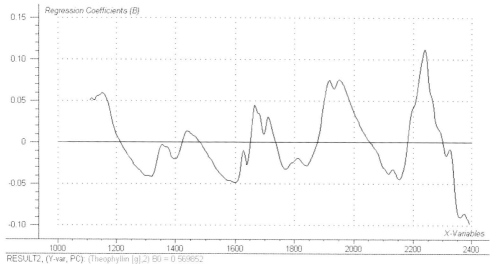

Abb. 7.52

Die Icons mit den Pfeilen ermöglichen die Anzahl der verwendeten PLS-Komponenten zu erhöhen (Pfeil nach rechts) oder zu verringern (Pfeil nach links). Der Stern stellt die vom Programm vorgeschlagene optimale Anzahl an Komponenten wieder ein.

Die Regressionskoeffizienten (Abb. 7.52) zeigen uns, dass das gesamte Spektrum wichtig ist, um die Theophyllinkonzentration zu bestimmen. Bei den Maxima und Minima liegt besonderes Gewicht, aber es gibt eigentlich keine Bereiche, die sehr nahe bei Null sind (die neun Schnittstellen mit der x-Achse ausgenommen). Am wichtigsten ist der Bereich um 2240 nm, denn hier sind die Regressionswerte maximal.

Erhöhen wir die Anzahl der verwendeten PLS-Komponenten, so hat es den Anschein, als ob die Regressionskoeffizienten stärker strukturiert werden und mehr aufs Detail einzelner Wellenlängen eingehen. Diese stärkeren Details scheinen aber keine sehr wichtige Information beizutragen, denn der RMSEP wird mit mehr PLS-Komponenten nicht wesentlich kleiner.

7.3.2.4 Darstellung der vorhergesagten und der gemessenen Theophyllinkonzentrationen (Predicted versus Measured Plot)

Das untere Bild des „Regression Overview" (siehe Abb. 7.47d) zeigt die mit dem Regressionsmodell vorhergesagten Werte im Vergleich zu den gemessenen Werten. Man kann dieses Bild auch über **Plot – Predicted versus Measured** erzeugen (Abb. 7.53).

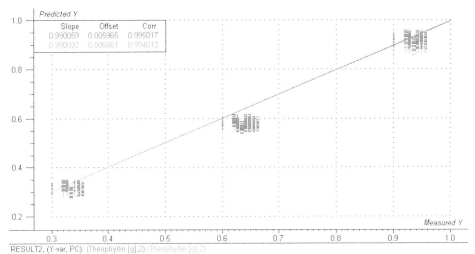

Abb. 7.53

Die Regressionslinie wird mit **View – Trend Lines – Regression Line** eingezeichnet (Abb. 7.53). Sie ist eine Regressionsgerade der vorhergesagten zu den gemessenen Werten. Wenn das Modell die Daten ideal beschreibt, hat sie die Steigung eins, den Offset Null und die Korrelation ist ebenfalls eins. Die Angabe über den „Slope", „Offset" und „Correlation" dieser „Trend Line" wird mit **View – Plot Statistics** ein- oder ausgeschaltet. Die oberen Werte kennzeichnen die Kalibrierung, die unteren die Validierung. Je näher die Validierungswerte an die Kalibrierungswerte kommen, umso robuster verhält sich das Modell gegenüber den verwendeten Validierproben.

In Abb. 7.53 wird angegeben, für welche Y-Variable die Werte gelten (bei einer PLS2 können es ja mehrere sein) und mit wie viel PLS-Komponenten das Regressionsmodell erstellt wurde. Auch hier kann man mit den Pfeiltasten die Berechnung für eine andere Anzahl an Komponenten vornehmen.

Ein Mausklick auf eines der Icons zeigt entweder nur die Kalibrier- oder nur die Validierergebnisse. Die Angaben werden erweitert um den RMSEP bei der Validierung bzw. RMSEC bei der Kalibrierung. Außerdem wird der SEP und der Bias angegeben. Da wir die Kreuzvalidierung verwenden, sollten wir den Vorhersagefehler RMSECV nennen.

In diesem Beispiel (Abb. 7.54) ist der RMSEP = RMSECV = 0,025404, wenn zwei PLS-Komponenten verwendet werden und die Kreuzvalidierung angewandt wird, wobei immer beide Spektren einer Tablette weggelassen wurden. Bei drei PLS-Komponenten wird der RMSECV = 0,019082. (Die Einheit des RMSECV ist hier g).

7.3 Durchführung einer PLS-Regression mit einer Y-Variablen | 273

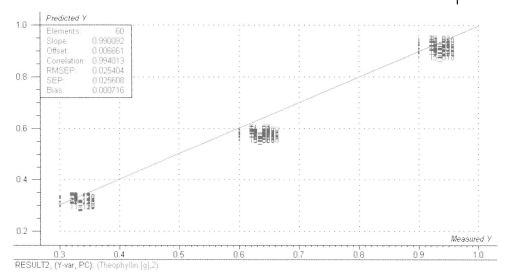

Abb. 7.54

Es fällt auf, dass alle mittleren vorhergesagten Werte unterhalb der Geraden „Predicted versus Measured" liegen (Abb. 7.54). Dies lässt die Vermutung aufkommen, dass doch mehr als zwei PLS-Komponenten nötig sind, um den Theophyllingehalt richtig vorherzusagen. Der Residuenplot (siehe Abb. 7.56) kann uns mehr Klarheit verschaffen.

7.3.2.5 Residuenplot

Den Residuenplot erzeugen wir über **Plot – Residuals – General – Y-Residuals versus Predicted Y** (Abb. 7.55). Wir können die Residuen in absoluten Zahlen (Residuals) darstellen oder in standardisierten, z-skalierten (Studentized) Einheiten. Zuerst wählen wir für die Anzahl der PLS-Komponenten (Components) 2.

Die Residuen werden über die vorhergesagten Werte abgetragen (Abb. 7.56). Wir erkennen deutlich, dass die Residuen für den mittleren Theophyllingehalt fast alle größer Null sind, während die für den kleinen und großen Gehalt mehrheitlich kleiner als Null sind. Hier passt das Regressionsmodell nicht zu den Daten.

Wir erweitern das Modell um eine PLS-Komponente (Abb. 7.57). Nun sehen die Residuen bei allen drei Konzentration des Theophyllins gleich verteilt um die Nulllinie aus. Der sichtbare Trend von großen positiven Residuen zu großen negativen Residuen bei jedem der drei Theophyllinkonzentrationen rührt daher, dass für alle Spektren nur jeweils ein Referenzwert zur Verfügung stand. Auf der „Predicted"-Y-Achse erhält man einen Eindruck, wie stark diese Schwankungen bezogen auf die vorhergesagten Werte sind.

274 | 7 Tutorial zum Umgang mit dem Programm „The Unscrambler" der Demo-CD

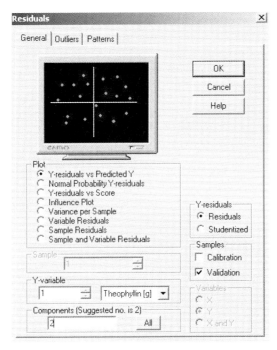

Abb. 7.55

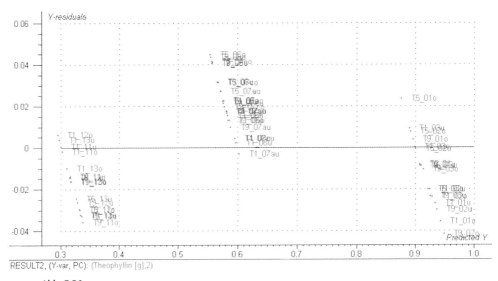

Abb. 7.56

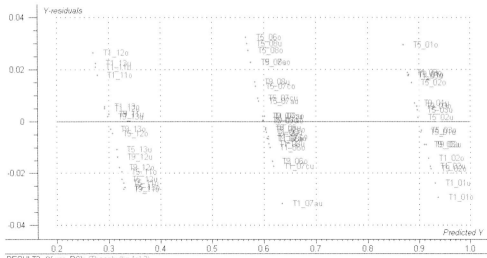

Abb. 7.57

Als nächstes wenden wir das erstellte PLS-Modell für die Theophyllinkonzentration auf die Daten des Testsets an. Vorher muss das Regressionsmodell mit **File – Save** gespeichert werden:

- File name: PLS-Theophyllin
- Save as type: PLS1

Fassen wir zum Schluss das Ergebnis der PLS-Regression zusammen:

Ergebnis der PLS-Regression:

- Zur Kalibrierung werden nur 60 Spektren verwendet. Diese spannen den Versuchsraum (Pressdruck, Theophyllin-, Celllactose- und Magnesiumstearatgehalt) an den Ecken auf. Auch der Mittelpunktsversuch wird hinzugenommen, um das Modell auf Linearität überprüfen zu können.
- 30 Spektren für Versuchseinstellungen innerhalb des Versuchsraums werden als Testdatenset definiert. Diese nehmen nicht an der Kalibrierung teil.
- Zur Validierung des Kalibriermodells wird eine Kreuzvalidierung verwendet. Es ist darauf zu achten, dass bei Wiederholmessungen alle Spektren einer Probe ausgelassen werden.
- Der RMSECV aus der Kreuzvalidierung ist bereits nach zwei PLS-Komponenten sehr klein.
- Die Regressionskoeffizienten zeigen, dass alle Wellenlängen für die Kalibrierung wichtig sind. Allerdings liegt ein Schwerpunkt bei 2240 nm.
- Bei Betrachtung der Residuen fällt auf, dass erst ab Verwendung von drei PLS-Komponenten die Residuen zufällig um den Wert Null schwanken.
- Der RMSECV aus der Kreuzvalidierung für zwei PLS-Komponenten beträgt 0,025404 g, bei drei Komponenten verringert er sich auf 0,019082 g.

7.4
Verwenden des Regressionsmodells – Vorhersage des Theophyllingehalts für Testdaten

Die 30 Spektren des Testdatensets wurden bei der Erstellung des Modells nicht verwendet. Aus diesen Spektren soll nun der Theophyllingehalt vorhergesagt werden.

Das Menü **Task – Predict** öffnet den Eingabedialog für die Vorhersage (Abb. 7.58). Wir wählen folgende Einstellungen:

- Sample Set: *Testdaten*
- Variable Set: *NIR-Spektren*
- Y-Reference: Include Y-Reference, Variable Set: *Theophyllin*
- Pretreat Vars: keine Angaben, da die Daten bereits vorbearbeitet in der Datentabelle stehen. Wenn Rohdaten vorverarbeitet werden müssen, kann in diesem Dialogfeld angegeben werden, welche Daten wie vorbearbeitet werden sollen
- Model Name: *PLS_Theophyllin*
- Number of Components: *8*

Wir geben acht anstatt der vorgeschlagenen zwei PLS-Komponenten an, da wir die Vorhersage der unbekannten Daten mit verschieden großen Modellen testen wollen (Abb. 7.58). Die Abfrage: „Are you sure you want to use more PCs than suggested for model PLS_Theophyllin?" beantworten wir mit *ja*.

Es wird der Plot „Predicted with Deviation" angezeigt (Abb. 7.59a). Für jedes Spektrum wird die Theophyllinkonzentration berechnet, die im oberen Plot als weißer Strich in der Mitte der Box angezeigt wird. Die obere Grenze der Box ist der Vorhersagewert plus Vorhersagegenauigkeit (Deviation), für die untere

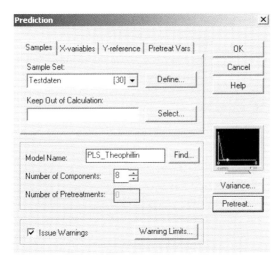

Abb. 7.58

7.4 Verwenden des Regressionsmodells – Vorhersage des Theophyllingehalts für Testdaten

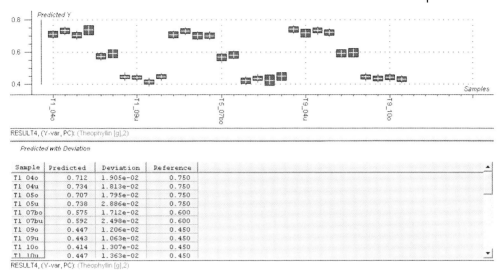

Abb. 7.59

Grenze wird die Vorhersagegenauigkeit abgezogen. Die Vorhersagegenauigkeit wird gerechnet, wie in Abschnitt 4.5 beschrieben. Je größer die Box, desto unsicherer die Vorhersage.

In der Tabelle unter der Grafik (Abb. 7.59b) werden die Werte numerisch angegeben. Diese Tabelle kann man über Kopieren (Strg+C) und Einfügen (Strg+V) in ein Excel-Tabellenblatt einfügen. In Excel kann man die mittlere „Deviation" berechnen. Bei zwei PLS-Komponenten erhält man für die Kalibrierproben $YDev$ (2 PCs) = 0,0226 und für die Testdaten $YDev$ (2 PCs) = 0,0188. Bei drei PLS-Komponenten berechnet man: für die Kalibrierproben $YDev$ (3 PCs) = 0,0164 und für die Testdaten $YDev$ (3 PCs) = 0,0148 (Einheit jeweils g).

Die Grafik „Predicted with Deviation" (Abb. 7.59a) kann in die Grafik „Predicted versus Measured" (Abb. 7.60) verändert werden, wenn Referenzwerte für die Daten zur Verfügung stehen. Über **Plot – Prediction – Predicted – Predicted versus Reference** wird der Plot aufgerufen.

Es wird wieder der RMSEP, SEP und Bias berechnet wie bereits bei der Kalibrierung, aber hier werden natürlich die Werte der Testdaten verwendet (Abb. 7.60). Für zwei PLS-Komponenten erhalten wir einen RMSEP = 0,024359 g, der also fast identisch zum RMSECV der Kreuzvalidierung ist.

Durch einmaliges Drücken von ➡ lassen wir die Vorhersage mit drei PLS-Komponenten durchführen. Der Vorhersagefehler verringert sich auf RMSEP = 0,019031. Bei Verwendung von vier PLS-Komponenten wird er aber wieder größer. Also scheint tatsächlich die Verwendung von drei PLS-Komponenten das beste Regressionsmodell für die Vorhersage der Theophyllinkonzentration zu liefern.

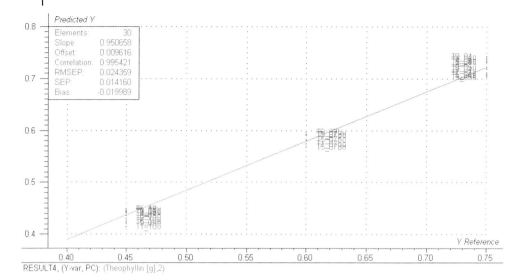

Abb. 7.60

Zusammenfassung der Ergebnisse aus der Vorhersage des Theophyllingehalts:

- Die unabhängigen Testdaten werden mit derselben Genauigkeit vorhergesagt die aus der Kreuzvalidierung berechnet wurde.
- Auch hier ergibt sich für drei PLS-Komponenten ein Modell, mit dem die Testdaten am besten beschrieben werden. Verwendet man mehr PLS-Komponenten, wird die Vorhersage schlechter.
- Der mittlere Vorhersagefehler bei drei PLS-Komponenten beträgt RMSEP = 0,019 g. Die mittlere Vorhersageungenauigkeit beträgt $YDev = 0,014$ g.

7.5
Export der Unscrambler-Modelle zur Verwendung in beliebigen Anwendungen

Die im Unscrambler erstellten und optimierten Modelle können auch unabhängig vom Programmpaket Unscrambler verwendet werden. Einige Spektrometerhersteller erlauben, die Unscrambler-Modelle direkt in ihre Software einzubinden und zu verwenden. Man kann die Modelle aber auch im Textformat (ASCII) exportieren. Damit ergibt sich die Möglichkeit, die Modelle z. B. in Excel oder mit eigener Software zu verwenden. Es ist also möglich, das PLS-Modell zur Berechnung der Theophyllinkonzentration zu exportieren und dann inline zu verwenden.

In diesem Teil des Tutorials soll gezeigt werden, wie man Unscrambler-Modelle exportiert und in Excel mit neuen Daten verwendet. Dazu nehmen wir ein neues Beispiel, mit dem ein Trocknungsvorgang an einer Sprühbeschichtungsmaschine (Spray Coater) inline überwacht werden soll. Dabei werden Zucker-

Stärke-Pellets in der Sprühbeschichtungsanlage mit einem wasserlöslichen Lack überzogen, der anschließend getrocknet werden muss. Diese Trocknung soll überwacht werden, da ein recht enger, fest vorgegebener Feuchtigkeitsbereich für die nachfolgende Behandlung der Pellets notwendig ist.

Die Messungen wurden von der Firma J&M, Mess- und Regeltechnik GmbH, Aalen, an einem MP Coater der Firma GEA Niro Pharma Systems durchgeführt und freundlicherweise zur Verfügung gestellt. Die Aufnahme der Spektren erfolgte mit einem doppelt gekühlten InGaAs-Diodenarrayspektrometer (NOVA Spektrometersystem) im NIR-Bereich von 1100 bis 2100 nm. Gemessen wurde mit einer sog. Leuchtturm-Sonde (Lighthouse-Probe), die direkt in den Pelletstrom eingebaut wird. Es ist eine Reflexionssonde, die nach dem Vorbild eines Leuchtturms Licht im 360°-Winkel aussendet und detektiert. Damit ist eine in-line-Messung möglich.

Das Datenfile NIR-Trocknung enthält 120 Absorptionswerte von 1126 bis 2061 nm. Die ersten 22 Spektren wurden bei einer Feuchte der Pellets von 4% gemessen. Bei den nächsten 15 Spektren betrug die Feuchte der Pellets nur 1%. Die Spektren 38 bis 202 wurden während einer Trocknung der Pellets in regelmäßigen Zeitabständen von vier Sekunden aufgenommen.

7.5.1
Kalibriermodell für Feuchte erstellen

Die Feuchte eines Produkts lässt sich mit der NIR-Spektroskopie sehr leicht messen. Das Problem bei der Feuchtemessung ist die Genauigkeit der Referenzmessung, denn der Wassergehalt kann sich in der Probe allein durch die Probenahme ändern. Deshalb wollen wir nur eine 2-Punkt-Kalibrierung vornehmen. Wir bestimmen den Anfangsgehalt an Wasser, der in diesem Fall bei 1% liegt, geben eine definierte Menge an Wasser dazu bis 4% Feuchte erreicht ist. In beiden Feuchtezuständen werden über einen Zeitraum, für den die Feuchte als konstant angenommen wird, mehrere Spektren gemessen. Für die niedere Feuchte wurden 15 Spektren aufgenommen, für die hohe Feuchte 22 Spektren. Mit diesen beiden Feuchteeinstellungen wird die Kalibrierung durchgeführt. Außerdem machen wir die Annahme, dass sich die Feuchte innerhalb des Kalibrationsbereichs von 1–4% linear verhält. Nachprüfen können wir es nicht, da kein Zwischenzustand zur Verfügung steht. Da aber der Wassergehalt so gering ist, ist diese Annahme durchaus gerechtfertigt.

Es stellt sich die Frage der Vorverarbeitung. Da wie in dem vorangegangenen Beispiel an inhomogenem Material bzw. Oberflächen gemessen wurde, wird ein Großteil der gemessenen spektralen Veränderung auf die Streuung zurückzuführen sein, weshalb eine Streukorrektur angebracht ist. Wir verwenden für dieses Beispiel die SNV-Vorverarbeitung. Mit **Modify – Transform – SNV** führen wir die Transformation für „Samples" „All Samples" und für die „Variables:" „Spektren" durch. Wir markieren die Kalibrierspektren und zeichnen mit **Plot – Line** „Spektren" einen Linienplot der Spektren (Abb. 7.61).

Abb. 7.61

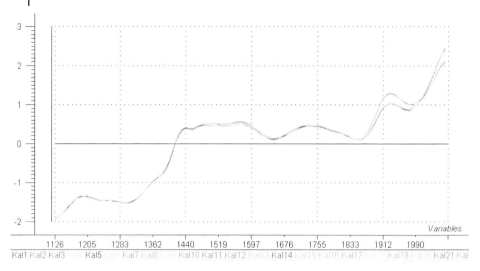

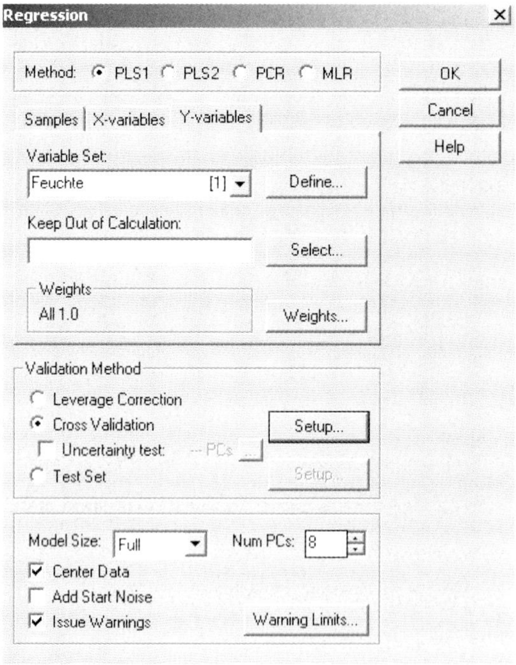

Abb. 7.62

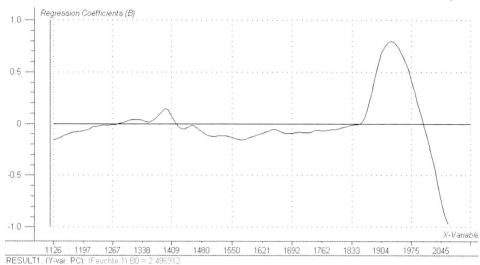

Abb. 7.63

Wir sehen zwei Gruppen von Spektren (Abb. 7.61). Den deutlichsten Unterschied findet man bei ca. 1920 nm, der Kombinationsschwingung von Wasser, während die zweite Oberschwingung des Wassers bei 1450 nm kaum Unterschiede sichtbar werden lässt. Die SNV-Transformation hebt die uns interessierenden Veränderungen der Feuchte hervor und ist damit als Vorverarbeitung geeignet. (Eine EMSC- oder eine MSC-Korrektur würde fast identische Ergebnisse liefern.)

Wir führen über **Task – Regression** eine PLS1-Regression durch (Abb. 7.62):

- Samples: *Selected Samples (37)*
- X-Variables: *Spektren*
- Y-Variables: *Feuchte*
- Validation: *Full Cross Validation*
- Number of PCs: 8

Die Kreuzvalidierung sagt uns, dass nur eine Hauptkomponente nötig ist, um die Veränderung der Feuchte zu beschreiben. Die Regressionskoeffizienten (Abb. 7.63) bestätigen uns, dass vor allem über die Kombinationsschwingung des Wassers bei 1920 nm der Feuchtegehalt bestimmt werden kann. Der RMSECV aus der Kreuzvalidierung beträgt 0,059% Feuchte.

Wir können uns einen grafischen Überblick über die Variation der Kalibrierspektren verschaffen über das Menü **Plot – Predicted versus Measured – Predicted and Measured** (Abb. 7.64). In diesem Plot (Abb. 7.65) werden die vorhergesagten Werte gemeinsam mit den Referenzwerten für die 37 Kalibrierspektren als Linienplot dargestellt.

282 | *7 Tutorial zum Umgang mit dem Programm „The Unscrambler" der Demo-CD*

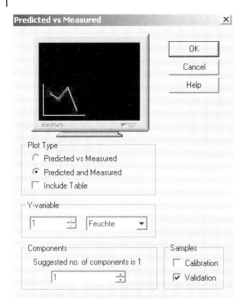

Abb. 7.64

Der Plot (Abb. 7.65) gibt uns einen Eindruck, wie die aus den Spektren vorhergesagten Feuchtewerte um die Referenzwerte streuen. Die Verteilung der vorhergesagten Feuchtewerte im Vergleich zu den Referenzwerten ist für diese Messungen zufällig, wir erkennen keinen Trend.

Dieses Kalibriermodell können wir als Unscrambler-Modell für die spätere Verwendung im Unscrambler mit **File – Save** speichern.

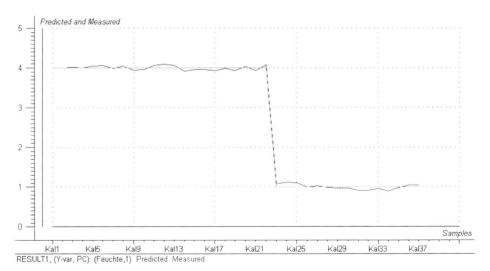

Abb. 7.65

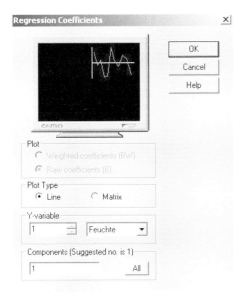

Abb. 7.66

7.5.2
Export des PLS-Regressionsmodells für die Feuchte

Wir wollen das Regressionsmodell für die Feuchte mit Excel verwenden. Dazu haben wir zwei Möglichkeiten.

7.5.2.1 Umwandeln der Grafikanzeige in numerische Daten

Wir lassen die Regressionskoeffizienten über **Plot – Regression Coefficients – Raw Coefficients** (Abb. 7.66) (falls hier eine Wahlmöglichkeit besteht) als Linienplot darstellen.

Über den Menüpunkt **View – Numerical** wird die grafische Anzeige in eine numerische Anzeige umgeschaltet (Abb. 7.67). Mit **Edit – Copy** wird der Inhalt in die Zwischenablage kopiert.

Wir öffnen Excel und fügen den Inhalt der Zwischenablage mit „Einfügen" in das Tabellenblatt ein (Abb. 7.68). In Zelle B2 steht nun der Regressionskoeffizient für die Variable 1126 (also für die Absorption bei der Wellenlänge 1126 nm), in Zelle B3 steht der Regressionskoeffizient für die Variable 1134 usw. Insgesamt haben wir 120 Regressionskoeffizienten, da wir 120 Variablen für jedes Spektrum definiert hatten.

Wichtig: Es fehlt der Regressionswert b_0. Diesen müssen wir händisch von Unscrambler nach Excel übertragen. Wir schreiben ihn in die Zeile 122 (Abb. 7.69) unter den Regressionskoeffizient für die Variable 2061 (Zeile 121): $b_0 = 2,496912$.

284 | *7 Tutorial zum Umgang mit dem Programm „The Unscrambler" der Demo-CD*

	PC_01 (X-Vars ...
1126	-0.159
1134	-0.144
1142	-0.132
1150	-0.116
1157	-0.101
1165	-9.320e-02
1173	-8.059e-02
1181	-7.741e-02
1189	-7.600e-02
1197	-6.734e-02
1205	-6.072e-02
1212	-5.157e-02
1220	-2.864e-02
1228	-2.470e-02
1236	-1.938e-02
1244	-1.464e-02
1252	-1.300e-02
1260	-1.150e-02
1267	-9.294e-03

RESULT1, (Y-var, PC): (Feuchte,1) B0 = 2.496912

Abb. 7.67

	A	B	C
1		PC_01 (X-Vars + Interactions)	
2	1126	-0.159	
3	1134	-0.144	
4	1142	-0.132	
5	1150	-0.116	
6	1157	-0.101	
7	1165	-9.32E-02	
8	1173	-8.06E-02	
9	1181	-7.74E-02	
10	1189	-7.60E-02	
11	1197	-6.73E-02	
12	1205	-6.07E-02	
13	1212	-5.16E-02	
14	1220	-2.86E-02	
15	1228	-2.47E-02	
16	1236	-1.94E-02	
17	1244	-1.46E-02	
18	1252	-1.30E-02	
19	1260	-1.15E-02	
20	1267	-9.29E-03	

Abb. 7.68

118		2038	-0.58
119		2045	-0.745
120		2053	-0.874
121		2061	-0.965
122	b0		2.496912
123			

Abb. 7.69

Nun steht das komplette Regressionsmodell im Excel. Zur Vorhersage unbekannter Feuchten aus gemessenen Spektren müssen die Spektren zuerst SNV-transformiert werden, dann muss jeder Absorptionswert mit dem entsprechenden Regressionskoeffizient multipliziert werden. Man bildet die Summe aller dieser Produkte und addiert den Wert von b_0. Damit ist der Feuchtegehalt aus den Spektren berechnet.

7.5.2.2 Export des Regressionsmodells als Text-Datei (ASCII Model)

Die Regressionskoeffizienten können auch in eine Textdatei exportiert werden. Wir müssen uns im Ergebnisfenster der PLS-Regression für die Feuchte befinden. Über das Menü **File – Export Model – ASCII Model** können wir die Regressionskoeffizienten speichern (Abb. 7.70). Bei „Type" haben wir zwei Möglichkeiten:

- *Mini*: Speichert nur die Regressionskoeffizienten.
- *Full*: Speichert auch die **W**- und **P**-Loadings und die Residuen und Restvarianzen der Kalibration und Validation. Die Datei wird ziemlich lang.

Wir wählen *Mini* und nennen die Datei *Result_Feuchte.AMO (AMO* bedeutet *ASCII Model)*.

Das Trennzeichen zwischen den einzelnen Einträgen ist der Leeranschlag.

Wir können diese Datei in Excel öffnen. Es werden zuerst die Informationen über Zahl der Variablen und Objekte gegeben. Dann kommen die Variablennamen und darunter der Regressionskoeffizient. (Jeweils fünf Einträge pro Zeile, dann kommt die nächste Zeile mit weiteren fünf Einträgen usw.)

Um die Feuchte aus den Spektren vorherzusagen, muss wieder der gemessene Absorptionswert mit dem Regressionskoeffizienten für die entsprechende Wellenlänge multipliziert werden. Die Summe dieser Multiplikationsergebnisse plus Regressionskoeffizient b_0 ergibt die Feuchte. Man darf nicht vergessen, die Spektren genauso vorzuverarbeiten wie die Spektren der Kalibrierung (hier also SNV).

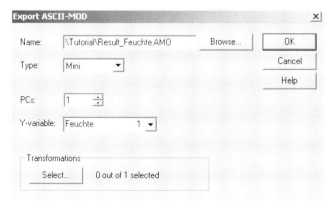

Abb. 7.70

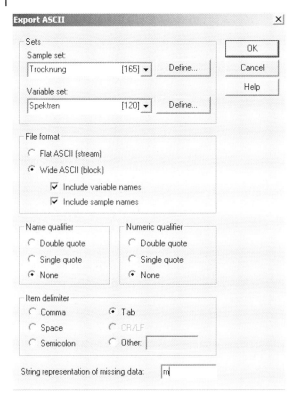

Abb. 7.71

7.5.2.3 Berechnung der Feuchte in Excel

Um die Feuchte in Excel zu berechnen, müssen die Spektren ins Excel kopiert werden. Da in unserem Beispiel der direkt ins Excel kopierten Regressionskoeffizienten, diese in einer Spalte stehen, werden wir die Spektren ebenfalls in Spaltenschreibweise ins Excel übertragen. Mit **Modify – Transform – Transpose** kann man die Zeilen in Spalten umwandeln. Mit **File – Export – ASCII Files** können Daten aus dem Unscrambler Editor in eine Text-Datei exportiert werden (Abb. 7.71), die mit Excel unter dem Dateityp „*.txt" eingelesen werden kann.

Das Regressionsmodell für die Feuchte und die SNV-transformierten Spektren der Trocknung wurden nach der Excel übertragen und sind in der Datei „*NIR-Feuchte Regressionsmodell und Spektren.xls*" enthalten. Mit diesen Daten wird die Feuchteberechnung durchgeführt.

Den Verlauf der Feuchte über die Trocknungszeit ist in einem Diagramm (Abb. 7.72) dargestellt. Bei der Feuchte 1,2% wurde der Trocknungsprozess abgebrochen.

Wenn man auf diese Weise die Regressionsmodelle anwendet, darf man nicht vergessen für jedes gemessene Spektrum zu prüfen, ob es in den spektralen

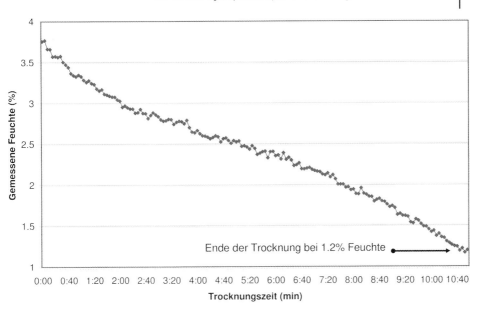

Abb. 7.72

Kalibrierraum hineinpasst. Am einfachsten kann man das mit Hilfe des Euklidischen Abstands der Spektren zum Mittelwertspektrum der Kalibrierspektren überprüfen. Der Abstand darf nicht wesentlich größer sein als die Abstände der Kalibrierspektren zu ihrem Mittelwertspektrum. Besser ist aber die Berechnung des Mahalanobis-Abstands nach Gl. (4.3) oder noch besser, die Berechnung des Vorhersageintervalls nach Gl. (4.8). Allerdings müssen dazu die Loadings der Hauptkomponenten bekannt sein, um die Scores für jedes Spektrum berechnen zu können. Diese Loadingsvektoren sind in der Unscrambler-Modell-Datei beim Export des Modells unter Angabe von „Type:" „*Full*" enthalten.

7.6
Checkliste für spektroskopische Kalibrierungen mit dem Unscrambler

Eine kurze Zusammenfassung aller wichtigen Schritte bei der Erstellung eines Kalibriermodells mit dem Unscrambler:

- **Einlesen der Daten**
  File – Open oder **File – Import**. Viele spektroskopische Formate können direkt importiert werden, dazu gehören JCAMP-DX, GRAMS und ASCII-Formate.

- **Visuelle Prüfung der Daten und Erstellen von Datensets**
  Plot – Line oder **Matrix** ermöglicht einen Überblick über die Spektren. Verteilungen von Messgrößen können mit **Plot – Histogram** dargestellt werden.

Über **Modify – Edit Set** können Gruppen von Variablen und Objekten definiert werden (Variable and Sample Sets).

- **Einfügen von kategorialen Variablen**
  Über **Edit – Insert – Category Variable** können zusätzliche Informationen wie Einstellparameter in die Datentabelle geschrieben werden. Diese sind für die Interpretation der Ergebnisse oft sehr hilfreich.

- **Vorverarbeitung der Spektren**
  Über das Menü **Modify – Transform** stehen mehrere spektrale Datenvorverarbeitungen zur Verfügung, wie Glätten, Ableiten und Streukorrektur. Über **Modify – Reduce** (Average) kann über mehrere Variablen oder Objekte gemittelt werden, damit kann die Datenmenge wenn nötig reduziert werden. Es ist die Vorverarbeitung zu wählen, mit der die interessierende Information herausgehoben wird. Damit werden die nachfolgenden Modelle robuster und in der Regel kleiner.

- **PCA-Modell der Spektren erstellen**
  Bevor ein PLS-Modell erstellt wird, ist es ratsam über **Task – PCA** ein PCA-Modell der Spektren zu erstellen. Über die kategorialen Variablen (**Edit – Options – Sample Grouping**) können eventuell Gruppen in den spektralen Daten erkannt werden, die einer Ursache zugeführt werden können. Es kann die Frage beantwortet werden, auf welcher Hauptkomponente die interessierende Information steckt und ob eventuell eine andere Vorverarbeitung vorteilhafter wäre. Finden von Ausreißern im spektralen Datenraum wird möglich. Offensichtliche Ausreißer sollten entfernt werden, bevor ein PLS-Modell berechnet wird. Das Kalibrierdatenset für die anschließende PLS am besten über die Scores der PCA definieren (**Edit – Mark – Evenly distributed Samples only**).

- **Markieren von Daten in den Ergebnis-Darstellungen**
  Je nach Plots können einzelne Objekte oder Variablen mit **Edit – Mark** markiert werden. Mit **View – Raw Data** werden die markierten Objekte oder Variablen in der Datentabelle ebenfalls hervorgehoben. Über **Task – Recalculate With** oder **Without Marked** kann eine neue Berechnung nur mit den markierten bzw. den nicht markierten Objekten oder Variablen durchgeführt werden.

- **PLS-Modell erstellen**
  Task – Regression – PLS1 oder **PLS2** oder **PCR** berechnet das gewünschte Modell. In der Regel wird ein PLS1-Modell die besten Ergebnisse bei wenigen Hauptkomponenten liefern.

- **Mit dem PLS-Modell experimentieren**
  Der „Regression Overview" zeigt die wichtigsten Ergebnisse des PLS-Modells. Mit **Plot – Regression Coefficients** können die Regressionskoeffizienten gezeigt werden, falls sie nicht in den Überblickbildern erscheinen. Mit den Pfeiltasten die Anzahl an verwendeten PLS-Komponenten verändern. Überprüfen, wie sich dabei die Regressionskoeffizienten verändern. Versuchen folgende Fragen zu beantworten: Ab wann erkennt man das Rau-

schen? Gibt es Wellenlängenbereiche, die wenig zum Modell beitragen und besser weggelassen werden? Wie verändert sich der RMSEP bei Zu- oder Wegnahme von PLS-Komponenten? Gibt es auffällige Proben im Influence Plot (**Plot – Residuals – Influence Plot**)? Welche PLS-Komponente erklärt am meisten von Y? Welche PLS-Komponente erklärt am meisten von X? Sind das die gleichen Komponenten?

- **PLS-Modell validieren**
  Am besten validiert man mit einem unabhängigen aber repräsentativen Testset (**Task – Regression – Validation Method**: Testset). Bei der Kreuzvalidierung darauf achten, dass sich Wiederholmessungen einer Probe immer im gleichen Segment der Kreuzvalidierung befinden (**Task – Regression – Crossvalidation – Setup**: Systematic oder Manual).

- **Speichern des PLS-Modells**
  Wenn das beste PLS-Modell erarbeitet wurde, wird das Modell unter **File – Save** abgespeichert.

- **Verwenden des PLS-Modells zur Vorhersage**
  Mit **Task – Predict** können Y-Werte für neue Spektren vorhergesagt werden. Hat man zu den Spektren auch Y-Referenzwerte, kann damit das Regressionsmodell zusätzlich validiert werden. Es wird zusätzlich zum RMSEP die Vorhersagegenauigkeit (*Ydev*) für jeden vorhergesagten Y-Wert berechnet. Vorhersagegenauigkeiten, die etwa dreimal größer sind als die durchschnittliche Vorhersagegenauigkeit der Kalibrierung, geben Hinweise, dass der spektrale X-Datenraum verlassen wurde. Es ist darauf zu achten, dass die Spektren, die für die Vorhersage benützt werden, genauso vorverarbeitet wurden wie die Spektren der Kalibrierung. Man kann diese Vorverarbeitung automatisch durchführen lassen über (**Task – Predict – Pretreat** und **Pretreatment Variables**).

- **Exportieren der Unscrambler-Modelle**
  Alle grafischen Plots können mit **View – Numerical** in eine numerische Anzeige umgeschaltet werden. Über **Edit – Copy** werden sie in die Zwischenablage kopiert und können dann z. B. in eine Excel-Tabelle eingefügt werden. Eine Textdatei mit den Regressionsergebnissen kann über **File – Export Model – ASCII Model** erzeugt werden. Je nach Typ (*Mini* oder *Full*) enthält sie nur die Regressionskoeffizienten oder alle für ein PLS-Modell wichtigen Berechnungen, wie **W**- und **P**-Loadings. Einige Spektrometerhersteller können Unscrambler-Modelle direkt einbinden. Es gibt auch von der Firma Camo eine eigene Software zum Online-Einsatz solcher Regressionsmodelle (OLUP) [4] oder von PCA-Modellen zur Klassifizierung (OLUC) [5].

Literatur

1 „The Unscrambler Version 9.2", Softwarepaket für die multivariate Datenanalyse. Camo Software AS, Oslo, Norwegen, *www.camo.com*
2 K. Mader, Ermittlung der Wirkstoffkonzentration in Tabletten mit Hilfe eines Spectral Imaging Systems. Diplomarbeit, Fachbereich Angewandte Chemie, Hochschule Reutlingen, 2005.
3 Matlab – The Language of Technical Computing. The Mathworks, Inc., *www.Mathworks.com*
4 OLUP (On-Line Unscrambler Predictor). Camo Software AS, Oslo, Norwegen, *www.camo.com*
5 OLUC (On-Line Unscrambler Classifier). Camo Software AS, Oslo, Norwegen, *www.camo.com*

Anhänge A–D

Anhang A

Konzentrationen in g/hl r.A. (reiner Alkohol) für 15 Substanzen und 146 Obstbrandproben. Die Werte wurden gaschromatografisch bestimmt.

Sorte	Proben-nummer	Ethanol	Methanol	Propanol	Butanol	iso-Butanol	2-Methyl-1-Propanol
Kirsche	1	40,00	404,3	596	1,80	18,90	36,50
Kirsche	2	40,00	454,9	586	1,70	31,30	28,50
Kirsche	3	39,98	470,2	434	1,70	13,50	34,50
Kirsche	4	39,61	442,8	800	1,70	40,30	36,90
Kirsche	5	41,69	418,6	562	1,90	20,80	45,40
Kirsche	6	43,80	367,9	76	1,75	0,60	31,10
Kirsche	7	44,49	391,7	123	1,80	5,60	32,75
Kirsche	8	39,23	398,7	1128	1,75	24,20	34,10
Kirsche	9	41,00	312,3	66	1,40	2,20	34,60
Kirsche	10	45,49	405,2	475	1,50	8,20	35,40
Kirsche	11	41,84	403,6	450	1,70	12,55	45,45
Kirsche	12	39,92	469,0	346	1,50	8,00	28,10
Kirsche	13	39,61	404,8	472	1,70	11,30	41,20
Kirsche	14	40,04	426,6	396	1,40	10,20	29,30
Kirsche	15	40,05	325,1	447	2,90	24,70	40,10
Kirsche	16	40,07	405,4	648	2,90	24,30	47,10
Kirsche	17	40,09	403,1	736	3,00	25,90	42,50
Kirsche	18	39,96	373,8	452	2,80	14,20	42,00
Kirsche	19	40,08	415,5	660	2,90	23,90	46,30
Kirsche	20	40,21	461,3	518	1,90	17,10	44,00
Kirsche	21	40,34	279,3	216	1,15	26,80	33,40
Kirsche	22	40,11	415,6	605	2,10	22,20	44,70
Kirsche	23	40,05	411,8	305	1,50	11,60	36,50
Kirsche	24	40,12	454,8	649	1,40	26,95	37,75
Kirsche	25	39,98	404,3	653	1,40	19,60	43,70
Kirsche	26	39,73	487,8	486	1,40	12,30	33,20
Kirsche	27	40,08	446,3	555	1,30	18,60	36,00
Kirsche	28	43,26	455,6	679	2,60	30,90	34,50
Kirsche	29	40,19	450,6	276	1,50	6,90	33,30
Kirsche	30	41,75	479,3	854	1,90	45,50	49,70
Kirsche	31	40,16	420,3	488	1,75	17,70	42,15
Kirsche	32	39,49	434,3	83	1,60	1,40	34,10

2-Methyl-1-Butanol	Hexanol	Benzyl-alkohol	Phenyl-ethanol	Essig-säure-methylester	Essig-säure-ethylester	Milch-säure-ethylester	Benzoe-säure-ethylester	Benz-aldehyd
112,8	0,60	0,00	0,00	2,40	192,90	13,00	2,60	1,10
98,9	0,60	1,40	0,00	2,00	158,90	70,90	2,70	0,60
112,7	0,80	2,00	0,00	3,90	272,40	77,70	2,40	1,30
115,8	0,70	3,60	0,60	4,70	341,50	158,10	2,10	1,90
125,9	1,00	0,90	0,00	3,40	280,70	54,80	1,90	1,10
110,3	0,00	2,40	0,00	1,65	122,40	70,60	3,10	0,60
110,8	0,00	2,05	0,00	1,70	122,80	86,90	3,25	0,75
109,1	0,70	7,60	0,80	4,90	412,60	280,90	2,20	0,70
102,8	0,00	2,15	0,00	1,30	132,50	37,90	2,60	0,95
99,0	0,50	5,10	0,00	2,60	222,60	173,70	1,60	0,00
130,4	0,60	0,65	0,00	3,30	215,25	42,80	2,60	1,30
105,3	0,70	3,10	0,00	7,90	450,70	153,20	1,60	4,70
126,1	0,60	6,70	1,10	4,00	247,60	212,20	1,80	0,90
109,1	0,70	4,10	0,70	1,80	107,70	157,50	2,00	0,50
121,3	0,70	0,50	0,00	2,70	279,40	43,50	1,50	1,20
126,3	1,00	1,10	0,00	4,60	342,30	59,30	1,70	1,10
123,6	0,90	0,90	0,00	4,00	319,10	66,20	2,00	0,90
117,7	0,90	0,00	0,00	3,20	258,60	28,90	2,30	0,90
126,8	1,10	1,00	0,00	4,70	336,50	61,40	1,80	1,20
123,0	0,80	0,70	0,00	4,50	304,60	52,90	2,20	1,00
97,4	0,50	6,70	1,10	4,30	246,70	189,00	1,35	0,80
132,2	0,80	0,30	0,00	4,60	325,30	49,90	2,00	0,90
106,1	0,00	3,20	0,00	3,30	235,10	93,10	2,40	1,40
106,2	0,60	6,20	0,70	6,30	374,00	165,00	1,70	0,90
119,6	0,70	1,45	0,00	4,90	349,80	95,20	2,20	0,70
102,6	0,00	2,50	0,00	3,10	186,00	99,40	1,50	0,70
103,8	0,00	8,00	0,30	2,80	248,80	133,00	1,80	0,70
105,7	1,20	4,50	0,50	1,80	139,70	134,70	1,20	0,00
110,2	0,50	8,95	0,00	3,40	195,70	143,90	2,80	0,90
161,6	0,60	9,50	1,10	5,00	289,40	161,80	3,30	3,30
119,5	0,80	0,75	0,00	3,95	315,35	45,60	1,95	0,85
99,2	0,90	9,20	0,80	3,30	199,40	135,80	3,10	3,10

Sorte	Proben-nummer	Ethanol	Methanol	Propanol	Butanol	iso-Butanol	2-Methyl-1-Propanol
Kirsche	33	45,27	424,9	207	1,60	3,80	32,10
Kirsche	34	42,40	320,4	53	1,95	0,70	38,25
Kirsche	35	41,40	385,0	173	1,10	25,70	39,30
Kirsche	36	40,27	388,0	463	1,90	16,40	37,70
Kirsche	37	43,37	511,0	204	3,20	18,50	34,20
Kirsche	38	40,01	416,0	542	2,10	19,20	42,20
Kirsche	39	45,02	390,0	503	1,90	6,20	40,10
Kirsche	40	41,62	426,0	125	1,80	3,50	49,20
Kirsche	41	41,83	489,0	58	1,80	1,00	30,50
Kirsche	42	39,82	410,0	459	2,30	20,00	48,10
Kirsche	43	43,53	359,0	645	1,50	24,90	59,30
Zwetschge	44	40,02	442,8	38	3,90	0,00	12,20
Zwetschge	45	39,99	602,0	76	14,40	0,00	79,40
Zwetschge	46	45,53	612,0	52	6,40	0,00	30,70
Zwetschge	47	44,18	613,8	170	11,10	0,00	49,55
Zwetschge	48	40,60	637,0	112	5,30	3,00	44,90
Zwetschge	49	45,13	651,0	328	5,40	22,70	31,70
Zwetschge	50	39,63	672,6	61	10,40	4,40	46,60
Zwetschge	51	41,45	700,3	211	7,40	13,60	76,40
Zwetschge	52	40,03	704,0	149	4,50	9,50	51,10
Zwetschge	53	42,90	705,1	134	3,50	0,00	126,30
Zwetschge	54	42,41	717,0	143	4,20	0,00	73,20
Zwetschge	55	39,93	722,3	55	8,40	0,00	114,10
Zwetschge	56	39,93	748,9	150	5,70	10,20	53,20
Zwetschge	57	40,00	750,1	215	7,10	17,10	56,00
Zwetschge	58	40,03	751,5	197	6,40	19,40	55,10
Zwetschge	59	39,86	752,1	147	6,60	12,40	48,90
Zwetschge	60	40,03	753,9	156	5,30	11,70	52,50
Zwetschge	61	40,03	754,5	159	5,10	11,90	53,40
Zwetschge	62	40,04	757,0	199	7,60	16,60	58,00
Zwetschge	63	39,90	771,6	207	7,30	15,20	56,60
Zwetschge	64	39,70	776,3	119	9,40	5,20	48,70

2-Methyl-1-Butanol	Hexanol	Benzyl-alkohol	Phenyl-ethanol	Essig-säure-methylester	Essig-säure-ethylester	Milch-säure-ethylester	Benzoe-säure-ethylester	Benz-aldehyd
116,6	0,00	3,00	0,00	1,90	136,90	134,40	2,10	0,70
113,1	1,00	1,75	0,00	0,80	84,20	91,50	2,40	1,20
166,0	1,00	4,30	0,00	0,00	58,60	58,50	1,70	0,70
115,5	0,80	0,90	0,00	4,10	276,50	55,80	2,10	1,40
113,0	1,50	4,90	1,40	3,90	252,00	106,00	1,20	2,60
118,0	0,80	0,70	0,00	4,70	349,50	36,60	2,10	1,40
116,0	1,10	7,10	1,00	5,50	360,00	190,00	2,40	0,70
134,5	0,80	6,60	0,80	2,80	114,00	143,00	2,40	0,90
110,5	0,80	5,60	0,90	3,00	143,00	75,50	2,70	1,10
132,5	1,00	1,20	0,00	3,80	242,50	40,40	1,80	2,00
151,0	0,00	2,60	0,00	4,10	240,00	28,20	1,30	1,40
37,2	1,20	0,80	0,00	3,50	104,80	37,00	0,80	0,80
287,0	3,00	1,10	0,90	2,60	45,90	39,80	1,40	0,90
135,5	1,60	1,60	1,10	4,30	165,00	62,70	1,90	2,80
184,2	3,70	1,30	2,15	3,10	85,65	10,90	1,00	0,90
95,5	3,00	0,00	0,00	2,40	47,00	17,00	0,00	0,00
119,5	2,10	0,70	1,00	4,90	171,00	19,90	1,60	2,30
134,7	1,70	0,00	0,60	3,70	145,30	6,60	0,60	1,00
187,1	2,00	0,90	1,50	3,70	104,10	69,00	1,00	0,70
102,0	1,10	0,00	0,00	4,80	156,50	5,20	0,00	1,40
266,0	2,60	1,30	2,00	23,60	629,80	86,60	0,00	1,10
174,0	0,70	1,40	0,70	9,20	276,60	87,40	3,20	0,70
264,3	3,90	1,80	1,00	1,50	39,20	23,80	1,20	5,80
102,4	0,90	0,00	0,00	2,40	131,20	0,00	0,00	1,30
143,1	2,30	0,00	0,00	7,80	256,20	3,70	1,00	1,70
120,4	1,40	0,00	0,00	8,00	239,70	15,60	0,70	1,40
107,0	1,40	0,00	0,00	7,40	218,70	8,20	0,70	1,30
104,3	1,00	0,00	0,00	7,30	214,05	7,10	0,55	1,30
106,0	1,10	0,00	0,00	4,60	168,90	3,20	0,00	1,30
157,8	2,80	0,00	0,00	8,40	299,30	16,60	1,50	2,30
141,9	2,60	0,00	0,00	6,70	244,10	1,40	1,10	1,70
144,5	2,80	0,00	0,00	2,10	120,00	0,00	1,30	2,50

Sorte	Proben-nummer	Ethanol	Methanol	Propanol	Butanol	iso-Butanol	2-Methyl-1-Propanol
Zwetschge	65	40,12	780,0	211	6,60	15,80	54,30
Zwetschge	66	39,98	783,8	202	6,40	19,80	55,90
Zwetschge	67	40,10	785,5	200	6,40	19,30	55,10
Zwetschge	68	40,01	789,2	219	8,40	21,20	66,70
Zwetschge	69	40,01	794,7	239	8,80	25,80	70,55
Zwetschge	70	40,12	794,9	190	6,10	15,10	56,50
Zwetschge	71	44,37	795,2	163	26,10	2,30	50,50
Zwetschge	72	40,03	799,9	202	6,70	19,40	55,50
Zwetschge	73	40,15	810,2	206	6,50	15,50	53,30
Zwetschge	74	40,02	821,0	327	8,50	32,70	60,20
Zwetschge	75	40,07	830,9	211	6,50	15,70	55,00
Zwetschge	76	40,13	833,0	192	8,60	14,10	72,60
Zwetschge	77	39,90	833,6	178	7,30	9,30	54,10
Zwetschge	78	41,61	841,1	148	1,10	0,00	47,30
Zwetschge	79	39,98	845,0	151	11,10	11,15	39,00
Zwetschge	80	41,33	856,0	217	3,50	4,70	132,30
Zwetschge	81	39,83	857,1	244	10,60	25,25	50,30
Zwetschge	82	43,00	915,8	79	2,75	0,00	124,70
Zwetschge	83	40,15	916,3	154	9,60	5,20	76,30
Zwetschge	84	40,00	934,6	324	8,70	25,20	71,20
Zwetschge	85	40,50	935,1	129	8,10	7,30	55,50
Zwetschge	86	43,74	940,0	255	12,70	31,20	44,10
Zwetschge	87	40,21	944,6	159	11,50	5,60	83,40
Zwetschge	88	39,92	946,5	178	6,10	7,30	76,40
Zwetschge	89	40,11	963,0	482	10,70	17,60	45,70
Zwetschge	90	42,57	969,0	217	13,35	7,95	36,95
Zwetschge	91	40,18	988,0	267	6,90	19,40	72,40
Zwetschge	92	42,11	991,0	174	15,30	4,90	142,50
Zwetschge	93	39,60	1003,0	174	6,60	7,80	76,60
Zwetschge	94	40,08	1009,6	245	9,90	29,00	66,40
Zwetschge	95	39,79	1013,1	144	6,70	3,00	67,40
Zwetschge	96	39,92	1045,0	161	9,40	9,00	72,50
Zwetschge	97	40,07	1088,8	241	6,10	18,10	74,20

2-Methyl-1-Butanol	Hexanol	Benzyl-alkohol	Phenyl-ethanol	Essig-säure-methylester	Essig-säure-ethylester	Milch-säure-ethylester	Benzoe-säure-ethylester	Benz-aldehyd
128,3	1,90	0,00	0,00	8,10	231,50	19,20	1,00	1,60
122,9	1,60	0,00	0,00	7,90	242,90	14,40	0,70	1,40
121,6	1,60	0,00	0,00	7,80	240,70	15,80	0,80	1,40
174,7	2,60	0,00	0,00	8,90	269,70	36,50	1,10	2,50
172,6	2,60	0,00	0,00	11,0	301,45	35,95	1,20	2,35
130,0	1,30	0,00	0,00	6,60	211,40	11,90	0,70	1,50
123,8	3,70	0,70	0,00	6,80	156,90	61,70	1,30	1,90
121,8	1,60	0,00	0,00	7,80	243,60	14,60	0,80	1,50
125,9	1,80	0,00	0,00	7,40	228,20	16,30	0,90	1,50
145,5	2,10	0,00	0,00	7,60	261,00	17,60	1,30	1,90
131,4	1,80	0,00	0,00	7,60	234,60	18,80	1,10	1,70
175,0	2,50	0,00	0,00	7,40	197,00	28,10	1,10	3,20
158,8	2,50	0,00	0,00	7,40	218,20	17,00	1,20	2,10
152,0	0,60	1,10	1,70	3,50	49,40	19,40	1,30	8,00
139,1	2,40	0,00	0,00	1,50	56,95	13,10	2,30	0,95
213,3	2,20	1,00	0,00	1,95	37,20	92,70	1,50	6,80
144,1	3,10	0,60	0,60	9,50	279,90	47,90	1,50	1,40
212,9	0,00	0,50	0,60	0,00	36,15	14,50	0,00	2,95
208,5	2,50	1,40	0,50	1,40	49,60	0,90	1,00	0,00
174,5	2,60	0,40	0,00	10,90	286,10	49,00	1,40	3,00
159,0	2,30	0,00	0,00	11,00	267,40	14,80	1,80	2,20
133,4	2,10	3,80	1,90	11,60	318,80	98,10	1,10	1,00
215,4	2,60	1,50	1,20	1,80	58,80	10,90	1,20	1,10
181,0	2,10	0,00	0,00	3,50	125,00	8,30	1,10	3,40
146,4	2,90	1,90	1,25	9,90	278,30	69,20	2,00	1,40
99,1	2,50	2,10	0,90	18,70	435,50	112,70	1,85	2,05
182,5	2,30	0,90	0,00	10,20	270,00	61,30	1,60	4,10
192,9	3,20	0,00	0,00	5,80	130,90	71,10	1,80	2,50
62,2	2,40	0,00	0,00	7,40	208,30	40,30	1,40	3,50
183,4	2,40	2,70	1,40	5,70	192,40	64,70	1,00	3,40
164,1	2,20	0,00	0,00	4,10	128,80	33,20	0,90	2,90
151,9	2,20	3,30	0,90	6,95	189,60	79,30	1,00	2,30
165,7	1,60	3,00	0,90	11,20	268,40	90,60	1,00	3,10

Sorte	Proben-nummer	Ethanol	Methanol	Propanol	Butanol	iso-Butanol	2-Methyl-1-Propanol
Mirabelle	98	41,37	293,0	86	6,60	12,10	101,50
Mirabelle	99	42,90	458,0	203	3,30	0,00	42,00
Mirabelle	100	41,11	497,6	240	10,80	35,90	39,50
Mirabelle	101	40,82	562,5	47	13,60	0,30	37,10
Mirabelle	102	39,63	579,0	125	5,80	0,00	39,75
Mirabelle	103	40,01	615,3	115	6,90	6,70	48,95
Mirabelle	104	40,75	638,1	94	11,50	0,60	53,95
Mirabelle	105	40,54	717,7	83	15,55	1,10	25,65
Mirabelle	106	39,92	723,8	307	13,40	20,80	50,70
Mirabelle	107	39,26	741,6	111	13,90	6,00	41,00
Mirabelle	108	42,37	747,4	121	11,50	7,70	52,10
Mirabelle	109	39,91	775,0	48	11,90	0,00	54,40
Mirabelle	110	42,71	776,2	137	50,50	3,80	36,40
Mirabelle	111	39,94	789,4	112	13,70	0,85	45,20
Mirabelle	112	45,27	792,0	107	8,90	12,70	32,20
Mirabelle	113	40,15	806,5	120	13,15	5,50	43,10
Mirabelle	114	40,00	813,9	135	11,10	10,70	52,60
Mirabelle	115	39,89	823,8	168	14,45	21,35	44,70
Mirabelle	116	40,00	839,0	156	17,50	10,00	47,10
Mirabelle	117	39,54	844,7	236	16,30	22,00	53,80
Mirabelle	118	42,80	845,3	123	13,45	5,70	44,30
Mirabelle	119	39,42	848,6	58	11,80	2,80	46,00
Mirabelle	120	45,42	874,5	137	18,80	13,30	34,40
Mirabelle	121	39,76	884,3	87	21,40	3,70	45,40
Mirabelle	122	42,33	900,0	55	14,50	0,00	46,50
Mirabelle	123	44,50	931,0	165	18,40	4,00	34,90
Mirabelle	124	40,45	931,1	124	7,40	4,50	30,80
Mirabelle	125	42,04	526,8	242	8,70	0,00	31,30
Mirabelle	126	39,81	734,5	108	11,90	3,30	45,90
Apfel & Birne	127	40,09	25,3	621	6,30	50,50	57,70
Apfel & Birne	128	42,69	30,3	30	15,10	0,00	67,80
Apfel & Birne	129	41,54	43,7	32	13,90	0,00	59,50

2-Methyl-1-Butanol	Hexanol	Benzyl-alkohol	Phenyl-ethanol	Essig-säure-methylester	Essig-säure-ethylester	Milch-säure-ethylester	Benzoe-säure-ethylester	Benz-aldehyd
89,9	1,10	0,00	0,00	4,70	198,70	37,30	1,20	0,00
119,3	1,50	0,00	0,00	0,00	28,30	0,00	0,00	2,50
125,0	2,40	1,00	0,50	3,90	140,70	40,40	1,60	6,50
115,2	1,50	0,40	0,00	3,10	88,20	32,40	2,20	1,10
127,7	1,40	0,00	0,50	0,80	31,90	2,30	0,75	1,80
133,4	2,60	2,40	0,75	4,55	151,80	95,00	1,95	1,30
127,4	1,90	1,00	0,70	4,65	89,70	30,30	0,95	1,00
82,0	2,30	0,65	0,00	4,50	142,85	41,40	2,65	1,55
124,7	2,70	0,00	0,00	11,20	323,20	40,40	1,40	1,80
94,7	1,70	0,00	0,00	3,60	142,30	2,80	0,80	1,80
166,2	3,40	0,40	0,00	0,00	21,50	7,80	2,40	7,20
129,5	2,50	4,30	1,50	1,90	57,10	33,60	2,60	10,10
91,5	3,80	0,90	0,65	5,60	116,10	52,40	1,30	4,00
196,0	2,80	2,65	6,85	13,35	421,60	62,25	1,40	1,50
91,7	1,90	1,80	1,50	9,10	291,00	42,20	0,80	3,00
106,9	1,70	0,00	0,00	6,70	212,70	10,50	0,90	1,80
148,0	2,90	0,00	0,00	5,00	176,90	4,70	1,50	3,30
127,4	3,40	2,75	1,35	11,20	319,40	102,00	1,75	2,85
147,5	3,60	0,00	0,00	6,70	198,00	14,80	1,90	3,20
136,3	3,30	0,00	0,00	7,85	262,10	15,58	1,75	1,75
106,3	1,90	0,00	0,00	6,40	192,85	12,75	1,25	2,05
150,2	3,30	2,80	1,20	6,60	135,10	76,40	1,40	4,80
120,5	3,10	0,50	0,00	7,00	182,50	38,10	1,80	3,50
102,2	3,40	2,60	1,00	5,30	152,80	94,50	1,90	3,50
129,5	2,30	4,00	1,30	3,90	67,20	46,90	1,40	3,20
96,0	3,70	1,00	0,00	5,80	166,00	38,10	2,20	3,90
91,8	1,40	5,00	3,30	5,30	163,10	121,40	0,95	1,80
145,8	2,10	1,10	1,00	1,90	40,10	70,30	0,70	1,00
125,0	2,50	1,50	1,20	7,70	220,90	76,80	0,70	2,20
269,1	2,10	0,00	4,40	0,00	115,70	101,70	0,00	0,80
417,4	13,10	0,00	9,90	0,00	21,00	4,00	0,00	0,00
230,0	6,50	0,00	1,50	0,00	8,50	30,20	0,00	0,00

Sorte	Proben-nummer	Ethanol	Methanol	Propanol	Butanol	iso-Butanol	2-Methyl-1-Propanol
Apfel & Birne	130	39,73	447,2	74	21,30	33,10	56,30
Apfel & Birne	131	37,86	520,0	71	8,40	15,55	66,20
Apfel & Birne	132	37,87	561,7	127	13,10	35,20	81,80
Apfel & Birne	133	39,86	637,4	115	14,50	86,20	65,60
Apfel & Birne	134	37,87	711,2	174	24,50	94,30	50,00
Apfel & Birne	135	38,30	717,0	413	12,80	33,60	48,00
Apfel & Birne	136	41,45	53,1	84	7,40	64,70	39,10
Apfel & Birne	137	46,13	123,1	25	5,00	3,60	87,70
Apfel & Birne	138	42,75	285,4	120	5,90	26,10	82,70
Apfel & Birne	139	42,43	425,3	119	16,40	6,20	41,70
Apfel & Birne	140	38,27	539,0	296	15,60	83,90	50,50
Apfel & Birne	141	38,09	659,4	140	16,40	22,00	64,90
Apfel & Birne	142	39,79	673,9	212	16,70	34,50	66,20
Apfel & Birne	143	41,61	691,0	25	10,00	0,00	52,50
Apfel & Birne	144	38,06	716,0	217	13,40	35,50	66,00
Apfel & Birne	145	37,99	719,6	261	13,00	54,90	68,30
Apfel & Birne	146	39,39	896,9	28	17,50	0,00	118,90

2-Methyl-1-Butanol	Hexanol	Benzyl-alkohol	Phenyl-ethanol	Essig-säure-methylester	Essig-säure-ethylester	Milch-säure-ethylester	Benzoe-säure-ethylester	Benz-aldehyd
262,0	14,00	0,00	4,40	5,70	182,20	54,70	0,00	0,00
222,1	7,20	0,00	2,65	3,70	148,10	28,70	0,00	0,90
288,6	9,40	0,00	5,90	4,20	163,60	47,10	0,00	0,00
385,1	10,90	0,00	4,00	5,60	153,40	98,80	0,60	1,10
231,4	14,20	0,00	2,10	3,30	120,60	26,80	0,00	0,00
236,7	10,30	0,00	2,40	4,20	127,30	119,80	0,00	0,00
211,1	2,50	0,00	6,50	0,00	177,60	33,70	0,00	0,00
394,9	3,80	0,60	6,70	0,00	31,90	49,50	0,00	0,00
348,3	7,10	0,00	1,30	3,10	283,40	68,70	0,00	0,00
216,8	8,20	0,00	1,80	2,10	76,30	69,10	0,00	0,00
226,0	9,20	1,00	6,20	5,30	275,50	67,10	0,00	0,00
275,3	12,40	0,00	5,40	3,90	150,00	52,30	0,00	0,00
290,9	15,70	0,00	4,40	4,70	179,10	67,10	0,00	1,00
243,5	9,60	0,00	10,90	3,60	107,40	31,40	0,00	0,00
288,5	10,40	0,00	3,00	3,70	100,70	43,40	0,00	0,00
297,1	10,90	0,00	3,50	4,40	200,70	46,80	1,00	0,00
372,8	20,60	0,00	2,60	12,80	190,80	2,00	0,00	0,90

Anhang B

Messung der Gase A und B im Abgas, Bestimmung des Störgases C.
Im Gasfluss werden jeweils 4 Gasanalysatoren für Gas A und Gas B parallel betrieben. Als Störgas kann Gas C auftreten bis zu einer maximalen Konzentration von 10%. Alle Gase zusammen ergeben 100%.

Messung	Sollwerte				Messwerte							
	A	B	C	AC	Analysator A1	Analysator A2	Analysator A3	Analysator A4	Analysator B1	Analysator B2	Analysator B3	Analysator B4
1a	100	0	0	0	100,0	100,0	100,1	100,1	0,0	0,0	0,1	0,0
2a	90	10	0	0	90,1	90,4	90,1	90,1	10,0	10,0	10,1	10,0
3a	80	20	0	0	79,9	80,3	79,9	79,9	20,1	20,1	20,2	20,1
4a	70	30	0	0	69,9	70,2	69,8	69,9	30,1	30,1	30,2	30,1
5a	60	40	0	0	59,9	60,2	59,8	59,9	40,0	40,0	40,1	40,0
6a	50	50	0	0	50,0	50,3	49,9	50,0	49,9	50,0	50,0	49,9
7a	40	60	0	0	40,1	40,3	40,0	40,0	59,8	59,9	60,0	59,8
8a	30	70	0	0	30,1	30,3	30,0	30,1	69,8	69,9	69,9	69,8
9a	20	80	0	0	20,0	20,1	19,9	19,9	79,9	79,9	80,0	79,9
10a	10	90	0	0	9,8	9,9	9,8	9,8	90,0	90,0	90,1	90,0
11a	0	100	0	0	0,1	0,0	0,0	0,0	99,9	99,9	100,0	99,9
1b	100	0	0	0	100,0	100,0	100,1	100,1	0,0	0,0	0,0	0,0
2b	90	10	0	0	90,1	90,3	90,1	90,2	10,0	10,0	10,0	10,0
3b	80	20	0	0	79,9	80,1	79,8	79,9	20,1	20,1	20,1	20,1
4b	70	30	0	0	69,9	70,0	69,8	69,9	30,1	30,1	30,1	30,1
5b	60	40	0	0	60,0	60,1	59,8	59,9	40,0	40,0	40,1	40,0
6b	50	50	0	0	50,0	50,2	49,9	50,0	49,9	50,0	50,0	50,0
7b	40	60	0	0	40,1	40,2	39,9	40,0	59,9	59,9	59,9	59,9
8b	30	70	0	0	30,1	30,2	29,9	30,1	69,9	69,9	69,9	69,9
9b	20	80	0	0	20,0	20,1	19,9	19,9	80,0	80,0	80,0	80,0
10b	10	90	0	0	9,8	9,9	9,7	9,7	90,1	90,2	90,2	90,2
11b	0	100	0	0	0,0	0,0	−0,1	0,0	100,0	100,1	100,0	100,1
12	90	5	5	450	86,8	87,7	87,4	87,5	5,7	5,7	5,8	5,7
13	80	15	5	400	77,2	77,9	77,6	77,7	15,7	15,7	15,8	15,7
14	70	25	5	350	67,6	68,1	67,8	67,9	25,8	25,7	25,8	25,7
15	60	35	5	300	58,0	58,2	58,0	58,1	35,8	35,7	35,9	35,7
16	50	45	5	250	48,4	48,4	48,2	48,3	45,8	45,8	45,9	45,7
17	40	55	5	200	38,9	38,6	38,4	38,5	55,8	55,8	55,9	55,7
18	30	65	5	150	29,3	28,8	28,6	28,7	65,8	65,8	65,9	65,8
19	20	75	5	100	19,7	19,0	18,8	18,8	75,9	75,8	75,9	75,8
20	10	85	5	50	10,1	9,2	9,0	9,0	85,9	85,8	86,0	85,8
21	0	95	5	0	0,5	−0,7	−0,8	−0,8	95,9	95,9	96,0	95,8

Messung	Sollwerte				Messwerte							
	A	B	C	AC	Analysator A1	Analysator A2	Analysator A3	Analysator A4	Analysator B1	Analysator B2	Analysator B3	Analysator B4
22	90	0	10	900	84,9	85,2	84,9	85,0	1,4	1,3	1,5	1,3
23	80	10	10	800	75,4	75,6	75,3	75,4	11,4	11,3	11,5	11,3
24	70	20	10	700	65,7	65,9	65,6	65,7	21,6	21,5	21,7	21,4
25	60	30	10	600	56,1	56,2	56,0	56,1	31,6	31,5	31,7	31,5
26	50	40	10	500	46,6	46,8	46,5	46,5	41,7	41,5	41,8	41,5
27	40	50	10	400	37,0	37,1	36,9	37,0	51,7	51,5	51,8	51,5
28	30	60	10	300	27,4	27,5	27,4	27,4	61,6	61,5	61,7	61,4
29	20	70	10	200	17,8	17,9	17,7	17,8	71,7	71,6	71,8	71,5
30	10	80	10	100	8,1	8,1	8,0	8,0	81,9	81,8	82,0	81,7
31	0	90	10	0	−1,3	−1,3	−1,3	−1,3	91,8	91,7	91,9	91,6

Anhang C

Hinweise zur Installation des Programms „The Unscrambler Training"

Das Programm „The Unscrambler Training" ist eine Trainingsversion des Programms „The Unscrambler" der Fa. CAMO Software AS, Nedre Vollgate 8, 0158 Oslo, Norwegen. Die Funktion dieser Trainingsversion ist insoweit eingeschränkt, dass nur mit den auf der CD befindlichen Daten gearbeitet werden kann. Eine 30 Tage voll funktionsfähige Test-Version kann über die Homepage der Fa. CAMO (www.camo.com) angefordert werden.

Das Programm arbeitet unter den Betriebssystemen: Windows 95, Windows 98, Windows NT (ab 3.51), Windows 2000 und Windows XP.

Mindestanforderungen an die Hardware: Pentium PC mit mindestens 100 MHz und 32 MB RAM.

Installation

Schritt 1: Legen Sie die CD in Ihr CD-Laufwerk. Die Software-Installation startet automatisch. Falls dies nicht geschehen sollte, rufen Sie bitte das Programm *SETUP.EXE* auf, das sich im Stammverzeichnis der CD befindet. Die Installation beginnt:

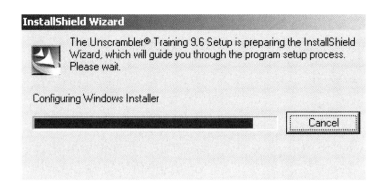

Das Software-Installationsprogramm „InstallShield Wizard" für das Programm „The Unscrambler Training" wird gestartet. Klicken Sie *Next*.

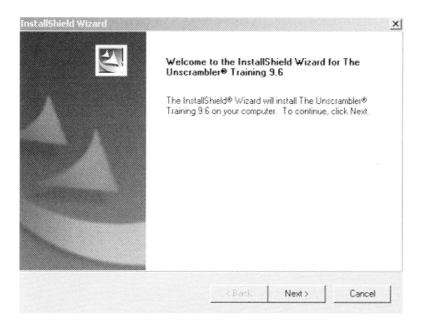

Schritt 2: Akzeptieren Sie die Lizenzvereinbarung und geben Sie Ihren Benutzernamen, Ort und Abteilung ein. Klicken Sie *Next*.

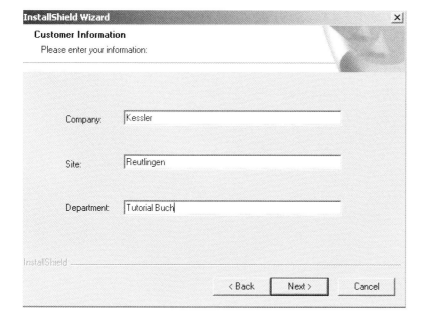

Schritt 3: Befolgen Sie die weiteren Anweisungen des Installationsprogramms. Geben Sie das Verzeichnis ein, in das das Programm bzw. die Beispieldateien kopiert werden sollen. (Standardverzeichnis für das Programm: C:\Programme\ The Unscrambler, Standardverzeichnis für die Datendateien: C:\Eigene Dateien\ The Unscrambler DATA\Examples)

Schritt 4: Das Ende der Installation wird angezeigt. Klicken Sie *Finish*.

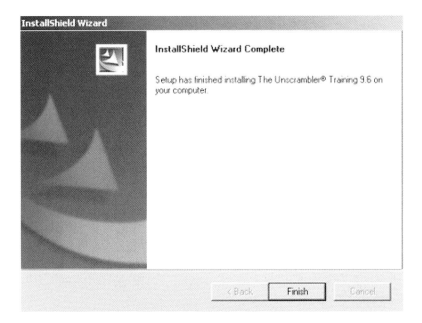

Anhang C | 307

Schritt 5: Starten Sie „The Unscrambler Training" aus dem Startmenue.

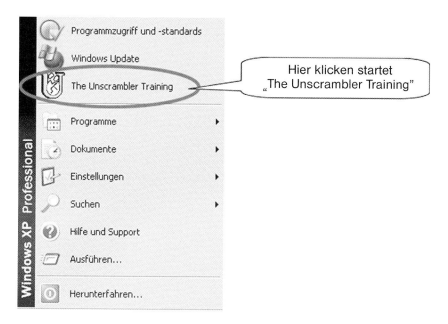

Schritt 6: Das Programm muss vor der ersten Nutzung aktiviert werden. Es wird ein für Ihren Computer individueller „Unscrambler machine code" angezeigt. Als „Unscrambler activation key" geben Sie **training** ein. Klicken Sie *Activate*.

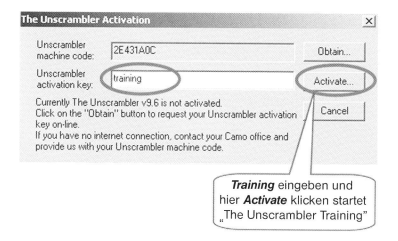

Das Programm kann nun verwendet werden. Sie sind als Benutzer „Guest" angemeldet.

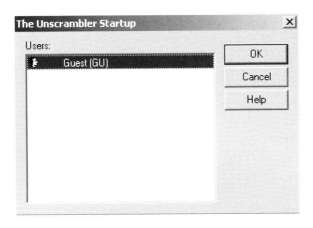

Es erscheint der Hinweis, dass das Programm eingeschränkte Funktionalität aufweist und nur mit den Daten der CD verwendet werden kann.

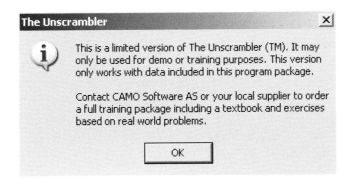

Das Programm „The Unscrambler Training" ist zur Anwendung bereit.

Anhang D

Datendateien auf der CD, die im Buch verwendet werden

Nach der Installation finden Sie alle Daten, die im Buch verwendet werden, im von Ihnen gewählten Datenverzeichnis. (Standardverzeichnis:\Eigene Dateien\ The Unscrambler DATA\Examples.

Überblick über die Dateien der im Buch verwendeten Daten:

Kapitel	Dateiname	Datentyp
Kapitel 1 und 2	Obstbraende_GC	Unscrambler Daten
	Obstbraende_GC.xls	MS Excel Tabellenblatt
Kapitel 2	Kapitel2_Holzfasernspektren	Unscrambler Daten
	Kapitel2_PCA1	Unscrambler Daten
	Kapitel2_PCA1.xls	MS Excel Tabellenblatt
	Kapitel2_PCA2	Unscrambler Daten
	Kapitel2_PCA2	Unscrambler Daten
	Kapitel2_PCA3	Unscrambler Daten
	Kapitel2_PCA3.xls	MS Excel Tabellenblatt
Kapitel 3	Kapitel3_Abgas	Unscrambler Daten
	Kapitel3_Abgas.xls	MS Excel Tabellenblatt
	API_KalibrierungNIR	Unscrambler Daten
	API_ValidierungNIR	Unscrambler Daten
	Kapitel3_BenzinNIR	Unscrambler Daten
	Kapitel3_Farben	Unscrambler Daten
	Kapitel3_MLR	Unscrambler Daten
Kapitel 4	Kapitel4_Biere	Unscrambler Daten
Kapitel 5	Kapitel5_Streukorrektur	Unscrambler Daten
	Kapitel5_Vorbehandlungen	Unscrambler Daten
Kapitel 6	Kapitel6_Kaese_Original	Unscrambler Daten
	Kapitel6_Kaese_SNV	Unscrambler Daten
	Kapitel6_Weissabgleich	Unscrambler Daten
Kapitel 7	NIR_Tabletten	Unscrambler Daten
	NIR_Tabletten_2Ableitung	Unscrambler Daten
	NIR_Tabletten_EMSC	Unscrambler Daten
	NIR_Tabletten_geglaettet	Unscrambler Daten
	NIR_Tabletten_V2	Unscrambler Daten
	NIR_Trocknung	Unscrambler Daten
	NIR_Trocknung_SNV	Unscrambler Daten
	NIR-Feuchte Regressionsmodell und Spektren.xls	MS ExcelTabellenblatt
	PLS_Feuchte	Unscrambler Regressionsmodell
	Result_Feuchte.AMO	Unscrambler Ascii Modell
	PLS_Theophillin	Unscrambler Regressionsmodell

Der Umgang mit dem Programm „The Unscrambler Training" ist in Kapitel 7 ausführlich beschrieben. Alle anderen Daten werden in den Kapiteln 1 bis 6 im Buch ausführlich behandelt. Die im Buch gezeigten Ergebnisse können mit Hilfe des Programms nachvollzogen werden.

Weitere Datendateien auf der CD zum Selbststudium

Weitere Dateien befinden sich zum Selbststudium auf der CD. Mit ihrer Hilfe kann man den weiteren Umgang mit dem Programm „The Unscrambler" üben. Nähere Erläuterungen zu den Daten findet man (in englisch) im Programm unter dem Menuepunkt: **Help – Tutorial Exercises**.

Überblick über die im Unscrambler enthaltenen Tutorials:

Tutorial	Dateiname	Dateityp	Interessengebiet
A (Einfaches Beispiel)	Tutor[a]	Data	PCA
B (Qualitätsanalyse)	Tutor_b	Data	PCA, PLS; Sensorische Daten
C (Spektroskopie und Vorverarbeitung)	Tutor_c	Data	PLS, Transformationen
D (Versuchsplanung: Screening und Optimierung)	Enam_ccd, Enam_frd, Enamine	Designed Data, Designed Data, Response Surface	Versuchsplanung, ANOVA, MLR-Response Surface
E (SIMCA Klassifizierung)	Tutor_e	Data	Klassifizierung
F (Zusammenspiel mit anderen Programmen)	Tutor_F.TXT, Tutor_F.XLS	ASCII, MS Excel	Datenaustausch
G (Versuchsplanung: Mischungsdesign)	Fruit Punch Original.xls	MS Excel	Versuchsplanung, PLS; Nahrungsmittelindustrie
H (Fluoreszenz-Anregungs-Emissionsspektroskopie)	Tutor_h_X3D, Tutor_h_Y2D	3D Data, Data	3-Wege-PLS
I (MCR für Farbmischungen)	Tutor_i	Data	Curve resolution
J (Nebenbedingungen bei der MCR)	Tutor_j	Data	Spektroskopie, Curve resolution

Stichwortverzeichnis

a

Abgasstrom 130
Ableitungen 193, 253 ff., 261
– Differenzquotienten-Methode 193 ff.
– erste 196, 206, 209
– höhere 193, 197
– Polynomfit 195
– zweite 195, 209
Absorption 81 ff., 91, 105
Absorptionsbande 194
Absorptionsspektren 73, 118, 141 f., 147 f., 184, 204
Abweichungsquadrate 92
Active Pharmaceutical Ingredient *siehe* API
Agrarindustrie 72
Alkoholgehalt 162
Alkoholgehaltsbestimmung 177
Analysator 132, 135
Analysentechnik 72
Analyt 91
Analytbestimmung, photometrische 95 f.
Analytgehalt 91
analytische Messmethode 72
API 105 f.
API-Gehalt 113
API-Kalibrierung 107
API-Konzentration 106 f., 110, 117 ff., 121
Aromate 123
ASCII Model 285
ASCII-Format 233
Attribute 7
Ausbeute 100 f.
Ausreißer 13, 63, 86, 168, 214, 230, 242, 251
– erkennen 7 f.
– finden 169 ff.
– unechte 168
Ausreißerbestimmung 180
Ausreißerelimination, automatische 168

Autoskalierung *siehe* Standardisierung
Axialversuch 100

b

Bande 189
– überlagernde 193
Bandenbreite 189
Bandenposition 189
Basislinie 85, 191, 196, 212, 214, 253
– wellenlängenabhängige 193
Basislinieneffekt 209
Basislinienkorrektur 190
Basislinienmodell 191
Basislinienoffset 199
Basislinienverschiebung 193
Behandlung 72
Behandlungsfaktor 73
Benzin 122
Benzinmischung 122
Benzinspektren 124
Bestimmtheitsmaß 54, 96
Betrag 1 normiert 115, 128
Betrag-1-Norm 186
Bias 95 f., 220, 223 f., 227, 277
Bier
– alkoholfreies 162, 170 f.
– alkoholreduziertes 162
Biersorte 162 f.
Bio- und Prozessanalytik 4
Bi-Plots 48, 51
bivariate Datendarstellung 18
Book of Standards 176
Box-Plots 12 f., 162, 168
Brechungsindex 198

c

Category Variable 235
Celactose 105 f., 118, 229, 237, 243, 246
Cellulose 201

Multivariate Datenanalyse: für die Pharma-, Bio- und Prozessanalytik. Waltraud Kessler
Copyright © 2007 WILEY-VCH Verlag GmbH & Co. KGaA, Weinheim
ISBN: 978-3-527-31262-7

Center-Data 238
Central Composite Design *siehe* zentraler zusammengesetzter Plan
Checkliste, spektroskopische Kalibrierung mit Unscrambler 287
chemische Anwendung 112
Chromatogramm
– Banden 9
– Paekflächen 9
– Retentionszeiten 9
Classical Least Square Regression *siehe* MLR
CLS *siehe* MLR
Clusteranalyse 160
Correlation 272
Correlation Loading Plot *siehe* Korrelation-Loadings-Plots
Cross Validation *siehe* Kreuzvalidierung
Cross Validierung *siehe* Kreuzvalidierung
curve resolution *siehe* Entmischen von Information
CV *siehe* Kreuzvalidierung

d

Daten
– dreidimensionale 56
– fehlerhafte 90
– grafische Darstellung 3
– Gruppen 235
– Happenstance Data 159
– historische 159
– Kalibrier-X- 89
– Kalibrier-Y- 89
– Korrelation 16
– laufende Produktion 159
– Lücken 130
– Mittelpunkt 27, 33, 35
– Mittelwert 37
– mittenzentrierte 76, 87, 92, 103, 114, 183, 238
– Muster 235
– Naturprodukte 159
– normalverteilte 10, 86
– Objekte 37
– ökonomische 112
– originalskalierte 58
– Plausibilitätsprüfung 86
– Rauschen 7
– reproduzieren 37
– spektroskopische 4, 39, 229
– skalieren 86
– standardisieren 86
– unterdurchschnittliche 33

– Variable 37
– Variation 25 ff.
– Zusammenhang 3
Datenanalyse, explorative 40, 85 f., 229
Datenbereich 231
Datendatei einlesen 230
Datenmatrix 7, 36
– Eigenschaften 7
– mittenzentrierte 41
– Objekte 7
Datenmittelpunkt 27, 33
Datenmodellierung 7 f.
Datenpunkte
– Einfluss 157 ff.
– Projektion 27
Datenraum 27, 227
Datenreduktion 5, 7 f., 23 f., 27, 36, 49
Datenschwerpunkt 27, 50
Datentabelle speichern 233
Datenvorverarbeitung 73, 86 f., 124, 183 ff., 253, 261
Defibrator 72 f.
Demo-CD 229
Design of Experiments *siehe* Versuchsplanung
Detrending 203
Deviation 276
Differenzenquotienten-Verfahren 196
diffuse Reflexion 105, 118, 198, 211
Diodenarray-Spektrometer 105, 200
Diskriminanzanalyse 5
Dispersion 198
DOE *siehe* Versuchsplanung
Druck 100 f.

e

Edit
– Convert to Category Variable 237
– Copy 283
– Insert 235
– Options 233, 241, 243 f.
– Sample Grouping 262, 266
– Zwischenablage 283
Eigenschaften 6 f., 36, 112 f., 231
Eigenvektor 39
Eigenvektorenberechnung 38
Eigenwert 39, 41
Eigenwertberechnung 22, 38
Eigenwertprobleme 21, 36, 38
Einfluss 173, 217
– linearer 262
Einflüsse auf die Kalibrierung
– grafische Darstellung 172

Einflussfaktor 133
Einfluss-Grafik *siehe* Einfluss-Plot
Einflussgröße 168
Einfluss-Korrektur 155, 158
Einfluss-korrigierte Validierungs-
    restvarianz 158
Einfluss-Plot 172 ff., 214, 250 ff.
Einflusswert 172
Einfügen, kategoriale Variable 288
Eingabedaten, spektrale 228
Eingabedatenraum 155
Eingangsdaten 90
– Änderung 223
Eingangsdatenraum 159
– Änderung 177
Einheitskreis 28
Einheitsmatrix 29
Einlesen der Daten 287
Einordnung der Daten 5
Einstellgröße 97, 100 f., 133
Einzelvarianz 44
EMSC 199, 209, 255, 257 ff.
EMSC-Korrektur 281
EMSC-Parameter 200
Emulsion 198
Entmischen von Information 7 f.
Erdölprodukte 123
Erklärungsanteil 77, 85, 119, 242
Erprobungsphase 220
Erstellen von Datensets 287
Euklidischer Abstand 228, 287
Excel 283
Excel-Tabellenblatt 277
Explained Variance 241
Explorative Datenanalyse 86
Export, Unscrambler Modelle 278, 289
Extended Multiplicative Signal Correction
    siehe EMSC
Extinktion 91
Extinktionswerte 96
Extrapolation 93, 177
Extremwerte 64

f

Faktoren 22, 24, 36
Faktorenanalyse *siehe* Hauptkomponenten-
    analyse
Faktorenkoordinatensystem 23
Faktorenladungen 23, 25, 28
– Bedeutung 29 ff.
Faktorenmatrix 23
Faktorenraum, Koordinaten 23
Faktorenwerte 23, 25, 27, 37

– Bedeutung 29 ff.
Farbkonzentration 144, 146
Farbmischung 141
Farbsättigung 143
Farbstoffe 141
Faserfeinheit 85
Fasergröße 85
Faserhanf 203 f.
Fasern 73, 81, 85
Faserproduktionsanlage 72
Faserqualität 72 f.
Fehler 93, 99
– experimenteller 100
– mittlerer 94, 145
– mittlerer quadratischer 94 ff., 176
– systematischer 98, 169
– zufälliger 130
Fehlerabschätzung 157 ff.
Fehlerangabe 94 f.
Fehlergröße 93, 101 f.
Fehlerminimierung 91
Fehlerquadrate 94
– Minimierung 92
Fehlerquadratsumme 94 f.
– Minimierung 100
Fehlmessung 224
Feinheiten 203
Fett 219
Fettbestimmung 217
Fettgehalt 89, 211, 217
Fettwerte, vorhergesagte 221
Feuchte, Berechnung in Excel 286
Feuchtegehalt 281
Feuchtemessung 279
Feuchtigkeitsbereich 279
Fichte ohne Rinde 81
File
– ASCII Files 286
– ASCII Model 285
– Export 233, 286
– Export Model 285
– Save 233, 282, 287
Fluoreszenzspektroskopie 4
Fluoreszenzspektrum 184
Flüssigkeiten 184
Freiheitsgrad 93 f., 176
Füllstoff 229, 237

g

Gasanalysator 131, 133 f., 137 ff.,
Gaschromatographie 5, 56
– Kapillar-Gaschromatograph 9
gaschromatographische Daten 56

Gaskonzentration 130 f.
– Verfahrenstechnik 130
GC-Analyse *siehe* Gaschromatographie
Genanalyse 113
Genauigkeit 93
Genselektion 113
Geradengleichung 90, 93
Gesamtabsorption 76
Gesamtmittelwert 186
Gesamtstreuung 96
Gesamtvarianz 27, 35, 44, 54, 61, 70, 120, 135, 217
Gewichtsmatrix 37
Gewichtung 183, 185
Glättung 187, 209
– gleitender Mittelwert 187
– Grad 187
– Spektrum 256 ff.
Glättungseffekt 189
Glättungspunkte 189
Gleichung, linear unabhängige 99
Gleichungssystem
– lineares 99
– Regressionsparameter 99
– überbestimmtes 100
grafische Darstellung
– Einfluss 174
– Korrelation-Loadings-Plot 52 ff.
– Linienplot 48
– skalenunabhängige 53
– umwandeln in numerische Daten 283 ff.
Granulat 198
Gruppenbildung 70
Gruppierungen, Ursachen 87

h

Häufigkeitsverteilung 12
Hauptachsen 27, 32
Hauptachsenkoordinatensystem 29, 51
Hauptachsensystem 49
Hauptachsentransformation 22, 32
Hauptinformation 77
Hauptkomponenten 7, 27, 36 f., 40, 47, 61, 81, 103, 106 ff., 132, 207, 215 f., 260
– Anzahl 104, 108, 238
– berücksichtigen 250
– Berechnung 40 ff.
– Bestimmung 22
– grafische Erklärung 24 ff.
– Information 247
– Interpretation 24
– Modell 38

– orthogonale 85
– Richtung 56, 243
Hauptkomponentenanalyse 5, 9, 21 ff., 160, 164, 190, 205, 214, 227, 229 f., 238, 258, 261
– Aussage 252
– Dimensionen 56
– Durchführung 229 ff.
– für drei Dimensionen 46 ff.
– für zwei Dimensionen 25
– Interpretation 237, 241
– mathematisches Modell
– Modell berechnen 238, 288
– PCA-Gleichung 38
– Prinzip 22
– Spektren 72, 81
– Überblick 239, 248
– Wegweiser 86
– Ziele 24
Hauptkomponentenmodell, lineares additives 42
Hauptkomponentenraum 10
Hauptkomponentenregression 89, 103, 105, 118
– Beispiel 105
– Komponenten 120
– optimales Modell 174, 106 ff.
Hauptvariation 261
Herstellungsprozess 212, 214, 217
Heteroskedastizität 98
High Performance Liquid Chromatography *siehe* Gaschromatographie
Histogramm 66, 168
Holz 74
Holzfaser 72
Holzhackschnitzel 72
Holzmischung 72
Holzqualität 73
Holzsorte 76, 81, 83, 85
Homoskedastizität 98, 155
Hotelling-T^2-Test 21
HPLC *siehe* High Performance Liquid Chromatography

i

Influence Plot 172, 250 ff.
Informationen 24, 27, 34, 36, 40, 46, 77, 80, 120, 146
– chemische 191, 207
– entmischen 7 f.
– Gehalt 5, 38
– Hauptkomponente 62, 79, 87,
– Hauptvariabilität 185

- lineare 245
- nicht direkt messbare Größen 5
- Nicht-Information 7 f.
- Objekte 242
- physikalische 207
- spektrale 145
- relevante 5
- Y-relevante 121
- spektrale 254
- störende 261
- Trennung 7 f., 70
- überdurchschnittliche 27, 33
- Y-unrelevante 121
- unterdurchschnittliche 27, 33
- X-Daten 114
- Y-Daten 114

Informationsaustausch 114
Informationsgehalt 7
Informationsverdichtung 5
Infrarotbereich, mittlerer 123
Inhaltsstoff 229
inline 278
inline-Messung 279
Interpolation 93
Interpretation
- Loadingswerte 87
- Scores 87

Interquartile Range *siehe* Quartilsabstand
Intervallgröße 187
IR-Bereich 185
IRQ *siehe* Quartilsabstand
IR-Spektrum 162

k

Kalibration 101, 108, 116, 118, 133, 285
- abgedeckter Bereich 217
- Fehler 102, 104
- inverse 90
- klassische 90
- Standardfehler 93

Kalibrationsgerade 93
Kalibrationsgüte 97
Kalibrationsmodell 102, 217
Kalibrierbereich 93, 124, 177
- Fettwerte 220
- optimaler 122

Kalibrierdaten 90
- Diagramm 98
- spektrale 228

Kalibrierdatenraum 154, 159
Kalibrierdatenset 89
- repräsentatives für Y-Datenraum 164
kalibrieren 153 ff.

Kalibrierfehler 105, 145, 154, 164, 177
Kalibrierfunktion 6
- erstellen 91
- inverse 90
- klassische 90

Kalibriergleichung 97 f.
Kalibriermessung 99
Kalibriermischung 118
Kalibriermittelpunkt 220
Kalibriermodell 89, 93, 108, 123, 131, 139, 153, 155, 157, 176, 217 ff.
- Einsatz 220
- Feuchte 279
- grafische Überprüfung 97
- Qualitätskontrolle 160
- robustes 227
- Überprüfung 93
- Vergleich 165 f.

Kalibrierphase 226
Kalibrierproben 94, 103, 105, 126, 137, 143
- Anzahl 167, 220

Kalibrierprozess 6
Kalibrierraum 179, 217
Kalibrierschritte 154
Kalibrierset 131, 261
- bestimmen 162

Kalibrierung 89, 94, 105, 112, 143, 159, 251, 272, 275
- Fehlergrößen 93
- Güte 98
- NIR-Spektren 105 ff., 117
- Qualität 93

Kalibrierungs-Varianz 241
Kalibriervertrauensbereich 179
Karhunen-Loeve-Transformation 22
Käse 211, 214 f., 225
Kategorie 86
Klassifizierung 2, 7 f., 65, 113
- Daten 5
- Methode 113

KLT *siehe* Karhunen-Loeve-Transformation
Koeffizient 92
Kollinearität 103, 105
Kompaktierung 248
Komponenten, Anzahl 272
Kontrollprobe 218
Konvergenz 128
Konvergenzkriterium 41
Konvergenztest 128
Konzentration 142
- Einzelkomponenten 141
- Mischkomponenten 141
- vorhergesagte 140

Koordinatenachsen 23
Koordinatenraum, Objekte 32
Koordinatensystem 23, 27, 32, 37, 40 f., 120
Koordinatenursprung 27, 33, 50
Körnigkeit 214
Korrelation 6, 18, 54, 87, 92, 96, 127, 218, 272
Korrelation-Loadings-Plot 52
Korrelationsanalyse 16 ff.
Korrelationskoeffizient 16, 52, 57, 92, 106
Korrelationsmatrix 16, 22
Korrelationstabelle 16 f.
korrelieren 83, 132
Kovarianz 16, 39, 114
Kovarianzmatrix 22, 38
Kreuzvalidierung 94, 108, 123, 134 ff., 155 ff., 161, 164, 166, 227, 275
– vollständige 156
– Segment 218
– zufällige 218
Kubelka-Munk-Gleichung 184

l

Labormethode 212
Lack, wasserlöslicher 279
Lambert-Beersches Gesetz 184, 199
Lampenalterung 225 f.
Lampendrift 225
Lampenspektrum 225
– konstantes 226
Langzeitstabilität 227
latente Variable 22
Least Square-Lösung 115
Least Square-Verfahren 92, 100, 104, 128
Lebensmittelchemie 112
Lebensmittelindustrie 72
Lebensmittelüberwachung 162
Leichtbier 170 f.
Leuchtturm-Sonde 279
Levelled Variable 245
Levels 235
Leverage 157, 172, 176, 217, 250
Leverage Corrected Residual Validation Variance 158
Leverage Correction *siehe* Leverage Korrektur
Leverage Korrektur 155, 157 ff., 161, 176, 238
Licht, reflektiertes 214
Lichtstreuung 85
Lighthouse-Probe 279

lineare Effekte 196
lineare Regression 90, 92
Linearität 160, 275
– Abweichung 98
Linearkombination 22
Liniendiagramm
– p-Loading 117
– w-Loading 117
Linienplots 87, 109, 233, 279
Loadings 23, 28, 47, 75, 82 f., 103, 128, 130, 132, 215, 248, 260
– chemische 115
– gewichtete 115, 117, 128, 145
– skalieren 52
– spektrale 115
Loadingsmatrix 29, 40, 43
– transponierte 43
Loadingsplot 49, 56, 59, 217, 248 ff.
Loadingsvektor 41, 79, 87, 287
Loadingswerte 77, 87

m

Magnesiumstearat 229, 243, 248
Mahalanobis-Abstand 157, 228, 287
Mahlgrad 72 f., 76, 83, 85
Mahlung 79, 203
Marketingbereich 113
Markieren der Daten 288
Massenspektometrie 5
Maßzahl 93
Material, inhomogenes 279
Matlab-Format 233
Matrix 92
– Datenmix 4
– diagonale 39
– Eigenvektoren 22 ff.
– Eigenschaften 4
– Eigenwerte 22 ff.
– Objekte 4
– orthogonale 40
– quadratische 39
– Spalten 4, 37
– transponierte 29, 37
– Zeilen 4, 37
Measured Y *siehe* Referenzwert
Median 12
Merkmale 22, 24, 36
Messanordnung 185
Messfehler 27
Messgrößen 6, 91
Messsingnal 132
Messreihenfolge 98
Messung, Ozon 168

Messwerte   116, 154
– fehlerbehaftete   91
– korrelierte   140
Microarray-Y-Daten   113
Milchprodukte   89
Mischung   142, 233, 242
– homogene   105
Mischungsabsorptionsspektrum   148
Mischungsraum   141
Mischungsspektrum   235, 251
Mischungsversuchsplan   141
missing   231, 235
Mittelpunktsversuch   275
Mittelwert   19, 56, 61, 65, 80, 99, 202, 205, 209
Mittelwertglättung   209
Mittelwertspektrum   76, 83, 87, 198, 248, 287
Mittenzentrierung   37 f., 50, 108, 183, 185, 238
mittlerer Kalibrierfehler   155
mittlerer Fehler   94, 167
mittlerer Validierfehler   156
MLR   99, 140
– Beispiel   100
– Ziel   99
Modell
– Einsatz   211 ff.
– erweitertes   273
– Klassifizierung   8
– lineares   102
– lineares additives   38
– lokales   114
– optimales   153, 166
– PLS1   129 f.
– Regressionsmodell   8
– robustes   126
– speichern   275
– Wartung   228
Modellanpassung   162
Modellfehler   153
Modellmittelpunkt   93, 176, 181
Modelloffset   104
Modellpflege   159
Modify
– Derivates   253
– Edit Set   231, 248, 257, 263
– MSC/EMSC   257
– Sample Set   263
– Smoothing   257
– SNV   279
– Transform   253, 257
– Transport   286

– Transpose   286
– Variable Set   257, 263
molarer Extinktionskoeffizient   184
Moving Average   257
MS *siehe* Massenspektometrie
MSC   198, 209, 261
MSC-Korrektur   199, 281
Multi Linear Regression *siehe* multiple lineare Regression
multiple lineare Regression   89, 99, 103
Multiplicative Scatter Correction   198
Multiplicative Signal Correction   198
multivariate Datenanalyse   1 ff., 10, 21, 100
– Datensatz   4
– dreidimensionale   5
– höher dimensionale   5
– mehrdimensionale   5
– Ziele   5, 7 f.
multivariate Regression   89, 94, 96 f., 111
multivariate Regressionsmethode   89
multivariate Regressionsverfahren   6
Mustererkennung   2

n
Nachkalibration   177
Naturprodukt   211 ff., 225
Nicht-Information   77
Nichtlinearität   99, 102, 155, 174
NIPALS   112
– Algorithmus   40 ff.
NIR-Absorptionsspektren   82, 201, 203
NIR-Bereich   74, 80 f., 185, 230
NIR-MIR-Spektrometer   123
NIR-MIR-Spektrum   122
NIR-Spektren   72, 81, 89, 105, 107, 109, 112, 118, 122, 215
– EMSC-korrigiertes   263
– mittenzentrierte   84
– SNV-transformiertes   214
NIR-Spektroskopie   6, 72, 81, 112, 211, 261, 279
Nonlinear Iterative Partial Least Square *siehe* NIPALS
Normalverteilung   13
– prüfen   8
normiert   97
Normierung   207, 209
– Mittelwert   186, 204

o
Oberfläche   279
Objekt   36, 231

Objektbereich definieren 231
Objektname 231
Obstbrände 9, 56
Offset 191, 272
– konstanter 192
– linearer 192
– mittlerer 198
Oktanzahl ROZ 122
OLS *siehe* MLR
Online-Einsatz 220 ff., 227
Online-Kontrolle 122
Online-Messung 211 ff.
Online-Validierung 159
Online-Vorhersagemodell 227
Optimierung, Zielgrößen 130
Ordinary Least Squares *siehe* MLR
organoleptisch 63, 65
Original Property *siehe* Referenzwert
Originaldaten reproduzieren 80
orthogonal 29, 32, 117
Ottokraftstoff 122
Overfitting 153
Ozonloch 169
Ozonmessung 169

p

Panel-Studien 6
Partial Least Squares *siehe* PLS-Regression
Partial Least Squares Regression *siehe* PLS-Regression
Partikelgröße 207
PC *siehe* Hauptkomponenten
PCA *siehe* Hauptkomponentenanalyse
PCR *siehe* Hauptkomponentenregression
Pellets 279
Pharmaindustrie 72
pharmazeutische Wirksubstanz *siehe* API
pharmazeutischer Wirkstoff *siehe* API
Photometer 91
pH-Wert 100 f.
Plausibilität 8
Plausibilitätsprüfung 168
P-Loadings 115, 285
– Interpretation 117
Plot
– Line 235
– Loadings 248, 270
– Loadings Weights 270
– Predicted and Measured 281
– Predicted versus Measured 271
– Prediction 277
– Raw Coefficient 283
– Regression Coefficient 270, 283

– Residuals 250, 273
– RMSE 269
– Scores 242
– Variances and RMSEP 241, 269
PLS *siehe* PLS-Regression
PLS1 113
– Beispiel 117
PLS1-Modell 129 f., 132, 218
PLS-Modell
– experimentieren 288
– Vorhersage 289
PLS2 127, 131, 133
– Beispiel 130, 141
PLS2-Komponenten, Berechnung 127
PLS2-Modell 129 f., 132, 145, 218
PLS2-Regression 142 ff.
PLS-Ergebnisse
– Interpretation 266
PLS-Gewichte 117
PLS-Kalibrierung 117
PLS-Komponente 114 ff., 129, 133, 135, 137, 143, 162, 218, 220, 223
– Anzahl 116, 139, 176, 223 f., 227
– optimale Anzahl 220
PLS-Modell 227
– erstellen 288
– lokales 128
– optimales 118
– validieren 121, 289
PLS-Regression 6, 109, 111 f., 114, 140, 229, 261 ff.
– Ergebnis 275
– Komponenten 117
– mehrere Variablen 127
– Y-Variable 113
– Ziel 116
PLS-Scoreplot 266
P-Matrix 127
Polynom 253
– vierten Grades 190
– zweiten Grades 190
Polynomableitung 209
Polynomglättung 187, 209
Preddicted Y *siehe* Referenzwert
Predicted Residual Sum of Squares *siehe* PRESS und Fehlerquadratsumme
Predicted versus Measured 271, 273, 277
Predicted with Deviation 277
Prediction *siehe* Vorhersage
PRESS 94 f.
Pressdruck 229, 248, 250
Principal Component Analysis *siehe* Hauptkomponentenanalyse

Principal Component Regression *siehe* Hauptkomponentenregression
Proben
– laufende   212
– repräsentative   159, 164, 166
– unbekannte   175
Produktionsüberwachung   211 ff.
Programme   117
– Excel Export   286
– SAS   39
– SPSS   39
– The Unscrambler   37, 40, 42, 112, 175, 229 ff.
Projektion
– Hauptachse   32
– Objekte   32
Prozess, Variabilität   227
Prozessanalysentechnik   130
Prozessführung, adaptive   211
Prozessmittelpunkt   223
Prozessparameter   72 f.
Prozesszustand   214
Prüfung auf Normalverteilung, grafische   10
Pulver   198
2-Punkt-Kalibrierung   279
Punkt-Punkt-Ableitung   193 ff.

q
Q-Loadings   128, 138
Q-Matrix   114, 127
quadratische Terme   102
qualitative Analyse   72
Qualitätsmerkmale   4, 211
Qualitätsparameter   211
Qualitätsregelkarte   179, 223
Quartile   12 f.
Quartilsabstand   13

r
Rauschanteil   80
Rauschen   46, 77, 85, 111, 123 ff., 154, 177, 183, 187, 217 f., 223
Referenzanalytik   160
Referenzprobe   220, 227
Referenzspektrum   199
Referenzwerte   89 ff., 96 f., 108, 126, 154, 282
Reflektionsspektrum   110
Reflexion   183
– diffuse   185, 203, 211, 213, 230
– gerichtete   185
Reflexionssonde   72, 279

Regelkarte   181, 228
– Trend   226
Regression   7 f., 90
– Fehler   93
– lineare   90, 92
– multiple   97
– multiple lineare   94, 96 157
– multivariate   89, 94, 96 f., 111
– unvariate lineare   92
Regression Overview   266, 269, 271
Regressionsanalyse   89
Regressionsgerade   92
Regressionsgleichung   89, 100, 104, 106
Regressionskoeffizienten   92 ff., 99 f., 104 f., 109 f., 116, 120, 124, 126, 129, 134, 147 f., 218 f., 275
– Darstellung   270
– Größe   97
– Interpretation   97
– Maxima   271
– Minima   271
– Signifikanz   97
Regressionskoeffizientenmatrix   129
Regressionsmethode, multivariate   89
Regressionsmodell   89, 104, 131, 277
– Export als Textdatei   285 ff.
– Hauptkomponenten   89
– multivariates   90
– multiples lineares   89
– Partial Least Square   89
– Verwendung   276 ff.
Regressionsverfahren, multivariates   6
Regressionswert b_0 283
Reinspektrum   233
Reinsubstanz   233, 242
Reproduzierbarkeit   42, 230
Reproduzierung   43
Residual Validation Variance   269
Residual Variance   241
Residuen   23, 45, 80, 93, 98, 108, 154, 156, 158, 172, 275, 285
– Mittelwert   95
– normalverteilte   98, 155
– Quadratsumme   94
– zufällig verteilte   101
Residuenanalyse   98
Residuenmatrix   36, 42, 44
Residuenplots   98, 101, 155, 174, 273
Response *siehe* Zielgröße
Restvarianz   35, 37, 44, 93 f., 108 f., 116, 118 f., 123, 125, 129, 137, 139, 143, 155 f., 172, 176, 217, 220, 239, 250, 269, 285
– Einheit   270

Rindenanteil 76
RMSE 94
RMSEC 94, 101 f., 118, 145, 155, 272
RMSECV 94, 156, 272, 275
RMSELC 158
RMSEP 94, 125 f., 218, 220, 223 f., 227, 272, 277
Robustheit 105, 149, 180
Rohdaten 8
– Plot 233
Rohmaterial 225
Rohstoffqualität 72
Rotationsverfahren *siehe* Entmischen von Information
Routinebetrieb 225

S
Sample Grouping 243, 246
Sample Sets 232
Samples 231
Säulendiagramm 233
Savitzky-Golay-Ableitung 195 ff.
Savitzky-Golay-Glättung 187
Savitzky-Golay-Polynom 257
Scatterplots *siehe* Streudiagramme
Schätzfehler 154
Schwankungsbreite 217
– erwartete 168
Schwerpunkt 93
Scorematrix 37, 40
Scoreplots 32, 48 f., 57, 75, 82, 86, 161, 214, 242
Scoreraum 167, 227
Scores 23, 27, 37, 81, 103, 128, 130
– skalieren 52
Scores und Loadings
– Bedeutung 29 ff.
– rechnen mit 42 ff.
Scorevector 41
Scorewerte 23, 27, 42, 77, 79, 132, 160
– Gruppen 86
– negative 62, 83, 87
– positive 62, 83, 87
– überdurchschnittliche 62, 87
– unterdurchschnittliche 62, 87
Screening-Phase 130
SE 95
SEC 101 f., 105, 118, 121
SECV 121, 135
Segment 162
selbstmodellierende Kurvenauflösungs- verfahren *siehe* Entmischen von Information

Self-Modelling Curve Resolution *siehe* Entmischen von Information
Sensorik 112
SEP 121, 137, 220, 223 f., 227, 272, 277
Severity Factor of Chemical Treatment *siehe* Behandlungsfaktor
SFC *siehe* Behandlungsfaktor
Signal-Korrektur
– multiplikative 198
Signal-Rauschverhältnis 8, 194
Signifikanz 103
– Bestimmung 97
Signifikanzprüfung 165
SIMCA *siehe* Soft Independent Modelling of Class Analogy
Simplexraum 141
Singular Value Decomposition *siehe* Singulärwertzerlegung
Singulärwertzerlegung 22, 39
Skalierung 97, 114
Slope 272
SNV 202 ff., 209, 261
SNV-Transformation 203, 214
SNV-Vorverarbeitung 279
Soft Independent Modelling of Class Analogy 5
Software *siehe* Programme
Sonde 81
Speichern, PLS-Modell 289
spektrale Auflösung 193
Spektren 4, 6, 79, 91, 103, 109,, 113, 116, 185
– EMSC-korrigierte 200, 207
– Gesamtmittelwert 186
– ideale 198
– mittenzentrierte 76, 83
– reproduzieren 77, 85
– SNV-korrigierte 207, 209
– Standardisierung 86, 202 ff.
– streukorrigierte 257
– strukturierte 189
– Variation 235
– verrauschte 209
Spektrennormierung 185
Spektrenvorbehandlung 185
Spektrenwerte 105, 113
Spektrometer 230
Spektrometerrauschen 249
Spektroskopie 4, 72, 112
spektroskopische Kalibrierung mit Unscrambler, Checkliste 287
spektroskopische Methoden 72
Spirituosen 9
Spray Coater 278

Sprühbeschichtungsmaschine 278
Stabilitätsverletzung 223
Standard Error of Performance *siehe* SEP
Standard Error of Prediction *siehe* SEP
Standard Normal Variate Transformation 202 ff.
Standardabweichung 56, 65, 202
– Residuen 95 ff., 137
Standardfehler 93
– Kalibrierung 106 f., 110, 121
Standardisierung 10, 39, 65, 84, 97, 183, 273
– Messdaten 65 ff.
– Spektren 202
statistische Versuchsplanung 154, 165
Steigung 85, 272
– Gerade 90
Steinobstbrände 162
Sternpunktversuch 100
Störfaktor 227
Störgas 130
Störsignal 187
Streudiagramme 16, 18, 25
Streueffekt 207, 214, 261
– Korrektur 198
Streueinfluss 209
Streukorrektur 254, 279
– berechnen 257 ff.
– multiplikative 198
Streuleistung 85
Streuung
– erklärte 96
– gesamte 96
– mittlere 198
– wellenlängenabhängige 198
Streuverhalten 204
Streuverlust 190
Streuzentrum 198
Struktur, spektrale 217
studentized 273
Stützpunkte 93, 197
– Zahl 209
Stützstellen 253
Stützstellenzahl 187
SVD *siehe* Singulärwertzerlegung

t

Tablettenherstellung 229
Tablettenmischung 230
Tablettenproduktion 261
Task
– PCA 238
– Predict 276
– Regression 263, 281

Temperaturänderung 212
Temperaturunterschied 81
Temperatur-Zeiteinfluss 73
Testdatenset 275
– separates 155
Testphase 224, 226
Testset 137, 261
– unabhängiges 120 f., 161
Testsetvalidierung 123
Theophyllin 229, 243, 247, 251
Theophyllingehalt, Vorhersage 276 ff.
Theophyllinkonzentration 248, 254, 258, 270
– gemessene 271
– vorhergesagte 271
T-Matrix 127
Transformation *siehe* Standardisierung
Transformation 10, 184
– spektroskopische 183
Transformationsmatrix 39 f.
Transmission 123, 141, 162, 183
Trockenmasse 211, 217
Trocknung 279
Trocknungsvorgang 278
Trocknungszeit 286
True Value *siehe* Referenzwert
T-Scores 134
Tutorial 229

u

Überfitten 153
U-Matrix 114, 127
Underfitting 105, 153
U-Scores 128
UV-Bereich 141, 185
UV-VIS-Absorptionsspektren 204

v

Validation 285
Validierdatensatz 148
– repräsentativer 227
– unabhängiger 227
Validierdatenset 90
Validieren 153 ff.
Validierfehler 153
Validiermethode 220, 238
Validiermodell 218
Validierphase 220, 226
Validierproben 126, 176
Validierset 131, 162, 261
Validierspektren 121
Validierung 80, 95, 108, 116, 118, 137, 180, 266, 272

– externe 155, 159, 161
– interne 155
– separate 159
– Testset 159
– unabhängiges Testset 110
Validierungsergebnisse 121
Validierungsmethoden 161
Validierungsrestvarianz 269
Validierungssegment 156
Validierungsvarianz 241
Validierungsverfahren 154
varable selection *siehe* Variablenauswahl
Variable 7, 22, 36, 231
– abhängige 90, 99
– Auswahl 7f., 71
– definieren 231
– Druck 345
– kategoriale 235
– kollineare 103, 111
– Mittelwert 27
– Name 231
– nominale 235
– originale 103
– qualitative 235
– quantitative 235
– Selektion 122
– Sets 232, 257
– Skala 65
– standardisierte 66, 133
– Stufen 236
– Transformation 99
– unabhängige 89f., 99, 101
– unkorrelierte 103
– X 89
– Y 89
Varianz 38f., 76, 85, 96, 103, 114
– erklärte 35ff., 47, 55, 109, 121, 125, 241, 269
– gesamte 23
– Hauptkomponente 35ff.
– maximale 23
– normalverteilt 19
– relative erklärte 54
– Richtung der maximalen 25, 27, 29
Varianzhomogenität 98
Varianzinhomogenität 98
Variation
– spektrale 242
– zufällige 47
Vektor 92
Vektornormierung 209
– Betrag 1 186
– Länge 1 186

Veränderung, spektrale 225
Vereinfachung 7f.
Vermischungsgrad 214
Versuche, linear unabhängige 100
Versuchsplan 97, 130, 154, 156
– Auswertung 100
– Mittelwert 245
– statistischer 154
– zentraler zusammengesetzter 230
Versuchsplanung 100, 103
– statistische 165, 227
Versuchsraum 275
Verteilung 12f., 16, 66
– Normalverteilung 10
– prüfen 8f.
– schiefe 10
– Streuung 12
– symmetrische 12
Vertrauensbereich, vorhergesagte Y-Daten 175
99%-Vertrauensbereich 179
Vertrauensintervall 175
– grafische Darstellung 177
Verunreinigung 190
View
– Min/Max 257
– Numerical 283
– Plot Statistics 272
– Regression Line 272
– Scaling 235, 257
– Source 241
– Trend Lines 272
VIS-Absorptionsspektren 75
VIS-Bereich 74, 141, 185
VIS-NIR-Spektrometer 72
VIS-Spektren 72
visuelle Prüfung der Daten 287
Vorbehandlung 123, 214
Vorbehandlungsmethoden, Vergleich 203ff.
vorhergesagter Wert 96
Vorhersagebereich 220, 223, 227
Vorhersagefehler 135, 153, 158f., 161, 175
Vorhersagegenauigkeit 91, 98, 110, 124, 126
Vorhersagegüte 97
Vorhersageintervall 175, 218, 220, 222, 287
Vorhersagen 95, 104, 109, 116, 153ff., 180
– API-Konzentration 121
– Genauigkeit 90
– Güte 175
– ROZ 124

Vorhersagewerte 98, 139, 276
– offset 224
Vorverarbeitung 207, 279
– Spektren 288
Vorverarbeitungsmethoden 185
Vorversuch 211 ff., 227
Vorwissen 86

w

Wahrscheinlichkeitsplots 10 f., 16, 168
Wasser 81, 212
– Kombinationsschwingung 281
– Oberschwingung 281
Wasserbande 74, 81, 85, 212, 217
Wechselwirkung 101 f., 130, 133, 135, 137
Weglänge 198
Weglängenunterschied 199
Weights 238
Weißspektrum 225
Weißstandard 225
Wellenlänge 83, 85, 105, 109
Wellenlängenbereich 73, 118, 185, 211
Wellenzahl 123 f.
Wellenzahlbereich 162
Wendepunkte 194
Werte
– gemessene 218
– vorhergesagte 97, 218
Wertebereich 99
Whisker 12 ff.
Wichtungsvektoren 117
Wiederholfehler 266
Wiederholgenauigkeit 102
Wiederholungsmessung 156, 275
Wiederholversuch 100
Wirkstoff 229
W-Loadings 115, 120, 128, 134 f., 138, 285
– Interpretation 117
W-Loadingsplot 133
W-Matrix 114
Würfelversuch 100
Wurzel aus mittlerem quadratischen Fehler 94

x

X-Daten 154
X-Datenbereich 164
X-Datenraum 159 f., 218
X-Datenset 263
X-Loadings 138
– gewichtete 137
X-Matrix, mittenzentrierte 127
X-Validation Variance 239

y

y-Achsenabschnitt 90
Y-Daten 154
Y-Datenbereich 164
Y-Datenset 263
Ydev 175, 177, 180, 223 f., 227, 277
Y-Deviation 175
Y-Loading 138
Y-Matrix, mittenzentrierte 127
Y-Restvarianz 173
Y-Validation Variance 266
Y-Variable 266

z

zentraler zusammengesetzter Plan 100 f., 230
Zentralversuch 100, 230, 262
Zielgrößen 6, 8, 91 f., 97, 99, 100 f., 104 f., 116, 121, 124, 227
– Ausbeute 102
– korrelierte 130
– unkorrelierte 130
z-skaliert 273
z-Transformation *siehe* Standardisierung
Zucker-Stärke-Pellets 279
Zusammenhänge 24, 121
– Beschreibung 97
– finden 16 ff.
– funktionale 16, 89 f., 99, 103
– nicht lineare 16
– X- und Y-Daten 121
– zwischen X und y 115
Zustandsgröße 99

Beachten Sie bitte auch weitere interessante Titel zu diesem Thema

M. Otto

Chemometrics
Statistics and Computer Application in Analytical Chemistry

2007

ISBN 10: 3-527-31418-0
ISBN 13: 978-3-527-31418-8

R. W. Kessler

Prozessanalytik
Strategien und Fallbeispiele aus der industriellen Praxis

2006

ISBN 10: 3-527-31196-3
ISBN 13: 978-3-527-31196-5

L. Puigjaner, G. Heyen (Hrsg.)

Computer Aided Process and Product Engineering

2006

ISBN 10: 3-527-30804-0
ISBN 13: 978-3-527-30804-0

F. Azuaje, J. Dopazo (Hrsg.)

Data Analysis and Visualization in Genomics and Proteomics

2005

ISBN 10: 0-470-09439-7
ISBN 13: 978-0-470-09439-6

S. Weerahandi

Generalized Inference in Repeated Measures
Exact Methods in MANOVA and Mixed Models

2004

ISBN 10: 0-471-47017-1
ISBN 13: 978-0-471-47017-5

H. Martens, M. Martens

Multivariate Analysis of Quality
An Introduction

2001

ISBN 10: 0-471-97428-5
ISBN 13: 978-0-471-97428-4